新时代大学计算机通识教育教材

智能算法通识教程

乔亚男　薄钧戈 ◎ 主编

清华大学出版社
北京

内 容 简 介

本书面向理工类非计算机专业。与传统程序设计教材相比,本书主要注重提高算法和问题求解能力,不注重具体的语言语法,使相关专业学生拥有更为坚实的程序设计技能和算法基础,为培养素质好、专业技术强、信息化水平高的高级工程技术人才做准备。本教材围绕应用环境中实际问题的求解过程来阐述和讲解程序设计思想方法和相关技术知识,向学生展示如何设计和选择合适的数据结构来表示实际问题中的处理对象,如何把一个实际问题转化成一个程序可计算的逻辑模型,以及如何考虑程序运行的效率来满足问题求解对时间的要求等。

本书可作为高等学校理工类非计算机专业算法设计类课程的教材,也可以作为程序设计及算法设计爱好者的自学用书。

图书在版编目(CIP)数据

智能算法通识教程/乔亚男,薄钧戈主编. —北京:清华大学出版社,2023.8
新时代大学计算机通识教育教材
ISBN 978-7-302-64129-2

Ⅰ.①智… Ⅱ.①乔…②薄… Ⅲ.①人工智能-算法-高等学校-教材 Ⅳ.①TP18

中国国家版本馆 CIP 数据核字(2023)第 129525 号

责任编辑:谢 琛 薛 阳
封面设计:常雪影
责任校对:郝美丽
责任印制:沈 露

出版发行:清华大学出版社
  网 址:http://www.tup.com.cn,http://www.wqbook.com
  地 址:北京清华大学学研大厦 A 座   邮 编:100084
  社 总 机:010-83470000   邮 购:010-62786544
  投稿与读者服务:010-62776969,c-service@tup.tsinghua.edu.cn
  质量反馈:010-62772015,zhiliang@tup.tsinghua.edu.cn
  课件下载:http://www.tup.com.cn,010-83470236
印 装 者:三河市龙大印装有限公司
经 销:全国新华书店
开 本:185mm×260mm   印 张:17.25   字 数:422 千字
版 次:2023 年 10 月第 1 版   印 次:2023 年 10 月第 1 次印刷
定 价:59.00 元

产品编号:088697-01

前　言

信息时代,人和计算机的交互越来越多,编程思维或者说程序思维会成为一项通识教育。理解计算机解决问题的方式和利用计算机解决问题的方法,越来越成为每一个专业的人都必须学习的内容。传统程序设计语言的通识教育是每个人都是编程知识树的主干,每遇到新的问题都可以用已有的编程语言知识消化吸收,进而每一步编程经历的积累都是给自己的知识树添枝增叶。日积月累,程序可以不知不觉地写得更快、更简洁易懂、更少错、更安全,也会更容易学习理解新的编程语言和软件框架。

通识的程序设计教育已经初具雏形,但更进一步的算法通识教育却仍未被普罗大众和业界重视。由于早期算法教育具有较高的门槛,大部分人对智能算法还是比较陌生的。随着近些年信息化社会的不断发展,我们的工作、生活和学习与互联网的结合越来越紧密,而智能算法作为互联网的"普通话",也正逐渐成为现代人的必备技能之一。未来是一个智能化社会,而智能化社会的代表就是我们的身边会围绕越来越多的智能体(Agent),这些智能体将是我们工作、学习和生活的伙伴,而智能算法正是与这些智能体交互的重要手段,所以智能算法教育一定会得到更广泛的普及。

"智能算法通识"课程的主要目的是模拟学生在未来的专业科学研究中实际遇到问题时可能要面对的各种情况。所以,本教材在设计实验和考察方法时,不苛求学生必须从零开始编写一个完整的程序,在实际工作中这样既不实际又毫无必要;而是可以从一个局部程序段,一个第三方程序框架开始,逐步加入自己的代码,步步为营,最终解决自己的问题。

本教材教学内容作为基础课和专业课之间计算机能力培养的桥梁,要求学生必须具备一定的程序设计基础。本教材配套课程从培养学生的算法技能出发,让学生通过对若干适用于大多数专业的通用算法的编程实际练习,在实验中锻炼寻找算法库、使用算法库解决自己专业应用问题的能力。

本教材共9章,主要内容组织如下。

第1章,绪论部分,介绍课程的总体情况,了解算法的相关概念,对课程涉及的一些编程语言细节和函数库进行讲解。

第2章,熟悉数论相关算法,会用数值法求解基本数学问题,如多项式四则运算问题、多项式插值问题、非线性方程求解和线性方程组求解问题等。

第3章,掌握线性表的定义及其运算,掌握顺序表和链表的定义、组织形式、结构特征和类型说明以及在这两种表上实现的插入、删除和查找的算法。掌握栈和队列的定义、特征及在其上所定义的基本运算,以及在两种存储结构上对栈和队列所施加的基本运算的实现。

第4章,掌握树的定义、性质及存储方法。掌握二叉树的链表存储方式、结点结构和类型定义、二叉树的遍历算法以及哈夫曼树的构造方法。掌握图的基本概念及术语,图的两种存储结构(邻接矩阵和邻接表)的表示方法,图的遍历(深度优先搜索遍历和广度优先搜索遍历)算法,最小生成树的构造。

第 5 章,掌握贪心算法的基本概念,了解贪心算法的性质和优缺点,了解最优解/次优解与计算性能之间的关系,掌握图的最小生成树生成算法、Prim 算法和 Kruskal 算法。

第 6 章,掌握动态规划的基本概念,了解动态规划算法的基本思想、适用情况以及求解基本步骤;了解最优性原理;掌握典型动态规划问题的解决:0-1 背包问题和最长公共子序列问题。

第 7 章,了解遗传算法的概念和设计方法;学会函数最值和旅行商问题的求解。

第 8 章,了解人工神经网络和深度学习的概念,了解感知器算法和 BP 算法。

第 9 章,了解群体智能算法的原理和开发流程。

本教材相关内容已在西安交通大学试用了 5 年,达到了最初的设计目的,试用效果良好。受篇幅、时间及作者水平等限制,书中不妥之处,恳望广大读者批评指正。

作 者
2023 年 4 月

目 录

第1章

绪　　论

在当今科技社会中,人们慢慢地接受了这样一个事实:计算机可以解决非常多的问题。但计算机究竟能解决什么样的问题,用什么方法解决? 在搞清楚这些问题之前,我们应当首先知道这样一个事实: 通常意义下的计算机是没有思维的机器,它并不能自主解决问题,而只能机械地执行指令,而这些指令是人设计出来的。机器能解决什么样的问题,怎样解决,需要靠人教给它。机器的优势是速度快、容量大、严格而精确。人应当充分发挥计算机的优势,避免劣势,让计算机用正确的方法做正确的事。哪些事情是"正确的事"? 这取决于计算机的特点。怎样的方法是"正确的方法"? 这正是本书要讨论的内容。人们使用计算机来解决问题的方法称为算法(algorithm)。

1.1　算法的概念

◇1.1.1　从计算机的优势和劣势谈起

计算机的第一个优势:速度。

很多时候,人不是不知道怎么解决问题,而是嫌方法太麻烦。有这样一道题目:用1,2,3,4,5,6,7,8,9 九个数字拼成一个九位数(每个数字恰好用一次),使得它的前三位、中间三位、最后三位的比值是 1∶2∶3。例如,192384576 就是一个合法的解,因为 192∶384∶576＝1∶2∶3。

有一个办法是奏效的:列举出所有可能的九位数 123456789,123456798,123456879,…,987654321,一个一个检查它们是否符合条件。理论上来说这是可行的,可几乎没有人愿意这么做,因为这样的九位数有 362 880 个,即使人可以每秒检查一个数(这已经是很快的速度了),也需要 100h。计算机就不一样了,它的运算速度很快,同样是这个"笨方法",人需要算 100h,计算机只需要不到 0.1s。学习过程序设计的同学们可以轻松地在半小时之内编写一个程序,然后花 0.1s 运行一下,得到 4 个符合要求的结果:192384576,219438657,273546819,327654981。

计算机的第二个优势:记忆。

在计算机未损坏的情况下,它所存储的内容不会消失、不会改变,永远得到精确的保存,而且能够轻易地读写和复制。这一点人是做不到的。人为什么要在合上书之前夹一枚书签? 听课时为什么要做笔记? 都是为了避免把曾经记住的东西忘掉。"记忆"分成两部分,用计算机术语来说,"记"是写(write),"忆"是读(read)。计算机内部有很多可供读写的存储单元,而读和写就是存储单元的基本操作。

计算机的第三个优势:精确。

神速计算加上永恒记忆,并不是计算机强大能力的全部。有一些任务,不需要神速计算,也不需要永恒记忆,可是如果不借助于工具,人就是做不好。"失之毫厘,谬之千里"说的就是这样的情况。在地上画一根长长的线段,然后闭上眼睛尽量沿着线走,你能笔直地走到线的尽头吗?也许你感觉你走得非常直,可是在走过相当长的距离后,几乎所有人都会走歪。看着你的手表,当秒针穿过 0 秒时闭上眼睛,默数 5min。睁开眼睛后对照你的手表,真的是 5min 吗?人做事受感觉的影响,而感觉往往是不准确的。而计算机可以严格按照指令工作,因此只要有了可操作的数学定义,这类事情用计算机完成就很合适。

但是计算机作为一种只能机械接受人类指令的机器,当然也有它的限制与劣势。

计算机的速度快,并不是说可以给它无限大的工作量。同样的问题,解决方法不同,计算机的工作量也不同。为了计算 $1+2+3+\cdots+n$,可以让计算机做 $n-1$ 次加法,也可以让计算机直接计算 $n(n+1)/2$,即 1 次加法,1 次乘法和 1 次除法。刚才两种算法("连加 $n-1$ 次"和"计算 $n(n+1)/2$ 是两个算法)的差别告诉我们:同一个问题可以有多个算法,有的运算量大,有的运算量小。具体使用哪个算法由人说了算,计算机只会按部就班地执行。

计算机的容量大,也不是说可以让它保存无限多的东西。同样的问题,解决方法不同,需要保存的东西也不同。小学老师可以让我们背"九九乘法表",然后用它计算 12×34 或者 56×78 这样的两位数乘法,同样也可以让我们把所有两位数乘两位数的积全部背下来。这样的话,12×34 根本就不用算了,直接可以背出来。速度提高了,可是需要记更多的东西。小学教育的选择是:少记一点,宁愿每次多花点时间算。计算机也一样,不同的算法可能使用不同大小的内存,不过速度也许会有差异,这需要权衡。

计算机是精确的,缺少人类所具有的模糊能力,没有专门的认知系统,也不会产生灵感或者闹情绪。精确可以带来好处,也可以引起麻烦。计算机能执行的指令,简单来说就是四则运算、逻辑运算、存储器操作和输入、输出等。它很难解决如"这幅画漂亮吗?"这样模糊的问题。人可以回答,但却很难用精确的语言描述出他为什么这样回答。最后需要提醒读者注意的是:有很多算法对于人来讲是直观的,但是转换为计算机可以执行的运算指令却需要花一番功夫。例如,要求一个奇形怪状的容器能装多少水,计算机算起来比较麻烦(而且充满了数学味,不直观),而人却可以简单地做个实验得到结果。要把一个东西塞到瓶子里,人可以往各个方向使劲塞,而计算机却很难使用这种"没头没脑"的"算法"。一句话:人和计算机是不同的,这个差别不只是速度、记忆容量和精确性的问题。

◇ **1.1.2　问题和算法**

速度快、容量大和结果精确是计算机的硬件条件。为了解决问题,只有硬件条件远远不够。人们需要针对各种问题设计不同的算法,并把算法转换为计算机可以直接运行的程序(program)。

算法的好处在于通用性。当针对一个问题(problem)设计出算法后,该问题的多个实例(instance)都能被解决。换句话说,一个加法程序不仅能计算 $1+1$,也能计算 $100+100$ 和 $1000+1000$。另一方面,如果一个算法只能求解问题的一个实例,它的能力是十分有限的。一般情况下,只需要把这个实例和对应的答案记录下来,算法本身就没有意义了。

一个问题通常有多个输入参数,当各个输入参数都确定时,该问题的实例也确定下来了。问题求解结束以后,答案放在输出参数里。可以给一个问题下一个类似这样的定义:

问题:正整数加法

任务:计算正整数 a 和 b 的和 c

输入:a,b(a 和 b 是不超过 10 000 的正整数)

输出:c(c 是 a 和 b 的和)

有了问题定义,算法设计者很明确地知道了任务,而用户也知道如何使用该算法(即如何提供输入参数,输出参数代表什么含义)。一个不完整的例子是:

问题:找最大元素

任务:找出 n 个数中的最大元素

这个算法该如何设计、如何使用呢? 不知道。如果算法的设计者认为输出应当是"第几个数最大"(输出序号),而使用者认为输出的是"最大数等于多少"(输出数值),那么就会出现问题。一个好的问题定义还应当包括一个或多个输入、输出的例子,进一步澄清任务和输入、输出规定,例如:

问题:全等判定

任务:判断 n 个数是否全部相同

输入:n 个数

输出:如果全部相同,输出 Yes,否则输出 No

样例输入 1:5 3 3 6

样例输出 1:No

样例输入 2:7 7 7 7 7 7 7

样例输出 2:Yes

通过例子,相信读者一定会非常明确这个问题的任务和输入、输出格式了。

这个"全等判定"问题显然不是一个困难的问题。如果是人来做,只需要"扫一眼"就可以了。是不是可以写这样的算法呢?

算法:扫一眼算法

把所有数"扫一眼"。如果刚才曾发现两个数不一样,输出 No,否则输出 Yes。

这样的算法是无法被计算机执行的(但是可以被人轻松地"执行"),因为这个"算法"里的话十分模糊,"扫一眼""发现"等词语都没有被精确定义(例如,有可能眼花了没发现),计算机自然无从执行。

这个"算法"是计算机无法执行的,那么哪些算法是计算机可以执行的呢? 这里给出一个看起来正确的算法。

算法:相邻枚举算法

从前到后考察每一个输入参数,如果它和紧跟其后的数不相等,输出 No;如果始终没有发现不相等的情况,输出 Yes。

该算法的思路是:如果每个数都和"后边"的数相等,那么所有数相等,否则不全相等。思路没有问题,但细节存在不少问题:首先,如果很多数和它后边的数都不相等,会输出很多"No",不符合输出规定;其次,最后一个数的"紧跟在它后边的数"是什么? 没定义。这些问题说明：把算法写成计算机可以准确执行的形式其实并不容易。

◇1.1.3　什么是算法

广义地说，算法是按部就班解决一个问题或完成某个目标的过程。算法设计是一个古老的研究领域。自古以来，人们总是对发现更好的目标求解方法充满兴趣，不论是取火、建造金字塔，还是对邮件进行排序。而计算机算法的研究当然是一个新的领域。一些计算机算法采用的方法早在计算机发明之前就存在，但大多数计算机算法的设计需要新的方法和技术。首先，告诉计算机诸如"察看小山，如果发现敌情就拉响警报"是不够的。一台计算机必须了解"察看"的确切含义，知道如何识别敌情，懂得如何拉响警报。一台计算机可接受的指令应当是定义明确、长度有限的基本操作序列。将通常的命令转换为计算机可以理解的指令是一个困难的过程，而该过程就是编程。

计算机上的编程，所需要的不仅是将那些为人所理解的命令转换为计算机可以理解的语言。在大多数情况下，程序员必须设计出完全崭新的算法来求解问题。计算机能处理数十亿、数万亿比特单位的信息，能在 1s 内完成数百万条基本指令。在这个数量级上进行算法设计是一种崭新的实践，有很多方面会与人们的直觉相反，因为人们通常只对自己能感知的事物进行思考。遗憾的是，一些能很好解决小问题的程序在处理大问题时就变得很糟。因此当进行大规模计算时不要忽视算法的复杂度和有效性。

问题的另一个方面是，人们在日常生活中所执行的算法一般不太复杂，执行的次数也不太频繁，因为回报非常低，通常不值得耗费太多精力来开发完美的算法。例如，在日常生活中，从超市采购回家，打开杂货袋放置食品的过程就可能不是最有效的，有效的过程应该是考虑杂货袋中的食品以及橱柜的结构，但很少有人会去想这件事，更不会有人为它去专门设计算法。反之，进行大规模商业包装和拆装就必须有一种好的方法。另一个例子是修剪草坪，可以考虑如何使来回次数最少、修剪时间最短，或者到垃圾堆的往返距离最短。除非你非常讨厌修剪草坪，否则就不会花一个小时的时间来思考如何使修剪时间缩短几分钟这样的问题。但另一方面，计算机可以处理非常复杂的任务，而且同一任务往往必须执行多次，因此值得花费时间来设计有效的方法，就算最终得到的方法更加复杂或难以理解也无妨，因为潜在的回报是巨大的。

对与直觉相悖的大型问题求解算法的需要以及了解这些算法的复杂度是学习算法这门学科的动力所在。首先，必须认识到直观的方法并不总是最好的，寻找更好的方法有时非常重要，为此，程序员必须学习新的方法和技术。本书给出了多种算法的说明。然而，就像要成为一个好棋手仅靠记住许多棋局是不够的一样，就算学习了大量的算法也不足以应付各种情况，因此必须了解算法背后的原理，必须知道如何应用它们，当然更重要的是，何时应用它们。

算法的设计和实现类似于房屋的设计和建筑。我们从最基本的概念出发考虑房子的修建。设计师的工作是给出满足要求的规划，工程师的工作是确认规划是正确且可行的（以保证房子不会在短时间内倒塌），建设工人的工作是按照规划建筑房子。当然，在所有阶段，都要考虑造价并进行分析。每个阶段的工作是不同的，但它们又有所联系甚至交织在一起。算法的设计也如此，先考虑基本的思想和方法，然后做出规划。必须证明规划是可行的并且代价是可接受的。最后的工作是在具体的计算机上实现。简单地说，可将过程分为 4 步：

设计、正确性证明、分析和实现。每步都不同但又相关,每步都不能不顾及其他而在真空中完成。当然,我们很少能按照线性次序走过历程。在构造算法的每个阶段都可能出现困难。由此可能需要修改设计,还可能需要再次进行可行性证明、调整代价以及改变算法实现。

1.2 算法设计的要求

一个算法是一组有穷的规则,这些规则给出求解特定类型问题的运算序列;但除此之外,一个算法还有五个重要特征,只有具有以下所有性质才能称为是一种解决特定问题的算法。

(1)正确性。也就是说,它必须完成所期望的功能,把每一次输入转换为正确的输出。一个算法可能包含零个或多个输入,一个或多个输出。

(2)具体步骤。一种算法应该由一系列具体步骤组成。"具体"意味着每步所描述的行为对于必须完成算法的人或机器是可读、可执行的。每一步必须在有限的时间内执行完毕。因此,算法好像给出了通过一系列步骤解决问题的"工序",其中的每一步都是我们力所能及的,是否能够完成每一步依赖于谁或者什么来执行这个工序。例如,烹饪书中关于小甜饼的制作方法对于指导一位厨师来说很具体,但是对于一个自动小甜饼加工厂却是不够的。

(3)确定性。一个算法的每个步骤都必须精确地定义;要执行的动作每一步都必须严格地和无歧义地描述清楚。但是如果直接使用自然语言来描述算法会带来很多问题,有可能读者未能准确地理解作者的意图。为了克服这个困难,我们设计了用于描述算法的程序设计语言或计算机语言,其中每一个语句都有非常确定的意义。本书的许多算法都将以 C 语言或受到一定限制的 C++ 语言给出,在一种计算机语言下一个计算方法的表达就叫作一个程序。

(4)有限性。一个算法在有限步骤之后必然要终止。如果一种算法的描述是由无限步组成的,我们就不可能将它写出来,也不可能将它作为计算机程序来实现。大多数算法描述语言均提供一些实现重复行为的方法,如 C 语言中的 while 和 for 循环结构。循环结构具有简短的描述,但是实际执行的次数由输入来决定。

(5)可终止性。算法必须可以终止,即不能进入死循环。

让我们来把算法的概念同菜谱的概念做一下比较。一个菜谱大抵具有有限性(尽管有人说,心急水不沸),输入(鸡蛋、面粉等)以及输出(速食便餐等)等性质,但是众所周知它缺少确定性。经常有这样的情况,菜谱的指导是不确定的:"加少许盐"。"少许"被定义为"少于 1/8 茶匙",或许盐是明确地定义的;然而,把盐加在哪儿呢? 在顶上还是在边上? 像"轻微地搅拌直到混合物变碎为止"或者"在小深平底锅中把法国白兰地酒加热"这样一些指导对于训练有素的厨师可能是十分适当的说明,但是一个算法必须被描述到这样一种程度,就是即使一部完全不了解任何人类常识的计算机也能遵循它。

我们应当说明,就实用而言,有限性的限制实际上是不够强的。一个有用的算法不只要求步骤有限,而且要求非常有限的、合理的步骤数。例如,严格来说,所有的密码都可以使用穷举算法来破译,但如果密码位数足够长,密码足够无规律,即使用世界上最快的计算机,也需要动辄成千上万年的时间来穷举,这种"有限"对于实践是没有意义的。在实践中,不仅要算法,而且还要在某种不明确定义的意义下的好算法。

1.3 算法效率的度量

算法设计出来以后,应该先进行分析。一般来说,需要估计算法的时空开销,即:需要运行多长时间?需要多大内存?这是个很实际的问题,因为如果一个程序需要运行100年,或者需要很多内存,那么就算它能得出正确的答案也没有用,因为我们等不了这么久,或者买不起这么多内存。同一问题可用不同算法解决,而一个算法的质量优劣将影响到算法乃至程序的效率。算法分析的目的在于选择合适算法和改进算法。一个算法的评价主要从时间复杂度和空间复杂度两方面来考虑。

◇1.3.1 时间复杂度

一个算法执行所耗费的时间,从理论上是不能算出来的,必须上机运行测试才能知道。但问题在于编程之前不可能精确地知道一个算法要运行多长时间,因为它还没有被转换成程序。用不同的方式写成程序,运行时间显然不一样;同一个程序在不同的计算机上运行,时间也不一样。同一个程序在同一个计算机上运行,时间也不总是一样(例如,有其他程序同时运行)。我们的原则是:①忽略机器和程序实现,只分析算法本身;②忽略次要因素,保留主要因素,以得到简洁的结果。在多数情况下,我们不可能也没有必要对每个算法都上机测试,只需知道哪个算法花费的时间多,哪个算法花费的时间少就可以了。并且一个算法花费的时间与算法中语句的执行次数成正比,哪个算法中语句执行次数多,它花费时间就多。一个算法中的语句执行次数称为语句频度或时间频度,记为 $T(n)$,n 称为问题的规模,当 n 不断变化时,时间频度 $T(n)$ 也会不断变化。但有时我们想知道它变化时呈现什么规律。为此,引入时间复杂度的概念。

一般情况下,算法中基本操作重复执行的次数是问题规模 n 的某个函数,用 $T(n)$ 表示,若有某个辅助函数 $f(n)$,使得当 n 趋近于无穷大时,$T(n)/f(n)$ 的极限值为不等于零的常数,则称 $f(n)$ 是 $T(n)$ 的同数量级函数,记作 $T(n)=O(f(n))$,称 $O(f(n))$ 为算法的渐进时间复杂度,简称时间复杂度。

在各种不同算法中,若算法中语句执行次数为一个常数,则时间复杂度为 $O(1)$。另外,在时间频度不相同时,时间复杂度有可能相同,如 $T(n)=n^2+3n+4$ 与 $T(n)=4n^2+2n+1$,它们的频度不同,但时间复杂度相同,都为 $O(n^2)$。

按数量级递增排列,常见的时间复杂度有:常数阶 $O(1)$,对数阶 $O(\log n)$,线性阶 $O(n)$,线性对数阶 $O(n\log n)$,平方阶 $O(n^2)$,立方阶 $O(n^3)$,$\cdots$,k 次方阶 $O(n^k)$,指数阶 $O(2^n)$。随着问题规模 n 的不断增大,上述时间复杂度不断增大,算法的执行效率不断降低。

如果算法的执行时间不随着问题规模 n 的增加而增长,即使算法中有上千条语句,其执行时间也不过是一个较大的常数。此类算法的时间复杂度是 $O(1)$。当有若干个循环语句时,算法的时间复杂度是由嵌套层数最多的循环语句中最内层语句的频度 $f(n)$ 决定的。例如:

```
x=1;
for(i=1;i<=n;i++)
    for(j=1;j<=i;j++)
```

```
for(k=1;k<=j;k++)
        x++;
```

该程序段中频度最大的语句是最后一行,内循环的执行次数虽然与问题规模 n 没有直接关系,但是却与外层循环的变量取值有关,而最外层循环的次数直接与 n 有关,因此可以从内层循环向外层分析最后一行语句的执行次数。该程序段的时间复杂度为 $O(n^3)$。

◇**1.3.2　空间复杂度**

一个程序的空间复杂度是指运行完一个程序所需内存的大小。利用程序的空间复杂度,可以对程序的运行所需要的内存多少有个预先估计。一个程序执行时除了需要存储空间和存储本身所使用的指令、常数、变量和输入数据外,还需要一些对数据进行操作的工作单元和存储一些为现实计算所需信息的辅助空间。程序执行时所需存储空间包括以下两部分。

(1)固定部分。这部分空间的大小与输入、输出的数据的个数多少、数值无关。主要包括指令空间(即代码空间)、数据空间(常量、简单变量)等所占的空间。这部分属于静态空间。

(2)可变空间。这部分空间主要包括动态分配的空间,以及递归栈所需的空间等。这部分的空间大小与算法有关。

一个算法所需的存储空间用 $f(n)$ 表示。$S(n)=O(f(n))$。其中,n 为问题的规模,$S(n)$ 表示空间复杂度。讨论方法与时间复杂度类似,不再赘述。

1.4　本课程的总体结构

同学们在前序课程的学习中,已经基本掌握了计算机的基本运作原理和简单程序设计技巧,计算机知识学了不少,程序也似乎会编写了(至少习题都会做了),但为什么遇到实际问题仍然不知道如何下手用计算机知识去解决呢?这是很多同学都遇到过的问题,问题的关键在于,我们在"大学计算机基础"或"计算机程序设计"课上学到的程序设计,只相当于小学生学会了认字写字,最多能写点小学生作文;而想写出有用的文章、宏伟的著作,还需要学习很多别的东西,如写作技巧、生活历练、专业知识学习等,这就是我们这门课要教给大家的。

本书的后续章节基本按照以下的内容组织。

第2章"若干数学问题的算法",从同学们最为熟悉的各类数学问题谈起,讲述了使用计算机解决这些数学问题的一般方法。

第3章和第4章着眼点在于依赖特定数据结构的算法,第3章讲述线性数据结构中常用的算法,第4章讲述树与图两种较为复杂的数据结构中常用的算法。

第5章和第6章讲述了两种典型的算法策略:贪心法和动态规划。

第7章、第8章和第9章对目前计算机科学领域前沿最常用的两种高级算法——遗传算法和人工神经网络及群体智能算法做了详细的介绍,进一步提升同学们的视野。

1.5   相关语言和函数库简介

本书主要面向的是有 C 语言程序设计基础的同学,所以在后续的各章算法讲解中,会尽量以 C 语言为主要教学语言。虽然 C 语言的过程化、模块化特征非常有利于教学,但是 C 语言毕竟发明于 20 世纪 70 年代,即使经历了多次改革,很多特性也不满足于现在时代的要求,除了一些特殊的场合(如驱动开发、单片机等底层应用)外,单纯的 C 语言在当今的应用领域并不常用,一些经典的算法库和标准库(如 STL)都是用 C++ 语言编写而成的。为了适应这一情况,本教材在教学语言的选取上,主要遵循以下原则。

- 在可用 C 语言也可用 C++ 语言的场合,尽量使用 C 语言,但可以使用 C++ 的一些更为方便的特性。
- 在使用 C++ 编写的各类库时,尽量只使用库本身的内建类型,不做进一步扩展。
- 当必须使用 C++ 的某些关键特性时,在使用该特性的章节简要介绍此特性。

本节主要集中介绍一些 C++ 的通用特性,并简要介绍面向对象编程思想,以便使用标准库的内建类型。

◇1.5.1   从 C 到 C++

C 语言是 1972 年由美国贝尔实验室研制成功的,它的很多新特性都让汇编程序员羡慕不已,刚出生就受到追捧。C 语言也是"时髦"的语言,后来很多软件都用 C 语言开发,包括 Windows、Linux 等。但是随着计算机性能的飞速提高,如今硬件配置与几十年前已有天壤之别,软件规模也不断增大,很多软件的体积都超过 1GB,例如,Photoshop、Visual Studio 等,用 C 语言开发这些软件就显得非常吃力了,这时候 C++ 就应运而生了。

C++ 主要在 C 语言的基础上增加了面向对象的机制,以适用于大中型软件的编写。在 C 语言中,我们会把重复使用或具有某项功能的代码封装成一个函数,将具有相似功能的函数放在一个源文件;调用函数时,引入对应的头文件就可以。而在 C++ 中,多了一层封装,就是类(Class)。类由一组相关联的函数、变量组成。可以将一个类或多个类放在一个源文件中,使用时引入对应的类就可以。

不要小看这一层封装,它让 C++ 多了很多特性,成为面向对象的编程语言(Object Oriented Programming,OOP)。类是一个通用的概念,C++、C♯、Java、PHP 等很多编程语言中都有类,可以通过类来创建对象(Object)。

先不用深究面向对象的概念,目前只需要记住,支持类和对象的编程语言就是面向对象的,而像 C 语言,只能把代码封装到函数,没有类,所以是面向过程的。所谓面向过程,就是通过不断地调用函数来实现预期的功能。

如图 1-1 和图 1-2 所示分别为 C 语言和 C++ 语言中项目的组织方式。

面向对象编程在代码执行效率上绝对没有任何优势,它的主要目的是方便程序员组织和管理代码,快速梳理编程思路,带来编程思想上的革新,目的是提高大规模软件开发的效率。不要把面向对象和面向过程对立起来,面向对象和面向过程不是矛盾的,而是各有用途、互为补充的。

C 语言源文件后缀为.c,C++ 源文件后缀为.cpp。C/C++ 使用相同的编译器,Windows

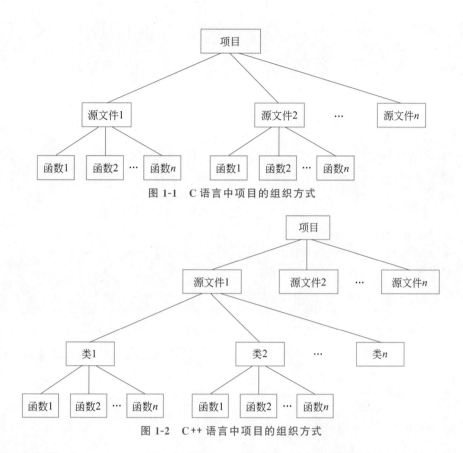

图 1-1　C 语言中项目的组织方式

图 1-2　C++ 语言中项目的组织方式

下一般是微软的 cl.exe, Linux 下一般是 GCC。很多 C 语言初学者创建源文件时使用的后缀为 .cpp, 也完全没有问题, 编译、链接、运行都顺利通过。这是因为 C++ 几乎完全兼容 C 语言, 它们类似子集(C 语言)和超集(C++)的概念。也就是说, 如果仅给你一段 C 语言代码, 你将无法确定它到底是 C 代码还是 C++ 代码。

◇1.5.2　C++ 语言的功能改进

标准 C 语言(ANSI C)的注释只能是"/ * … * /", C++ 的注释可以是"/ * … * /"或"//"。C 语言代码中也可以使用"//", 是因为目前很多 C 语言编译器也是 C++ 编译器。如果函数没有参数, C 语言建议使用 void, 而 C++ 建议不写。

C 代码:

```
/* 在 C 语言中,嵌套注释是错误的 */
/*
int myFunc(int x, int y) {
    int width;    /* 宽度 */
    int height;   /* 宽度 */
    /* Some Code */
}
*/
/* C 语言中没有参数的定义(推荐) */
```

```
void myFunc(void)  {
    /*  Some Code  */
}
```

C++ 代码：

```
//C++多行注释内可以有单行注释
/*
int myFunc(int x, int y) {
    int width;      //宽度
    int height;     //宽度
    //Some Code
}
*/
//C++语言中没有参数的定义(推荐)
void myFunc() {
    //Some Code
}
```

局部变量的定义，C 语言要求必须在函数体的开始部分，如果在某一语句之后再定义变量是错误的，而 C++ 则没有这一限制，可以在函数的任何位置定义变量，当然变量的作用域只在定义之后。

C 代码：

```
void myFunc(void)
{
    for(int i=0; i<10; i++)      //出错。i 的定义要放在 for 前面
        //Some Code
    }
}
```

C++ 代码：

```
void myFunc(void)
{
    for(int i=0; i<10; i++) {   //C++中不出错
        //Some Code
    }
}
```

C 语言命名限制在 31 个有效字符，C++ 语言中没有限制，但太长了使用不方便。

C 语言中 main() 函数也能被调用，当然这不是好方法。C++ 语言中 main() 被禁止调用。

C 语言中没有 bool 类型，C++ 语言中，增加了 bool 基本类型。

C 语言中用结构体定义变量时，使用"struct 结构体名 变量名"，在 C++ 中"struct"可以省略。

C++ 中还有一个重要的新增概念是"名字空间"。名字空间是防止名称冲突而声明的"领域"，打个比方，C 盘中文件增多就有可能有相同的文件名，这样就必须用目录来管理，将

相同文件名放在不同的目录里就可以了。当目录名逐渐增加,也有重复名称时,一种办法是再增加父目录,另一种办法就是将相同的目录名放在不同的盘符下。

C 代码:

```
#include <stdio.h>        //".h"不能少
int main()
{
    //Some Code
}
```

C++ 代码:

```
#include <iostream>
using namespace std;        //命名空间是必需的
int main()
{
    //Some Code
}
```

名字空间将在 1.5.3 节专门讲解。

◇**1.5.3 命名空间**

C++ 语言引入命名空间(Namespace)这一概念主要是为了避免命名冲突,其关键字为 namespace。

科技发展到如今,一个系统通常都不会仅由一个人来开发完成,不同的人开发同一个系统,不可避免地会出现变量或函数的命名冲突,当所有人的代码都测试通过,没有问题时,将所有人的代码结合到一起,因为变量或函数重名而导致的问题将会造成一定的混乱,例如:

```
int   flag = 1;        //小李声明的变量
//…                    //中间间隔若干行代码
bool flag = true;      //小韩声明的变量
```

如上所示,因为个人习惯不同,小李喜欢声明 int 型变量用于逻辑判断,而小韩则更喜欢采用 bool 类型变量。但两个声明放到同一个函数中的时候,很明显编译器会提示 flag 变量重新定义的错误。这种问题若不加以处理是无法编译通过的。此时可以使用命名空间解决类似上面的命名冲突问题,例如:

```
namespace Li{          //小李的变量声明
    int flag = 1;
}
namespace Han{         //小韩的变量声明
    bool flag = true;
}
```

小李与小韩各自定义了以自己姓氏为名的命名空间,此时将小李与小韩的 flag 变量定义再置于同一个函数体中,则不会有任何问题,当然在使用这两个变量的时候需要指明所采用的是哪一个命名空间中的 flag 变量。

指定所使用的变量时需要用到"∷"操作符,"∷"操作符是域解析操作符。例如:

```
Li::flag = 0;              //使用小李定义的变量 flag
Han::flag = false;         //使用小韩定义的变量 flag
```

我们已经定义了两个命名空间 Li 和 Han,并在其中各自声明 flag 变量,使用的时候则需要分别用域解析操作符指明此时用的 flag 变量是谁定义出来的 flag 变量,是小韩还是小李定义的。

除了直接使用域解析操作符,还可以采用 using 声明,例如:

```
using Li::flag;
flag = 0;                  //使用小李定义的变量 flag
Han::flag = false;         //使用小韩定义的变量 flag
```

在代码的开头用 using 声明了 Li∷flag,其含义是 using 声明以后的程序中如果出现未指明的 flag 时,则使用 Li∷flag,但是若要使用小韩定义的 flag,则仍需 Han∷flag。

using 声明不仅可以针对命名空间中的一个变量,也可以用于声明整个命名空间,例如:

```
using namespace Li;
flag = 0;                  //使用小李定义的变量 flag
Han::flag = false;         //使用小韩定义的变量 flag
```

如果命名空间 Li 中还定义了其他的变量,则同样具有 flag 变量的效果,在 using 声明后,若出现未具体指定命名空间的命名冲突变量,则默认采用 Li 命名空间中的变量。

早期的 C++ 还不完善,不支持命名空间,没有自己的编译器,而是将 C++ 代码翻译成 C 代码,再通过 C 编译器编译成目标代码。

这个时候的 C++ 仍然在使用 C 语言库,此外还开发了一些新的库,增加了不少头文件,例如:

iostream.h:输入输出头文件。

fstream.h:文件操作头文件。

wchar.h:宽字符处理头文件。

和 C 语言一样,C++ 头文件仍然以.h 为后缀,其中的类、函数等都是全局范围的。

C 语言的库定义了大量的函数、宏、自定义数据类型等,而 C++ 新增的库主要定义了大量的类,它们非常丰富也非常强大,对很多常用的功能进行了封装,例如,链表、堆栈、树等数据结构,不需要再从头写代码,会使用库就可以。

后来 C++ 引入了命名空间的概念,计划重新编写库,将类、函数等都统一纳入一个命名空间中(命名空间的名字是 std)。但是这时已经有很多用老式 C++ 开发的程序了,它们的代码中并没有使用命名空间,直接修改原来的库会带来一个很严重的后果:程序员会因为不愿花费大量时间修改老式代码而极力反抗,拒绝使用新标准的 C++ 代码。

C++ 开发人员想了一个好办法,保留原来的库和头文件,它们在 C++ 中可以继续使用。然后再把原来的库复制一份,在此基础上稍加修改,把类、函数等纳入命名空间 std 下,就成了新版 C++ 标准库。这样一共存在了两份功能相似的库,使用旧的 C++ 的程序可以继续使用原来的库,新开发的程序可以使用新版的 C++ 库。

新版 C++ 也对头文件的命名做了调整，去掉了后缀.h，所以旧的 C++ 的<iostream.h>变成了<iostream>，<fstream.h>变成了<fstream>。而对于原来 C 语言的头文件，也采用同样的方法，但在每个名字前还要添加一个 c 字母，所以 C 语言的<string.h>变成了<cstring>，<stdio.h>变成了<cstdio>。

最后一点是，旧的 C++ 头文件是官方所反对使用的，已明确提出不再支持，但旧的 C 头文件仍然可以使用，以保持对 C 的兼容性。实际上，编译器制造商不会停止对客户现有软件提供支持，所以可以预计，旧的 C++ 头文件在未来几年内还是会被支持。

所以，实际来说，下面是 C++ 头文件的现状：

(1) 旧的 C++ 头文件，如<iostream.h>、<fstream.h>等将会继续被支持，尽管它们不在官方标准中。这些头文件的内容不在命名空间 std 中。

(2) 新的 C++ 头文件，如<iostream>、<fstream>等包含的基本功能和对应的旧头文件相似，但头文件的内容在命名空间 std 中。

注意：在标准化的过程中，库中有些部分的细节被修改了，所以旧头文件和新头文件中的实体不一定完全对应。

(3) 标准 C 头文件如<stdio.h>、<stdlib.h>等继续被支持。头文件的内容不在 std 中。

(4) 具有 C 库功能的新 C++ 头文件具有如<cstdio>、<cstdlib>这样的名字。它们提供的内容和相应的旧 C 头文件相同，只是内容在 std 中。

◇1.5.4　C++ 的输入输出

在 C 语言中，通常会使用 printf 和 scanf 来对数据进行输入输出操作。在 C++ 语言中，C 语言的这一套输入输出库仍能使用，但是 C++ 语言又自定义了一套新的、更容易使用的输入输出库。

在 C++ 程序中，输入与输出可以看作一连串的数据流，输入即可视为从文件或键盘中输入程序中的一串数据流，而输出则可以视为从程序中输出一连串的数据流到显示屏或文件中。

在编写 C++ 程序时，如果需要使用输入输出时，则需要包含头文件<iostream>。在<iostream>中定义了用于输入输出的对象，例如，常见的 cin 表示标准输入、cout 表示标准输出、cerr 表示标准错误。

使用 cout 进行输出时需要紧跟"<<"操作符，使用 cin 进行输入时需要紧跟">>"操作符，这两个操作符可以自行分析所处理的数据类型，因此无须像使用 scanf 和 printf 那样给出格式控制字符串。

简单的输入输出代码示例：

```
#include<iostream>
using namespace std;
int main(){
    int x;
    float y;
    cout<<"Please input an int number:"<<endl;
    cin>>x;
    cout<<"The int number is x= "<<x<<endl;
```

```
    cout<<"Please input a float number:"<<endl;
    cin>>y;
    cout<<"The float number is y= "<<y<<endl;
    return 0;
}
```

运行结果如下(↙表示按下 Enter 键):

```
Please input an int number:
8↙
The int number is x= 8
Please input a float number:
7.4↙
The float number is y= 7.4
```

第 6 行代码表示输出"Please input a int number:"这样的一个字符串,以提示用户输入整数,其中,endl 表示换行,与 C 语言里的"\n"作用相同;当然这段代码中也可以用"'\n'"来替代 endl。

endl 最后一个字符是字母"l",而非阿拉伯数字"1",它是"end of line"的缩写。

第 7 行代码表示从标准输入(键盘)中读入一个 int 型的数据并存入到变量 x 中。如果此时用户输入的不是 int 型数据,则会被强制转换为 int 型数据。

第 8 行代码将输入的整型数据输出。从该语句中可以看出 cout 可以连续输出。

同样,cin 也是支持对多个变量连续输入的,如下。

cin 连续输入示例:

```
#include<iostream>
using namespace std;
int main()
{
    int x;
    float y;
    cout<<"Please input an int number and a float number:"<<endl;
    cin>>x>>y;
    cout<<"The int number is x= "<<x<<endl;
    cout<<"The float number is y= "<<y<<endl;
    return 0;
}
```

【运行结果】

```
Please input an int number and a float number:
8 7.4↙
The int number is x= 8
The float number is y= 7.4
```

第 8 行代码连续从标准输入中读取一个整型和一个浮点型数字(默认以空格分隔),分别存入 x 和 y 中。

输入操作符">>"在读入下一个输入项前会忽略前一项后面的空格,所以数字 8 和 7.4

之间要有一个空格,当 cin 读入 8 后忽略空格,接着读取 7.4。

需要说明的是,cin 和 cout 不是 C++ 中的关键字,而是两个预先定义的对象,其本质依然是函数调用。它们的实现采用的是 C++ 的运算符重载特性,感兴趣的同学可以参考相关的书籍。

在 C++ 中推荐使用 cin、cout,它比 C 语言中的 scanf、printf 更加灵活易用。但是如果依然希望使用 printf 函数,那么应该引入<cstdio>,并使用命名空间 std,如下。

```
#include <cstdio>
using namespace std;
```

◇1.5.5 函数重载和函数模板

实际开发中,有时要实现的是同一类的功能,只是有些细节不同。例如,希望从 3 个数中找出其中的最大者,而每次求最大数时数据的类型不同,可能是 3 个整数、3 个双精度数或 3 个长整数。在 C 语言中,程序员往往需要分别设计出 3 个不同名的函数,其函数原型与下面类似。

```
int max1(int a, int b, int c);              //求 3 个整数中的最大者
double max2(double a, double b, double c);  //求 3 个双精度数中的最大者
long max3(long a, long b, long c);          //求 3 个长整数中的最大者
```

但在 C++ 中,这完全没有必要。C++ 允许多个函数拥有相同的名字,只要它们的参数列表不同就可以。这就是函数的重载(Function Overloading)。借助重载,一个函数名可以有多种用途。

求 3 个数的最大值:

```
#include <iostream>
using namespace std;
//函数声明
int max(int, int, int);
double max(double, double, double);
long max(long, long, long);
int main()
{
    //求 3 个整数的最大值
    int i1, i2, i3, i_max;
    cin >> i1 >> i2 >> i3;
    i_max = max(i1,i2,i3);
    cout << "i_max=" << i_max << endl;
    //求 3 个浮点数的最大值
    double d1, d2, d3, d_max;
    cin >> d1 >> d2 >> d3;
    d_max = max(d1,d2,d3);
    cout << "d_max=" << d_max << endl;
    //求 3 个长整型数的最大值
    long g1, g2, g3, g_max;
    cin >> g1 >> g2 >> g3;
```

```
    g_max = max(g1,g2,g3);
    cout << "g_max=" << g_max << endl;
}
//求 3 个整数的最大值
int max(int a, int b, int c)
{
    if(b>a) a=b;
    if(c>a) a=c;
    return a;
}
//求 3 个浮点数的最大值
double max(double a, double b, double c)
{
    if(b>a) a=b;
    if(c>a) a=c;
    return a;
}
//求 3 个长整型数的最大值
long max(long a, long b, long c)
{
    if(b>a) a=b;
    if(c>a) a=c;
    return a;
}
```

【运行结果】

```
12   34   100↙
i_max=100
73.234  90.2   878.23↙
d_max=878.23
344   900   1000↙
g_max=1000
```

通过上例可以发现,重载就是在一个作用范围内(同一个类、同一个命名空间等),有多个名称相同但参数不同的函数。重载的结果,可以让一个程序段尽量减少代码和方法的种类。在使用重载函数时,同名函数的功能应当相同或相近,不要用同一函数名去实现完全不相干的功能,虽然程序也能运行,但可读性不好,使人莫名其妙。注意,参数列表不同包括个数不同、类型不同和顺序不同,仅参数变量名称不同是不可以的。

这些函数虽然在调用时方便了一些,但从本质上说还是定义了三个功能相同、函数体相同的函数,仍然不够节省代码。能不能把它们压缩成一个呢? 这就要借助 C++ 的一个新特性:函数模板。

所谓函数模板,实际上是建立一个通用函数,其返回值类型和形参类型不具体指定,用一个虚拟的类型来代替(实际上是用一个标识符来占位)。这个通用函数就称为函数模板(Function Template)。凡是函数体相同的函数都可以用这个模板来代替,不必定义多个函数,只需在模板中定义一次即可。在调用函数时系统会用实参的类型来取代模板中的虚拟类型,从而实现不同函数的功能。

定义模板函数的语法为：

```
template <typename 数据类型参数, typename 数据类型参数, …> 返回值类型 函数名(形参列
表){
    //TODO:
    //在函数体中可以使用数据类型参数
}
```

其中，template 是定义模板函数的关键字，template 后面的尖括号不能省略；typename
是声明数据类型参数名的关键字，多个数据类型参数以逗号分隔。例如，求两个数的和：

```
//在返回值类型、形参列表、函数体中都可以使用 T
template<typename T> T sum(T a, T b){
    T temp = a + b;
    return temp;
}
```

template<typename T>为模板头，T 为类型参数。模板函数的调用形式和普通函数
一样：

```
int n = sum(10, 20);
float m = sum(12.6, 23.9);
```

编译器可以根据调用时传递的参数来自动推演数据类型。

改进本节开头的代码，通过函数模板来求 3 个数中的最大值。

```
#include <iostream>
using namespace std;
template<typename T>        //模板头,这里不能有分号
T max(T a, T b, T c){        //函数头
    if(b>a) a=b;
    if(c>a) a=c;
    return a;
}
int main(){
    //求 3 个整数的最大值
    int i1, i2, i3, i_max;
    cin >> i1 >> i2 >> i3;
    i_max = max(i1,i2,i3);
    cout << "i_max=" << i_max << endl;
    //求 3 个浮点数的最大值
    double d1, d2, d3, d_max;
    cin >> d1 >> d2 >> d3;
    d_max = max(d1,d2,d3);
    cout << "d_max=" << d_max << endl;
    //求 3 个长整型数的最大值
    long g1, g2, g3, g_max;
    cin >> g1 >> g2 >> g3;
    g_max = max(g1,g2,g3);
    cout << "g_max=" << g_max << endl;
    return 0;
}
```

【运行结果】

```
12  34  100↙
i_max=100
73.234  90.2  878.23↙
d_max=878.23
344  900  1000↙
g_max=1000
```

模板函数也可以提前声明,不过声明时需要带上模板头,请看下面的例子。

```cpp
#include <iostream>
using namespace std;
//声明模板函数
template<typename T> T sum(T a, T b);
int main(){
    cout<<sum(10, 40)<<endl;
    return 0;
}
//定义模板函数
template<typename T> T sum(T a, T b){
    T temp = a + b;
    return temp;
}
```

可以发现,模板头和函数定义(声明)是一个不可分割的整体,可以换行,但是中间不能有分号。

◇ **1.5.6 面向对象初步**

C++ 是一门面向对象的编程语言,理解 C++,首先要理解类与对象这两个概念。

C++ 中的类可以看作 C 语言中结构体(Struct)的升级版。结构体是一种构造数据类型,可以包含若干成员(变量),每个成员的数据类型可以不一样;可以通过结构体来定义结构体变量,每个变量拥有相同的性质。例如:

```cpp
#include <stdio.h>
int main(){
    //定义结构体 Student
    struct Student{
        //结构体包含的变量
        char * name;
        int age;
        float score;
    };
    //通过结构体来定义变量
    struct Student stu1;
    //操作结构体的成员
    stu1.name = "小明";
    stu1.age = 15;
```

```
    stu1.score = 92.5;
    printf("%s 的年龄是%d,成绩是 %f\n", stu1.name, stu1.age, stu1.score);
    return 0;
}
```

【运行结果】

小明的年龄是 15,成绩是 92.500000

C++ 中的类也是一种构造数据类型,但是进行了一些扩展,类的成员不但可以是变量,还可以是函数;通过类定义出来的变量也有特定的称呼,叫作"对象"。例如:

```
#include <stdio.h>
int main(){
    //通过 class 关键字类定义类
    class Student{
    public:                 //类包含的变量
        char * name;
        int age;
        float score;

    public:                 //类包含的函数
        void say(){
            printf("%s 的年龄是 %d,成绩是 %f\n", name, age, score);
        }
    };
    //通过类来定义变量,即创建对象
    class Student stu1;  //也可以省略关键字 class
    //操作类的成员
    stu1.name = "小明";
    stu1.age = 15;
    stu1.score = 92.5f;
    stu1.say();
    return 0;
}
```

运行结果与上例相同。

class 是 C++ 中的关键字,用来声明一个类。public 也是一个关键字,表示后面的成员都是公有的;所谓公有,就是通过当前类创建的对象都可以访问这些成员。除了 public 还有 private,它表示私有的,也就是对象都不能访问这些成员。在 C 语言中,通过结构体名完成结构体变量的定义;在 C++ 中,通过类名完成对象的定义。结构体变量和对象被定义后会立即分配内存空间。

可以将类比喻成图纸,对象比喻成零件,图纸说明了零件的参数及其承担的任务;一张图纸可以生产出具有相同性质的零件,不同图纸可以生产不同类型的零件。在 C++ 中,通过类名就可以创建对象,即将图纸生产成零件,这个过程叫作类的实例化,因此也称对象是类的一个实例。类只是一张图纸,起到说明的作用,不占用内存空间;对象才是具体的零件,要有地方来存放,才会占用内存空间。

类所包含的变量和函数也有了新的称呼,变量被称为属性(通常也称成员变量),函数被称为方法;属性和方法统称为类的成员。

1.5.7 节通过 C++ 中 string 类的使用来了解如何 C++ 标准库中的内建类型。

◇1.5.7　string 类

C++ 大大增强了对字符串的支持,除了可以使用 C 中的字符数组,还可以使用内置的数据类型 string。string 类处理起字符串来会方便很多,完全可以代替 C 语言中的 char 数组或 char 指针。

使用 string 类需要包含头文件<string>,下面逐一介绍该类的功能。

string 的几种用法:

```cpp
#include <iostream>
#include <string>
using namespace std;
int main(){
    string s1;
    string s2 = "c plus plus";
    string s3 = s2;
    string s4 (5, 's');
    return 0;
}
```

本例介绍了几种定义 string 类型变量的方法。变量 s1 只是定义但没有初始化,编译器会将默认值赋给 s1,默认值是""(空字符串)。变量 s2 在定义的同时被初始化为"c plus plus"。与 C 风格的 char 字符串不同,string 类型的变量结尾没有'\0',string 类型的本质是一个 string 类,而我们定义的变量则是一个个 string 类的对象。变量 s3 在定义时直接用 s2 进行初始化,因此 s3 的内容也是"c plus plus"。变量 s4 被初始化为由 5 个's'字符组成的字符串,也就是"sssss"。

从上面的代码可以看出,string 变量可以直接通过赋值操作符"="进行赋值。string 变量也可以用 C 风格的字符串进行赋值,例如,s2 是用一个字符串常量进行初始化的,而 s3 则是通过 s2 变量进行初始化的。

与 C 风格的字符串不同,当我们需要知道字符串长度时,可以调用 string 类提供的 length()函数,如下。

```cpp
string s = "c plus plus";
int len = s.length();
cout<<len<<endl;
```

【运行结果】

```
11
```

这里,变量 s 也是 string 类的对象,length()是它的成员函数。

虽然 C++ 提供了 string 类来替代 C 语言中的 char 数组形式的字符串,但在编程中有时必须使用 C 风格的字符串,为此,string 类为我们提供了一个转换函数 c_str(),该函数能

够将 string 变量转换为一个字符串数组的形式,并将指向该数组的指针返回。请看下面的代码:

```
string filename = "input.txt";
ifstream in;
in.open(filename.c_str());
```

为了使用文件打开函数 open(),必须将 string 类型的变量转换为字符串数组。

string 类重载了输入输出运算符,可以像对待普通变量那样对待 string 类型变量,也就是用">>"进行输入,用"<<"进行输出。请看下面的代码:

```
#include <iostream>
#include <string>
using namespace std;
int main(){
    string s;
    cin>>s;             //输入字符串
    cout<<s<<endl;  //输出字符串
    return 0;
}
```

【运行结果】

```
string string↙
string
```

虽然输入了两个由空格隔开的"string",但是只输出了一个,这是因为输入运算符">>"默认会忽略空格,遇到空格就认为输入结束,所以最后输入的"string"没有被存储到变量 s。

习　　题

1. 仔细调试本章中涉及的 C++ 新特性例子程序,检查输出结果。

2. 使用 C++ 新特性编写程序,给定一个字符串,按单词将该字符串逆序,该字符串最多包含 10 个单词。例如,给定"This is a sentence",则输出是"sentence a is This",为了简化问题,字符串中不包含标点符号(提示,尝试使用 string 类数组)。

第2章

若干数学问题的算法

2.1　数论相关问题

数论问题常常涉及整数的整除性、带余除法、奇数与偶数、质数与合数、约数与倍数、整数的分解与分拆、进制转换等方面的问题。下面举几个常见例子。

【例 2-1】　求两个数的最小公倍数。

【算法分析】

假设求 8 和 20 的最小公倍数。求两个数最小公倍数有多种方法,下面列举两种。

方法一:列举法。

从小到大先找出 8 的倍数,再判断这个数是否是 20 的倍数,从中找出最小的、公共的一个。具体做法如下。

8 的倍数:8(否),16(否),24(否),32(否),40(是 20 的倍数)。

8 和 20 的最小公倍数是 40。

方法二:分解质因数法。

分别把两个数分解质因数,8 和 20 的公倍数里,应当既包含 8 的所有质因数,又包含 20 的所有质因数。对于两个数共有的质因数,如 2,在 8 中出现 3 次,在 20 中出现 2 次,则取 3 个;独有的质因数都取出来,把它们相乘,积就是最小公倍数,具体做法如下。

$$8 = 2 \times 2 \times 2$$
$$20 = 2 \times 2 \times 5$$

8 和 10 的最小公倍数是:$2 \times 2 \times 2 \times 5 = 40$。

【程序实现】

设两个数字存储在变量 m,n 中。

方法一的实现比较简单,只需依次由小到大计算出 m 的倍数 A,每次计算出来后都判断这个 A 是否是 n 的倍数,找到最小的公倍数即可停止程序。

方法二的实现思路如下:循环处理 $2 \sim \max(m/2, n/2)$ 中的所有整数(记作 k),每次循环都执行下面的操作。

(1) 循环执行:若 k 同时是 m 和 n 的因子,则将 k 放入数组 P,令 $m = m/k$、$n = n/k$。

(2) 循环执行:若 k 仍然是 m 的因子,则将 k 放入数组 P,令 $m = m/k$。

(3) 循环执行:若 k 仍然是 n 的因子,则将 k 放入数组 P,令 $n = n/k$。

最后,将数组 P 中所有因子相乘即可。

显然，对于每个 k 的大循环内部，步骤(2)和(3)仅有一个被执行。

【程序实现】

```c
#include<stdio.h>
#define N 100
int main()
{
    int m,n,max,k, i, p[N], r;
    printf("请输入两个正整数: ");
    scanf("%d %d", &m, &n);
    if(m>n)
        max = m/2;
    else
        max = n/2;
    i=0;
    for(k=2;k<=max;k++)
    {
        while(m%k == 0 && n%k == 0) {
            p[i] = k;
            m = m/k;
            n = n/k;
            i++;
        }
        while(m%k == 0) {
            p[i] = k;
            m = m/k;
            i++;
        }
        while(n%k == 0) {
            p[i] = k;
            n = n/k;
            i++;
        }
    }
    r=1;
    for(k=0;k<i;k++)
        r = r * p[k];
    printf("它们的最大公倍数是: %d",r);
    return 0;
}
```

【运行结果】

```
请输入两个正整数: 8 20
它们的最大公倍数是: 40
```

【例 2-2】　用户输入 N，求小于 N 的所有质数。

【算法分析】

这个问题可以有两种解法。一种是从 2 到 N 逐一用试除法检测出所有质数，另一种是筛法。

试除法可以判断一个整数是否是质数。最直接的做法是：假设要判断 n 是否为质数，就从 2 一直尝试到 $n-1$，考察是否有 n 的因子。对应函数如下。

```
int isprime1(int n) {
    if(n < 2)  return 0;            //小于 2 的数不是质数
    for(int i = 2; i <= n-1; ++i) {
        if(n%i == 0) return 0;      //除得尽的话就是合数
    }
    return 1;                       //都除不尽,为质数
}
```

这种做法有很大改进空间,其实只要从 2 一直尝试到 $\sqrt{x}$ 就可以了。简单解释一下原因：因数都是成对出现的。例如,100 的因数有 1 和 100,2 和 50,4 和 25,5 和 20,10 和 10。看出来没有? 成对的因数,其中一个必然小于或等于 100 的开平方,另一个大于或等于 100 的开平方。在这种情况下,上面的函数应如何修改? 请自己思考一下。

再说一下筛法。它是一种比较高效的判断质数的方法,能够一次性地筛选出某个区间的质数。算法的基本原理也是利用了质数的定义,在某个范围内,依次去掉 2 的倍数,3 的倍数,5 的倍数,7 的倍数……以此类推,一直到所有小于 n 的质数的倍数都被去掉为止。

下面通过一个简单的例子来看一下。假如要求出 2~20 中的质数,它的做法是先把这些数排成一个序列如下：

$$2\ 3\ 4\ 5\ 6\ 7\ 8\ 9\ 10\ 11\ 12\ 13\ 14\ 15\ 16\ 17\ 18\ 19\ 20$$

第一步,取出数组中最小的数 2 放入质数表,把后面 2 的倍数全部删掉,得到：

$$2\ |\ 3\ 5\ 7\ 9\ 11\ 13\ 15\ 17\ 19$$

第二步,取出现在最小数 3 放入质数表,并删除后面 3 的倍数,得到：

$$2\ 3\ |\ 5\ 7\ 11\ 13\ 17\ 19$$

以此类推,直至结束。

【程序实现】

在本例中,设置了一个大数组 isprime 用于存储质数。在程序执行过程中,将所有合数 i 对应的 isprime$[i]$ 元素设置成 0,这样最终数组中不为零的元素 isprime$[k]$,其下标 k 就是质数。在主函数中仅输出数组中不为零的元素的下标。

```
#include<stdio.h>
#define MAX 500000
int isprime[MAX];
void PrimeTable(int M)
{
    int i, j;
    for(i = 2; i <= M; i++)
        isprime[i] = 1;
    for(i = 2;   i< M; i++)  {
        if(isprime[i])
            for(j = i+i;j <= M; j+=i)
                isprime[j] = 0;
    }
}
```

```
int main()
{
    int i, m;
    printf("请输 m(1<m<5000000): ");
    scanf("%d",&m);
    printf("在 2 - %d 之间的质数有: \n",m);
    PrimeTable(m);
    for(i=2; i<=m; i++)
        if(isprime[i])
            printf("%d \t",i);
    return 0;
}
```

【运行结果】

```
请输 m(1<m<5000000): 200
在 2 - 200 的质数有:
2       3       5       7       11      13      17      19      23      29
31      37      41      43      47      53      59      61      67      71
73      79      83      89      97      101     103     107     109     113
127     131     137     139     149     151     157     163     167     173
179     181     191     193     197     199
```

2.2 多项式四则运算

一元多项式形式为:

$$f(x)=a_0+a_1x+\cdots+a_nx^n$$

这里考虑多项式的加减乘除等问题的程序实现。显然,首先需要将多项式存储到计算机中,其次才能谈多项式之间如何运算。

最直观的方法是:将多项式对应 $x^0,x^1,\cdots,x^n$ 的系数存储在数组的下标为 $0,1,\cdots,n$ 的位置中,这样数组的数据就是系数,而下标的值就是指数。当然,这里系数为 0 的项不能省略。

如果按这种方式存储多项式,则多项式的加法、减法运算就转换为数组对应项的加减运算。较为复杂的是乘法和除法运算。下面仅介绍乘法运算。

◇2.2.1 一元多项式乘法

假定两个多项式 $A(x)=a_0+a_1x+\cdots+a_nx^n$ 和 $B(x)=b_0+b_1x+\cdots+b_mx^m$ 相乘,其结果放到多项式 $C(x)=c_0+c_1x+\cdots+c_kx^k$ 中。显然,$C(x)$ 最高次项一定是 $m+n$。而 $a_i\times b_j$ 作为对应结果中 x^{i+j} 项的系数的一部分,一定是会累加到结果系数 c_{i+j} 中。于是相乘的核心程序部分很简洁,如下(c 数组初始化为 0)。

```
for(i = 0; i < m; ++i)
    for(j = 0; j < n; ++j)
        c[i+j]=a[i] * b[j]+c[i+j];
```

【例 2-3】 输入两个一元多项式,计算它们的乘积并输出。

【程序实现】

```
//为了简化程序,这里假定系数全为整数
#include<stdio.h>
#include "stdlib.h"
#include <math.h>
#define N 100                              //假定运算的结果不超过 100 项(指数<100)
//多项式输入函数
void input(int y[],int m)
{
    int i;
    for(i=0;i<m;i++)
        scanf("%d",&y[i]);
}
//多项式输出函数
void output(int a[],int x)
{
    int i,sum=0;
    for(i=0;i<x;i++)
    {
        if(a[i]==0)    continue;           //某次幂的项不存在,跳过
        if(i==0)                           //0 次幂的系数直接输出
            printf("%d",a[i]);
        else if(i==1)                      //1 次幂的情况,不输出"^1"(1 次方)
        {
            if(a[i]==1)                    //系数为 1 不输出系数,只输出'+'
                printf("+X");
            else if(a[i]==-1)              //系数为-1 不输出系数,只输出'-'
                printf("-X");
            else if(a[i]>0)                //系数>0 的情况
                printf("+%dX",a[i]);
            else if(a[i]<0)                //系数<0 的情况
                printf("%dX",a[i]);
        }
        else                               //非 1 次幂的情况,输出"^d"(d 次方)
        {
            if(a[i]==1)                    //系数为 1
                printf("+X^%d",i);
            else if(a[i]==-1)              //系数为-1
                printf("-X^%d",i);
            else if(a[i]>0)
                printf("+%dX^%d",a[i],i);  //系数>0
            else if(a[i]<0)
                printf("%dX^%d",a[i],i);   //系数<0
        }
    }
}
//多项式相乘函数,c = a * b
void multiply(int a[],int m,int b[],int n,int c[])
```

```
{
    int i,j;
    for(i=0;i<m+n;i++)
        c[i]=0;
    for(i = 0; i < m; ++i)
    {
        for(j = 0; j < n; ++j)
        {
            c[i+j]=a[i] * b[j]+c[i+j];
        }
    }
}
int main()
{
    int m,n,max,t,w,i;
    int o=1;
    int P[N],Q[N],R[N];
    int index;
    for(i = 0; i < N; i++)
    {
        P[i] = 0;
        Q[i] = 0;
    }
    printf("请输入一元多项式 P(X)的项数 m(0<m<=100): ");
    scanf("%d",&m);
    printf("请输入 P(X)的系数(按指数由小到大排列的方式输入): ");
    input(P,m);
    printf("您输入的多项式 P(X)=");
    output(P,m);

    printf("\n\n请输入一元多项式 Q(X)的项数 n(0<n<=100): ");
    scanf("%d",&n);
    printf("请输入 Q(X)的系数(按指数由小到大排列的方式输入): ");
    input(Q,n);
    printf("您输入的多项式 Q(X)=");
    output(Q,n);

    multiply(P,m,Q,n,R);
    printf("\n\n两多项式相乘结果 F(X)=P(X) * Q(X)=");
    output(R,m+n);
    return 0;
}
```

【运行结果】

```
请输入一元多项式 P(X)的项数 m(0<m<=100): 3
请输入 P(X)的系数(按指数由小到大排列的方式输入): 1 1 1
您输入的多项式 P(X)=1+X+X^2

请输入一元多项式 Q(X)的项数 n(0<n<=100): 2
请输入 Q(X)的系数(按指数由小到大排列的方式输入): 1 1
您输入的多项式 Q(X)=1+X

两多项式相乘结果 F(X)=P(X) * Q(X)=1+2X+2X^2+X^3
```

本例中为了输出的美观,在输出函数中将常数项、一次幂项、其他项分开考虑。

◇2.2.2　一元多项式除法

一元多项式除法可以仿照数字的竖式除法,用减法来实现带余项的除法。其演算过程如下。

(1) 把被除式、除式按变量做降幂排列,并把所缺的项用零补齐。

(2) 用被除式的第一项除以除式第一项,得到商式的第一项。

(3) 用商式的第一项去乘除式,把积写在被除式下面(同类项对齐),消去相等项,把不相等的项结合起来。

(4) 把减得的差当作新的被除式,再按照上面的方法继续演算,直到余式为零或余式的次数低于除式的次数时为止。

最终结果中,被除式=除式×商式+余式。

【例 2-4】　写出 x^3-3x^2-x-1 除以 $3x^2-2x+1$ 的演算过程。

$$
\begin{array}{r}
\frac{1}{3}x-\frac{7}{9} \\
3x^2-2x+1{\overline{\smash{\big)}\,x^3-3x^2-x-1}} \\
\underline{x^3-\frac{2}{3}x^2+\frac{1}{3}x} \\
-\frac{7}{3}x^2-\frac{4}{3}x-1 \\
\underline{-\frac{7}{3}x^2+\frac{14}{9}x-\frac{7}{9}} \\
-\frac{26}{9}x-\frac{2}{9}
\end{array}
$$

这里给出一元多项式除法的程序实现思路:可以按前面的多项式乘法的编程实现过程,用数组表示一元多项式。设 $P(X)$ 为被除式、$Q(x)$ 为除式、$R(x)$ 为商式,若 $P(X)$ 最高次项为 m 次,$Q(x)$ 最高次项为 n 次,则 $R(x)$ 最高次项为 $m-n$ 次。若用数组 a、b、c 存储 $P(X)$、$Q(x)$、$R(x)$,则第一次运算用 $a[m]/b[n]$,并将结果放到 $c[m-n]$ 中,然后从数组 a 最高次开始依次减去 $c[m-n]$ 乘以数组 b。第二次运算用新的数组 a 和数组 b 继续上面的运算过程(此时 m 变为 $m-1$)。如此下去,直到数组 a 全为 0 或者数组 a 中的最高次项(即不为 0 的最大下标)小于数组 b 中的最高次项。

一元多项式除法的程序实现留作课后练习。

2.3　多项式插值问题

设 $y=f(x)$ 是区间 $[a,b]$ 上的一个实函数,$x_i(i=0,1,\cdots,n)$ 是 $[a,b]$ 上 $n+1$ 个互异实数,已知 $y=f(x)$ 在 x_i 的值 $y_i=f(x_i)$,求一个次数不超过 n 的多项式 $P_n(x)$ 使其满足 $P_n(x_i)=y_i$ 这就是多项式插值问题。

其中,$P_n(x)$ 称为 $f(x)$ 的 n 次插值多项式,$f(x)$ 称为被插函数,$x_i(i=0,1,\cdots,n)$ 称为插值结点,(x_i,y_i) 称为插值点。$[a,b]$ 称为插值区间,式 $P_n(x_i)=y_i$ 称为插值条件。

从几何意义来看,上述问题就是要求一条多项式曲线 $y=P_n(x)$,使它通过已知的 $n+1$

个点 $(x_i, y_i)(i=0,1,\cdots,n)$，可以用 $P_n(x)$ 近似表示 $f(x)$，如图 2-1 所示。

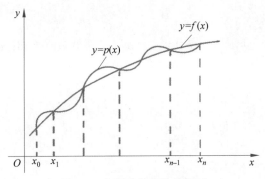

图 2-1 多项式插值的模拟图

$P_n(x)=a_0+a_1x+a_2x_2+\cdots+a_nx_n$，其中，$a_i$ 为实数，称 $P_n(x)$ 为插值多项式，相应的插值法称为多项式插值法。

◇2.3.1 拉格朗日插值法

在求满足插值条件 n 次插值多项式 $P_n(x)$ 之前，先考虑一个简单的插值问题：对结点 $x_i(i=0,1,\cdots,n)$ 中任一点 $x_k(0\leqslant k\leqslant n)$，作一 n 次多项式 $l_k(x)$，使它在该点上取值为 1，而在其余点 $x_i(i=0,1,\cdots,k-1,k+1,\cdots,n)$ 上取值为零，即

$$l_k(x_i)=\begin{cases}1, & i=k \\ 0, & i\neq k\end{cases}$$

上式表明 n 个点 $x_0,x_1,\cdots,x_{k-1},x_{k+1},\cdots,x_n$ 都是 n 次多项式 $l_k(x)$ 的零点，故可设

$$l_k(x)=c(x-x_0)(x-x_1)\cdots(x-x_{k-1})(x-x_{k+1})\cdots(x-x_n)$$

其中，c 为待定系数。由条件 $l_k(x_k)=1$ 可得

$$c=\frac{1}{(x_k-x_0)\cdots(x_k-x_{k-1})(x_k-x_{k+1})\cdots(x_k-x_n)}$$

故

$$l_k(x)=\frac{(x-x_0)\cdots(x-x_{k-1})(x-x_{k+1})\cdots(x-x_n)}{(x_k-x_0)\cdots(x_k-x_{k-1})(x_k-x_{k+1})\cdots(x_k-x_n)}$$

由上式可以写出 $n+1$ 个 n 次插值多项式 $l_0(x),l_1(x),\cdots,l_n(x)$。我们称它们为在 $n+1$ 个结点 $x_0,x_1,\cdots,x_n$ 上的 n 次基本插值多项式或 n 次插值基函数。

于是构造 $P_n(x)$ 如下：

$$P_n(x)=\sum_{k=0}^{n}y_kl_k(x)$$

$P_n(x)$ 是经过 $n+1$ 个点 $(x_0,y_0),(x_1,y_1),\cdots,(x_n,y_n)$ 的 n 次多项式。这就是拉格朗日插值多项式。

【例 2-5】 输入若干插值点，利用拉格朗日插值计算某点近似值。

【算法分析】

在实现拉格朗日插值法时，关键是计算出 $l_k(x)$ 的值，而不是将 $P_n(x)$ 转换为标准的一元多项式 $a_0+a_1x+a_2x_2+\cdots+a_nx_n$，再求出系数。

【程序实现】

```c
#include<stdio.h>
#define N 100
/*算法实现。(x₁,y₁)是插值点,n 为插值点个数,xx 是待求值的坐标位置*/
float lagrange(float * x,float * y,float xx,int n)
{
    int i,j;
    float yy=0.0;
    float a[20];        /*记录每一项的值*/
    for(i=0;i<=n-1;i++)
    {
        a[i]=y[i];
        //计算 yᵢlᵢ(xx)的值
        for(j=0;j<=n-1;j++)
            if(j!=i) a[i] * = (xx-x[j])/(x[i]-x[j]);
        yy+=a[i];                    //累加计算 Pₙ(xx)
    }
    return yy;
}
int main()
{
    int i, n;
    float x[20],y[20],xx,yy;
    printf("输入插值点的数目(0<n<20):");
    scanf("%d",&n);
    if(n<=0 || n>=20)
    {
        printf("n 超界!");
        return 1;
    }
    for(i=0;i<=n-1;i++)            //输入 n 个插值点坐标
    {
        printf("x[%d]=",i);
        scanf("%f",&x[i]);
        printf("y[%d]=",i);
        scanf("%f",&y[i]);
    }
    printf("\n");
    printf("输入要计算的位置 x = ");
    scanf("%f",&xx);
    yy=lagrange(x,y,xx,n);
    printf("x=%f,y=%f\n",xx,yy);
    return 0;
}
```

【运行结果】

```
输入插值点的数目(0<n<20):3
x[0]=1
y[0]=0
```

```
x[1]=-1
y[1]=-3
x[2]=2
y[2]=4

输入要计算的位置 x = 1.5
x=1.500000,y=1.791667
```

◇2.3.2 牛顿插值法

任何一个不高于 n 次的多项式,都可以表示成函数 $1, x-x_0, (x-x_0)(x-x_1), \cdots,$ $(x-x_0)(x-x_1)\cdots(x-x_{n-1})$ 的线性组合。即可以把满足插值条件 $P_n(x_i)=y_i (i=0,$ $1,\cdots,n)$ 的 n 次插值多项式写成如下形式

$$a_0+a_1(x-x_0)+a_2(x-x_0)(x-x_1)+\cdots+a_n(x-x_0)(x-x_1)\cdots(x-x_{n-1})$$

其中,a_k 为待定系数。这种形式的插值多项式称为牛顿插值多项式,记为 $N_n(x)$,即

$$N_n(x)=a_0+a_1(x-x_0)+a_2(x-x_0)(x-x_1)+\cdots+$$
$$a_n(x-x_0)(x-x_1)\cdots(x-x_{n-1})$$

因此,牛顿插值多项式 $N_n(x)$ 是插值多项式 $P_n(x)$ 的另一种表示形式。

本节只讨论一种简化的问题形式,假定 $x_k=x_0+kh (k=0,1,\cdots,n)$ 是等距结点,其中,$h=(b-a)/n$ 是正常数,称作步长。

设函数 $f(x)$ 在等距结点 $x_k=x_0+kh$ 处的函数值 $f(x_k)=y_k$ 为已知。我们称两个相邻点 x_k 和 x_{k+1} 处函数之差 $y_{k+1}-y_k$ 为函数 $f(x)$ 在点 x_k 处以 h 为步长的一阶向前差分,记作 Δy_k,即 $\Delta y_k=y_{k+1}-y_k$。于是,函数 $f(x)$ 在各结点处的一阶差分依次为 $\Delta y_0=y_1-y_0, \Delta y_1=y_2-y_1, \cdots, \Delta y_{n-1}=y_n-y_{n-1}$。

进一步又称一阶差分的差分的差值 $\Delta^2 y_k=\Delta(\Delta y_k)=\Delta y_{k+1}-\Delta y_k$ 为二阶差分。一般地,定义函数 $f(x)$ 在点 x_k 处的 m 阶差分为 $\Delta^m y_k=\Delta^{m-1}y_{k+1}-\Delta^{m-1}y_k$。

在等距结点的情况下,可以利用差分表示牛顿插值多项式的系数。

由 $N_n(x_0)=a_0=y_0$,可得

$$a_0=y_0$$

由 $N_n(x_1)=a_0+a_1(x_1-x_0)=y_1$,可得

$$a_1=(y_1-y_0)/h=\frac{\Delta y_0}{h}$$

由 $N_n(x_2)=a_0+a_1(x_2-x_0)+a_2(x_2-x_1)(x_2-x_0)=y_2$,可得

$$a_2=\frac{\Delta y_1-\Delta y_0}{2h^2}=\frac{\Delta^2 y_0}{2!\ h^2}$$

由 $N_n(x_3)=a_0+a_1(x_3-x_0)+a_2(x_3-x_1)(x_3-x_0)+a_3(x_3-x_2)(x_3-x_1)(x_3-x_0)=y_3$,可得

$$a_3=\frac{\Delta^3 y_0}{3!h^3}$$

以此类推,可得

$$a_k = \frac{\Delta^k f(x_0)}{k! \ h^k} \quad (k=1,2,\cdots,n)$$

如果记 $x = a + th$，则 $x - x_i = (t - i)h$，则有：

$$N_n(a + th) = y_0 + \sum_{k=1}^{n}\left(\frac{\Delta^k y_0}{k! \ h^k}h^k\prod_{i=0}^{k-1}(t-i)\right)$$

$$= y_0 + \sum_{k=1}^{n}\left(\frac{\Delta^k y_0}{k!}\prod_{i=0}^{k-1}(t-i)\right)$$

利用上面这个公式可以比较方便地计算 $N_n(x)$ 的值。

下面考虑如何方便地计算牛顿插值法的系数。观察函数差分表（表 2-1）可以看出，根据差分的定义可以很容易地从表的第二列（函数值所在的列）依次向右计算出一阶差分、二阶差分、三阶差分等。因此只要编程计算出这个表的下三角部分就可以计算出所有的系数。

表 2-1   函数差分表

x	$f(x)$	一阶差分	二阶差分	三阶差分	$\cdots$
x_0	y_0				
x_1	y_1	Δy_0			
x_2	y_2	Δy_1	$\Delta^2 y_0$		$\cdots$
x_3	y_3	Δy_2	$\Delta^2 y_1$	$\Delta^3 y_0$	
$\cdots$	$\cdots$	$\cdots$	$\cdots$	$\cdots$	

下面给出一个计算过程的样例。

【例 2-6】   已知函数 $y = \sin(x)$ 在若干等距点的函数值，如表 2-2 所示。请利用牛顿插值法计算 $\sin(0.4235)$ 的值。

表 2-2 $y = \sin(x)$ 函数值

x	0.4	0.5	0.6
$\sin(x)$	0.389 42	0.479 43	0.564 64

【求解过程】

第一步，计算差分表如表 2-3 所示。

表 2-3   差分表

x	$\sin(x)$	一阶差分	二阶差分
0.4	0.389 42		
0.5	0.479 43	0.090 01	
0.6	0.564 64	0.085 21	$-0.004\ 80$

第二步，计算因子 t：

$$x_0 = 0.4 \quad h = 0.1 \quad t = \frac{x - x_0}{h} = \frac{0.423\ 51 - 0.4}{0.1} = 0.2351$$

第三步，计算近似值：

$$N_2(x_0 + th) = y_0 + \frac{\Delta y_0}{1!}t + \frac{\Delta^2 y_0}{2!}t(t-1)$$

$$\sin(0.423\ 51) \approx N_2(0.423\ 51)$$

$$= 0.389\ 42 + 0.090\ 01 \times 0.2351 - \frac{0.004\ 80}{2} \times 0.2351 \times (0.2351 - 1)$$

$$= 0.411\ 01$$

牛顿插值法的程序实现将留作课后实验。

2.4　非线性方程求解

非线性方程是当今许多学科用来表达客观规律的数学工具,而非线性方程的求根也成了一个不可缺的内容。非线性方程求根是个难题,特别是某些时候,还需要对多个非线性方程(即非线性方程组)求根,这就更加困难。本节仅介绍单个方程求根问题的程序实现。

一般的非线性方程可以写成 $f(x)=0$ 的形式。常见的有:

1. 非线性代数方程

$$a_0 + a_1 x + \cdots + a_n x^n = 0 \qquad 这里 f(x) 为代数多项式$$

例如, $x^2 - 5x + 1 = 0$。

2. 超越方程

所有 $f(x)$ 不是代数多项式的方程,都称为超越方程。

例如, $2^x - 5x + 2 = 0$ 为超越方程。

若方程 $f(x)=0$ 在区间 $[a,b]$ 内至少有一个根,则称 $[a,b]$ 为方程 $f(x)=0$ 的有根区间。在高等数学中,有如下重要定理。

定理1　若函数 $f(x)$ 在区间 $[a,b]$ 上连续(即 $f \in C[a,b]$),且 $f(a)f(b)<0$,则方程 $f(x)=0$ 在 (a,b) 内至少有一个根。

定理2　若函数 $f(x)$ 在区间 $[a,b]$ 上单调连续,且 $f(a)f(b)<0$,则方程 $f(x)=0$ 在区间 (a,b) 内有且仅有一个根。

◇2.4.1　二分法

二分法的基本思想是逐步将非线性方程 $f(x)=0$ 的有根区间二分,通过判断函数值的符号,逐步对半缩小有根区间,直到区间缩小到容许误差范围之内,然后取区间的中点为根 x^* 的近似值。

设 $f(x) \in C[a,b]$,且 $f(a)f(b)<0$,则 $f(x)=0$ 在 (a,b) 内至少有一个根 x^*。二分法具体过程如下。

第一步,令 $a_0=a$, $b_0=b$,计算 $x_0=(a_0+b_0)/2$ 和 $f(x_0)$。若 $f(x_0)=0$,则 $x^*=x_0$,结束计算。若 $f(a_0)f(x_0)<0$,则令 $a_1=a_0$, $b_1=x_0$,否则令 $a_1=x_0$, $b_1=b_0$,这样得到新的隔根区间 $[a_1,b_1]$。$[a_1,b_1] \subset [a,b]$,且 $b_1-a_1=\dfrac{b_0-a_0}{2}$。

第二步,再令 $x_1=\dfrac{a_1+b_1}{2}$,若 $f(x_1)=0$,则 $x^*=x_1$,否则可用类似方法得到新的隔根区间 $[a_2,b_2]$。

这个过程可一直进行下去,仅当出现 $f(x_k)=0$ 时过程中断$\left(\text{其中},x_k=\dfrac{a_k+b_k}{2}\right)$。记第 n 次过程得到的隔根区间为$[a_n,b_n]$,则

$$[a_0,b_0]\supset[a_1,b_1]\supset[a_2,b_2]\supset\cdots\supset[a_n,b_n]$$

直到区间$[a_n,b_n]$的长度小于预设的精度值 ε,迭代终止,近似解为 $x^*=\dfrac{a_n+b_n}{2}$。

例如,用二分法求方程 $f(x)=x^3-x-1=0$ 在区间$[1.0,1.5]$内的一个实根,要求误差不超过 0.005。这里 $a=1.0,b=1.5$,而 $f(a)<0,f(b)>0$,故在区间$[1.0,1.5]$内有根。具体计算结果见表 2-4。

表 2-4　计算结果

n	a_n	b_n	x_n	$f(x_n)$的符号
0	1.0	1.5	1.25	−
1	1.25		1.375	+
2		1.375	1.3125	−
3	1.3125		1.3438	+
4		1.3438	1.3281	+
5		1.3281	1.3203	−
6	1.3203		1.3242	−

故 $x_6=1.3242$ 为方程的近似根,误差不超过 0.005。

【例 2-7】　编程用二分法求方程 $2x^3-4x^2+3x-6=0$ 在区间$[-10,10]$上的根,精度要求 $\varepsilon\leqslant 0.000\,001$。

【程序实现】

```
#include <stdio.h>
#include <math.h>
double f(float x)
{
    double y=2 * x * x * x-4 * x * x+3 * x-6;
    return y;
}

int main()
{
    float a,b,mid,fa,fmid,fb;
    printf("输入求解区间: ");
    scanf("%f %f",&a,&b);      //输入 a=-10; b=10;
    if(f(a) * f(b)>0) {
        printf("[%6.2f,%6.2f]区间上不一定有根!",a,b);
        return 0;
    }
    //利用二分法求解
    while(fabs(a-b)>=0.000001)
    {
```

```
        mid=(a+b)/2;
        fa=f(a);
        fmid=f(mid);
        if(fmid==0) break;
        else if(fa * fmid>0) a=mid;
        else b=mid;
    }
    printf("方程的根是: %6.6f",(a+b)/2);
}
```

【运行结果】

```
输入求解区间: -10 10
方程的根是: 2.000000
```

◇**2.4.2　牛顿迭代法**

迭代法是一种逐步逼近根的方法,已知方程 $f(x)=0$ 的一个近似根后,通常使用某个固定公式反复校正根的近似值,使之逐步精确化,一直到满足给定的精度要求为止。迭代法可分为单点迭代法和多点迭代法。

设一元函数 $f(x)$ 是连续的,将方程 $f(x)=0$ 变换为如下的等价形式:

$$x=\varphi(x)$$

其中,φ 是一个连续函数,这样就得到单点迭代公式:

$$x_{k+1}=\varphi(x_k),\quad k=0,1,\cdots$$

给定初值 x_0,可得序列 $\{x_k\}$。此时称 φ 为迭代函数,其只依赖于 x_k 及 x_k 上 f 以及 f 的各阶导数值,并称 $\{x_k\}$ 为迭代序列,有时也称 $x_{k+1}=\varphi(x_k)$ 为迭代方程(过程,格式)。

牛顿迭代法的基本思路是将非线性方程 $f(x)=0$ 逐步线性化而形成的迭代公式。其推导过程如下。

设 x_k 是 $f(x)=0$ 的一个近似根,将函数 $f(x)$ 在 x_k 处做一阶 Taylor 展开,即

$$0=f(x)=f(x_k)+f'(x_k)(x-x_k)+\frac{f''(\xi)(x-x_k)^2}{2}$$

若上式右端最后一项忽略不计,则得到如下近似方程:

$$f(x_k)+f'(x_k)(x-x_k)=0$$

这个直线方程就对应图 2-2 中过点 P_k 的切线。

设 $f'(x_k)\neq0$,则可解得

$$\bar{x}=x_k-\frac{f(x_k)}{f'(x_k)}$$

取 $\bar{x}$ 作为原方程 $f(x)=0$ 新的近似根 x_{k+1},即令

$$x_{k+1}=x_k-\frac{f(x_k)}{f'(x_k)},\quad k=0,1,2,\cdots \tag{$*$}$$

称迭代式(∗)为牛顿迭代过程(方程或格式),用牛顿迭代过程求方程 $f(x)=0$ 根的方法称为牛顿迭代法,简称为牛顿法。

牛顿法的几何解释如下:方程 $f(x)=0$ 的根可解释为曲线 $y=f(x)$ 与 x 轴的交点的

横坐标。设 x_k 是根 x^* 的某个近似值,过曲线上横坐标为 x_k 的点 P_k 作切线,并将该切线与 x 轴的交点的横坐标 x_{k+1} 作为新的近似值,如图 2-2 所示。

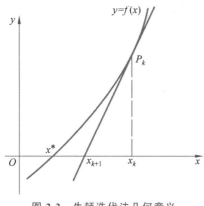

图 2-2　牛顿迭代法几何意义

定理 3　设函数 $f(x)$ 在区间 $[a,b]$ 内存在二阶连续导数,且满足条件:

(1) $f(a)f(b)<0$。

(2) 当 $x\in[a,b]$ 时,$f'(x)\neq0$。

(3) 当 $x\in(a,b)$ 时,$f''(x)$ 不变号。

(4) $a-\dfrac{f(a)}{f'(a)}\leqslant b,b-\dfrac{f(b)}{f'(b)}\geqslant a$。

则对任意的初值 $x_0\in[a,b]$,由牛顿迭代法 $(*)$ 产生的迭代序列二阶收敛到方程 $f(x)=0$ 在 $[a,b]$ 内的唯一的单根 x^*。

【例 2-8】　用牛顿法求方程 $xe^x-1=0$ 的根,精度要求 $|x_{k+1}-x_k|\leqslant0.000\ 02$。

解:$f(x)=xe^x-1,f'(x)=(x+1)e^x$,容易验证 $f(x)$ 在区间 $[0,1]$ 上满足定理 3。牛顿迭代方程为:

$$x_{k+1}=x_k-\frac{x_k-e^{-x_k}}{x_k+1},\quad k=0,1,\cdots$$

取 $x_0=0.5$,得 $x_1=0.571\ 02,x_2=0.567\ 16,x_3=0.567\ 14,x_3$ 即为根的近似。牛顿法的程序实现将留作实验。

2.5　线性方程组求解

线性方程组的求解总体而言有两类方法:迭代法和直接法。迭代法有雅可比迭代法、高斯塞德尔迭代等,直接法包括高斯消去法等。下面介绍几种典型解法。

◇2.5.1　雅可比迭代法

设线性方程组

$$\boldsymbol{Ax}=\boldsymbol{b} \tag{1}$$

的系数矩阵 $\boldsymbol{A}$ 可逆且主对角元素 $a_{11},a_{22},\cdots,a_{nn}$ 均不为零,令对角阵

$$\boldsymbol{D}=\begin{bmatrix}a_{11}&&&\\&a_{22}&&\\&&\cdots&\\&&&a_{nn}\end{bmatrix}$$

并将 $\boldsymbol{A}$ 分解成

$$\boldsymbol{A}=(\boldsymbol{A}-\boldsymbol{D})+\boldsymbol{D}$$

从而方程组(1)可写成

$$\boldsymbol{Dx}=(\boldsymbol{D}-\boldsymbol{A})\boldsymbol{x}+\boldsymbol{b}$$

令

$$x = B_1 x + f_1$$

其中：

$$B_1 = I - D^{-1}A, f_1 = D^{-1}b$$

以 B_1 为迭代矩阵的迭代法（公式）：

$$x^{(k+1)} = B_1 x^{(k)} + f_1 \tag{2}$$

称式（2）为雅可比（Jacobi）迭代法（公式），用向量的分量表示此公式为：

$$x_i^{(k+1)} = \frac{1}{a_{ii}}\left[b_i - \sum_{\substack{j=1 \\ j \neq i}} a_{ij}x_j^{(k)}\right] \quad i = 1,2,\cdots,n; k = 0,1,2,\cdots \tag{3}$$

其中，$x^{(0)} = (x_1^{(0)}, x_2^{(0)}, \cdots, x_n^{(0)})^{\mathrm{T}}$ 为初始向量。

并非任意矩阵 B_1 对应的雅可比迭代式都可以成功求解方程组。换言之，有些时候雅可比迭代无法收敛到方程的解。在数学中，矩阵的谱半径是指其特征值的绝对值集合的上确界，一般写作 $\rho(\cdot)$。可以证明，迭代矩阵 B_1 的谱半径 $\rho(B_1) < 1$ 时，雅可比迭代法收敛。

【例 2-9】 利用雅可比迭代求解下列方程，求精度要求近似解 $x^{(k+1)}$ 和 $x^{(k)}$ 每个分量的差小于 0.000 01。

$$\begin{bmatrix} 10 & -1 & -2 \\ -1 & 10 & -2 \\ -1 & -1 & 5 \end{bmatrix}\begin{bmatrix} x_1 \\ x_2 \\ x_3 \end{bmatrix} = \begin{bmatrix} 7.2 \\ 8.3 \\ 4.2 \end{bmatrix}$$

【算法描述】

(1) 给定迭代初始向量 $x^{(0)}$ 以及误差要求 delta。

(2) 根据雅可比迭代公式计算出下一组向量。

(3) 判断误差要求是否满足，即 $||x^{(k+1)} - x^{(k)}|| <$ delta。

(4) 若误差满足要求，则停止迭代返回结果；若否，则返回第(2)步进行下一轮迭代。

由于迭代过程可能不收敛，算法的迭代次数应设定一个上限 M，当迭代次数达到 M 次仍未找到解则停止循环迭代。

【程序实现】

```
#include<stdio.h>
#include<math.h>
#define N 100                    //二维矩阵最大维数
//二维数组 a 存矩阵,一维数组 x 存解,n 为实际维数
float jacobi(int n,float a[N][N],float b[N],float x[N])
{
    int i,j,k;
    float tmp,x2[N];
    for(k=0;;k++)                //k 为迭代次数
    {
        for(i=0;i<n;i++)
            x2[i]=x[i];          //存放到临时数组
        //根据上述公式(3)计算新的 x 的每个分量
        for(i=0;i<n;i++)
        {
            tmp=0.0;
            for(j=0;j<n;j++)  {
                if(j==i) continue;
```

```
                    tmp+=a[i][j] * x2[j];
            }
        x[i]=(b[i]-tmp)/a[i][i];
    }

    //判断 x^(k+1) 与 x^(k) 每个分量的差是否小于 delta
    for(i=0,j=0;i<n;i++)
        if(fabs(x2[i]-x[i])<0.00001) j++;
    //x^(k+1) 与 x^(k) 每个分量的差<delta,满足要求,迭代终止
    if(j==n)
    {
        printf("\nThis Jacobi iterative scheme is convergent!\n");
        printf("Number of iterations: %d",k+1);
        break;
    }
    //迭代次数达到上限 500 次,求解失败,终止迭代
            if(k==499)
            {
                printf("\nThis Jacobi iterative scheme may be not convergent!");
                break;
            }
        }
    printf("\nThe results:\n");
    for(i=0;i<n;i++)
        printf("%12.7f",x[i]);
}


int main()
{
    int n=3,i,j;
    float x[N],a[N][N],b[N],c[N][N];
    a[0][0]= 10;    a[0][1]= -1;    a[0][2]=-2;
    a[1][0]= -1;    a[1][1]= 10;    a[1][2]=-2;
    a[2][0]= -1;    a[2][1]= -1;    a[2][2]= 5;
    b[0] = 7.2;     b[1] = 8.3;     b[2] = 4.2;

    for(i=0;i<n;i++)
        for(j=0;j<n;j++)  {
            if(i==j)  {
                c[i][j]=0;
                continue;
            }
            c[i][j]=-a[i][j]/a[i][i];
        }
    printf("\nThe matrix A and vector b:\n");
    for(i=0;i<n;i++)  {
        for(j=0;j<n;j++)
            printf("%10.5f",a[i][j]);
        printf("    %10.5f",b[i]);
        printf("\n");
    }
    printf("\nThe Jacobi iterative scheme:\n");
```

```
    for(i=0;i<n;i++)  {
        for(j=0;j<n;j++)
            printf("%10.5f",c[i][j]);
        printf("   %10.5f",b[i]/a[i][i]);
        printf("\n");
    }
    printf("\nPlease input the initial iteration vector x:\n");
    for(i=0;i<n;i++)
        scanf("%f",&x[i]);
    jacobi(n,a,b,x);
}
```

【运行结果】

```
The matrix A and vector b:
  10.00000    -1.00000    -2.00000    7.20000
  -1.00000    10.00000    -2.00000    8.30000
  -1.00000    -1.00000     5.00000    4.20000

The Jacobi iterative scheme:
   0.00000     0.10000     0.20000    0.72000
   0.10000     0.00000     0.20000    0.83000
   0.20000     0.20000     0.00000    0.84000

Please input the initial iteration vector x:
0
0
0

This Jacobi iterative scheme is convergent!
Number of iterations: 12
The results:
   1.0999975   1.1999975   1.2999971
```

◇**2.5.2 高斯消去法**

对于矩阵而言,下面三种变换称为初等行变换。

(1) 对调两行。

(2) 以数 $k(k \neq 0)$ 乘某一行中的所有元素。

(3) 把某一行所有元素的 k 倍加到另一行对应的元素上。

高斯消去法就是利用初等变换将 $Ax = b$ 中的矩阵 A 化为上三角阶梯形式,此阶梯矩阵所代表的方程组与原方程组等价,然后利用回代法求此阶梯矩阵的解,即原方程解。

也就是说,要将线性方程组转换为下面的形式:

$$\begin{bmatrix} * & * & * & * \\ 0 & * & * & * \\ \cdots & \cdots & \cdots & \cdots \\ 0 & 0 & 0 & * \end{bmatrix} \cdot \begin{bmatrix} x_1 \\ x_2 \\ \vdots \\ x_n \end{bmatrix} = \begin{bmatrix} * \\ * \\ \vdots \\ * \end{bmatrix}$$

而后,从最后一行开始逐行向上依次求出 $x_n, x_{n-1}, \cdots, x_2, x_1$,这个过程称为回代。显然,上三角矩阵的对角线元素皆不为零时有唯一解。

下面具体介绍顺序高斯消去法的算法流程。为了便于描述问题的算法,将原始方程组记作 $\boldsymbol{A}^{(1)} \boldsymbol{x} = \boldsymbol{b}^{(1)}$,展开后可写成如下形式。

$$\begin{cases} a_{11}^{(1)} x_1 + a_{12}^{(1)} x_2 + \cdots + a_{1n}^{(1)} x_n = b_1^{(1)} \\ a_{21}^{(1)} x_1 + a_{22}^{(1)} x_2 + \cdots + a_{2n}^{(1)} x_n = b_2^{(1)} \\ \qquad\qquad\qquad \cdots \\ a_{n1}^{(1)} x_1 + a_{n2}^{(1)} x_2 + \cdots + a_{nn}^{(1)} x_n = b_n^{(1)} \end{cases}$$

首先,设 $a_{11}^{(1)} \neq 0$,首先计算乘数

$$l_{i1} = a_{i1}^{(1)} / a_{11}^{(1)} \quad (i = 2, 3, \cdots, n)$$

用 $-l_{i1}$ 乘上述方程组的第一个方程,再加到第 i 个 $(i = 2, 3, \cdots, n)$ 方程上,消去上述方程组的第二个方程到第 n 个方程中的未知数 x_1,得到与上述方程组等价的方程组:

$$\begin{bmatrix} a_{11}^{(1)} & a_{12}^{(1)} & \cdots & a_{1n}^{(1)} \\ & a_{22}^{(2)} & \cdots & a_{2n}^{(2)} \\ & \vdots & & \vdots \\ & a_{n2}^{(n)} & \cdots & a_{nn}^{(n)} \end{bmatrix} \cdot \begin{bmatrix} x_1 \\ x_2 \\ \vdots \\ x_n \end{bmatrix} = \begin{bmatrix} b_1^{(1)} \\ b_2^{(2)} \\ \vdots \\ b_n^{(n)} \end{bmatrix}$$

其中,

$$a_{ij}^{(2)} = a_{ij}^{(1)} - l_{i1} a_{1j}^{(1)} \quad j = 2, \cdots, n; i = 2, \cdots, n$$
$$b_i^{(2)} = b_i^{(1)} - l_{i1} b_1^{(1)} \quad i = 2, 3, \cdots, n$$

记 $a_{ij}^{(2)}$ 构成的子矩阵为 $\boldsymbol{A}^{(2)}$,$b_i^{(2)}$ 构成的子向量为 $\boldsymbol{b}^{(2)}$,于是对 $\boldsymbol{A}^{(2)}$、$\boldsymbol{b}^{(2)}$ 又可以仿照上面的方法进一步消元。

然后,仿照上面的做法以此类推消元,到第 n 步便得到与原始方程组等价的方程组:

$$\begin{bmatrix} a_{11}^{(1)} & a_{12}^{(1)} & \cdots & a_{1n}^{(1)} \\ & a_{22}^{(2)} & \cdots & a_{2n}^{(2)} \\ & & \cdots & \cdots \\ & & & a_{nn}^{(n)} \end{bmatrix} \cdot \begin{bmatrix} x_1 \\ x_2 \\ \vdots \\ x_n \end{bmatrix} = \begin{bmatrix} b_1^{(1)} \\ b_2^{(2)} \\ \vdots \\ b_n^{(n)} \end{bmatrix}$$

以上步骤为顺序高斯消去法的消元过程。

最后,将上述得到的方程组通过回代计算法求出方程组的解 x:

$$\begin{cases} x_n = \dfrac{b_n^{(n)}}{a_{nn}^{(n)}} \\[4mm] x_i = \dfrac{b_i^{(i)} - \displaystyle\sum_{j=i+1}^{n} a_{ij}^{(i)} x_j}{a_{ii}^{(i)}} \quad (i = n-1, \cdots, 2, 1) \end{cases}$$

这步为顺序高斯消去法的回代过程。

【例 2-10】 编程实现顺序高斯消去法,并用于求解下列方程:

$$\begin{bmatrix} 2 & 6 & -1 \\ 5 & -1 & 2 \\ -3 & -4 & 1 \end{bmatrix} \cdot \begin{bmatrix} x_1 \\ x_2 \\ x_3 \end{bmatrix} = \begin{bmatrix} -12 \\ 29 \\ 5 \end{bmatrix}$$

【程序实现】

```c
#include<stdio.h>
#include<math.h>
#define N 20                //最高可求解 20 阶方程组
main()
{
    float A[N][N],b[N],x[N];
    float temp;
    int i,j,k;
    int n=3;
    printf("  顺序高斯消去法解方程组\n\n");
    A[0][0]= 2;   A[0][1]= 6;   A[0][2]=-1;
    A[1][0]= 5;   A[1][1]=-1;   A[1][2]= 2;
    A[2][0]=-3;   A[2][1]=-4;   A[2][2]= 1;
    b[0] = -12;   b[1] = 29;     b[2] = 5;
    //输出方程组的系数矩阵 A[][],右端项 b[]
    printf("  矩阵 A[][]\t\t 向量 b[]\n");
    for(i=0;i<n;i++)
    {
        for(j=0;j<n;j++)
            printf("%6.2f ",A[i][j]);
        printf("\t%6.2f ",b[i]);
        printf("\n");
    }

    //高斯消去法的求解过程
    for(k=0;k<n-1;k++)
    {
        //若有选主元的步骤,可以添加在此处
        if(!A[k][k])
            return -1;
        //消去过程
        for(i=k+1;i<n;i++)
        {
            temp=A[i][k]/A[k][k];
            for(j=k;j<n;j++)
            {
                A[i][j]=A[i][j]-temp * A[k][j];
            }
            b[i]=b[i]-temp * b[k];
        }
    }
    //回代过程
    x[n-1]=b[n-1]/A[n-1][n-1];
    for(k=n-2;k>=0;k--)
    {
        float S=b[k];
        for(j=k+1;j<n;j++)
        {
            S=S-A[k][j] * x[j];
```

```
        }
        x[k]=S/A[k][k];
    }
    //输出结果
    printf("\n  x的值为:\n");
    for(i=0;i<n;i++)
        printf("  x%d=%5.2f ",i+1,x[i]);
    printf("\n");
    return 0;
}
```

【运行结果】

```
顺序高斯消去法解方程组

矩阵 A[][]                    向量 b[]
 2.00     6.00    -1.00      -12.00
 5.00    -1.00     2.00       29.00
-3.00    -4.00     1.00        5.00

    x 的值为:
    x1= 3.00    x2=-2.00    x3= 6.00
```

但是顺序高斯消去法存在明显缺陷。顺序高斯消去法可以进行的条件是 $a_{ii}^{(i)}\neq0(i=1,2,\cdots,n)$。如果某个 $a_{ii}^{(i)}=0$，消去法就不能继续使用。例如，若 $a_{11}^{(1)}=0$，则第 1 步就不能进行，但可以在 $\boldsymbol{A}$ 的第 1 列中找出一个非零元 $a_{r1}^{(1)}$，并将第 r 行和第 1 行进行交换后再做消去法，其他各步可以类似处理。

有时候虽然 $a_{ii}^{(i)}\neq0$，但 $|a_{ii}^{(i)}|$ 很小，那么在消元过程中，势必会用很大的数字乘以方程组的第 i 行后再加到别的行上进行消元。这时顺序高斯消去法可以顺利进行下去，但计算过程的舍入误差可导致误差增长过大，以致结果不可靠。

为了避免以上这种情形，就提出了列主元高斯消去法，以最大可能地消除以上现象。这一技术是在第 k 次消元过程中，首先寻找行 r，使得

$$|a_{rk}^{(k)}|=\max_{i\geqslant k}|a_{ik}^{(k)}|$$

并将第 r 行和第 k 行的元素进行交换，以使得新的 $a_{kk}^{(k)}$ 的数值是子矩阵 $\boldsymbol{A}^{(k)}$ 第一列的最大值。然后再进行消元。这种列主元的消去法的主要步骤如下。

（1）消元过程。

对 $k=1,2,\cdots,n-1$，进行如下步骤。

① 选主元，记

$$|a_{rk}|=\max_{i>k}|a_{ik}|$$

若主元 $|a_{rk}|$ 很小，说明方程的系数矩阵严重病态，给出警告，提示结果可能不对。

② 交换矩阵 $\boldsymbol{A}^{(k)}$ 和向量 $\boldsymbol{b}^{(k)}$ 的 r,k 两行的元素。

$$a_{rj}^{(k)}\leftrightarrow a_{kj}^{(k)}\quad(j=k,\cdots,n)$$
$$b_r^{(k)}\leftrightarrow b_k^{(k)}$$

③ 计算消元。

$$a_{ij}^{(k+1)} = a_{ij}^{(k)} - a_{kj}^{(k)} a_{ik}^{(k)}/a_{kk}^{(k)} \quad (i=k+1,\cdots,n; j=k+1,\cdots,n)$$

$$b_i^{(k+1)} = b_i^{(k)} - b_k^{(k)} a_{ik}^{(k)}/a_{kk}^{(k)} \quad (i=k+1,\cdots,n)$$

（2）回代过程与顺序高斯消去法相同，不再赘述。

列主元高斯消去法的程序实现可以在前面顺序高斯消去法的程序基础上修改得到，请读者自己实现。

2.6　一元线性回归

一元回归分析是对具有相关关系的两个变量进行统计分析的一种常用方法。设变量 y 与变量 x 之间存在着某种相关关系。通过实验，可得到 x,y 的若干对实测数据，将这些数据在坐标系中描绘出来，所得到的图称为散点图。

例如，假设温度在 $21\sim35℃$ 时，某种细菌的繁殖速度如表 2-5 所示。

表 2-5　某种细菌的繁殖速度

温度 $x/℃$	21	23	25	27	29	32	35
繁殖速度 y	1.946	3.398	3.045	3.178	4.190	4.745	5.784

将以上数据在平面直角坐标系中绘制出来，可以得到如图 2-3 所示的散点图。显而易见，所有的点处于一个线性的带状区域。可以用一条穿过这些点的直线（称为回归直线）近似表示变量 x 和 y 的关系。这条直线的方程就是线性回归方程。

当然，变量 y 与 x 之间也可能不是线性相关，比如它们之间或许是指数相关，或许是对数相关等。更进一步，变量的个数可能不止 y 与 x，这时问题变为多元回归问题。本节仅考虑最简单的一元线性回归问题。

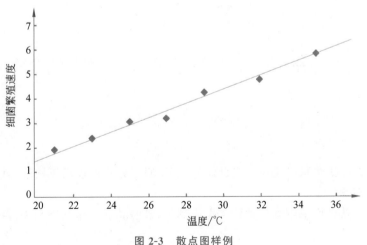

图 2-3　散点图样例

一元线性回归分析就是从一组具有相关关系的数据 $(x_1,y_1),(x_2,y_2),\cdots,(x_n,y_n)$ 中，导出一个一元线性方程（即确定回归系数 a 和 b）：

$$\hat{y} = a + bx$$

使得 $Q(a,b) = \sum\limits_{i=1}^{n} \left[y_i - (a + bx_i) \right]^2$ 达到最小值。

根据二元函数取极值的必要条件,设函数 $z = f(x_1, x_2)$ 在点 (a,b) 具有偏导数,且在点 (a,b) 有极值,则它在该点的偏导数必为零。于是对 $Q(a,b)$ 求偏导数:

$$
\begin{cases}
\dfrac{\partial Q}{\partial a} = -2 \sum\limits_{i=1}^{n} (y_i - a - bx_i) = 0 \\
\dfrac{\partial Q}{\partial b} = -2 \sum\limits_{i=1}^{n} (y_i - a - bx_i) x_i = 0
\end{cases}
$$

再经过若干数学变换,可以得到:

$$
b = \frac{\sum\limits_{i=1}^{n} (x_i - \bar{x})(y_i - \bar{y})}{\sum\limits_{i=1}^{n} (x_i - \bar{x})^2}
$$

$$
a = \bar{y} - b\bar{x}
$$

其中:

$$
\bar{x} = \frac{1}{n} \sum\limits_{i=1}^{n} x_i, \quad \bar{y} = \frac{1}{n} \sum\limits_{i=1}^{n} y_i
$$

$(\bar{x}, \bar{y})$ 称为样本点的中心。

以上确定回归系数的方法称为最小二乘法(又称最小平方法)。它通过最小化误差的平方和寻找数据的最佳函数匹配。

为了方便计算,人们常常引入下列等式:

$$
L_{xx} = \sum\limits_{i=1}^{n} x_i^2 - \frac{1}{n} \left(\sum\limits_{i=1}^{n} x_i \right)^2 = \sum\limits_{i=1}^{n} (x_i - \bar{x})^2
$$

$$
L_{yy} = \sum\limits_{i=1}^{n} y_i^2 - \frac{1}{n} \left(\sum\limits_{i=1}^{n} y_i \right)^2 = \sum\limits_{i=1}^{n} (y_i - \bar{y})^2
$$

$$
L_{xy} = \sum\limits_{i=1}^{n} x_i y_i - \frac{1}{n} \sum\limits_{i=1}^{n} x_i \sum\limits_{i=1}^{n} y_i = \sum\limits_{i=1}^{n} (x_i - \bar{x})(y_i - \bar{y})
$$

于是有

$$
\begin{cases}
b = \dfrac{L_{xy}}{L_{xx}} \\
a = \bar{y} - b\bar{x}
\end{cases}
$$

回归分析的目的并非仅仅找出变量间的关系,回归方程可以用于预测,就是预测对应某个 x 值的 y 值是多少。

【例 2-11】 从某中学中随机选取 8 名中学生,其身高和体重数据如表 2-6 所示。

表 2-6   学生身高和体重数据

编号	1	2	3	4	5	6	7	8
身高/cm	165	165	157	170	175	165	155	170
体重/kg	48	57	50	54	64	61	43	59

求根据中学生的身高预报体重的回归方程,并预测一名身高为 172cm 的学生的体重。

【问题分析】

由于问题中要求根据身高预测体重,因此选取身高为自变量 x,体重为因变量 y,作散点图如图 2-4 所示。

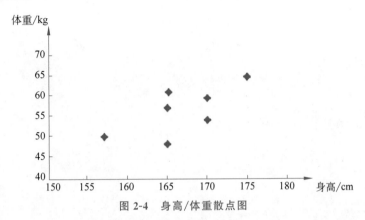

图 2-4　身高/体重散点图

从图 2-4 中可以看出,样本点呈条状分布,身高和体重有比较好的线性相关关系,因此可以用线性回归方程来近似刻画它们之间的关系。

【程序实现】

```
#include<stdio.h>
#include<math.h>
#define max_size 100
int main()
{
    float x[max_size]={165,165,157,170,175,165,155,170},
        y[max_size]={ 48, 57, 50,54,64,61,43, 59};
    int count=8;
    float x_sum=0,y_sum=0;
    float x_avg,y_avg;
    float Lxy=0,Lxx=0,Lyy=0;
    float a,b;
    int i;

    for(i=0;i<count;i++)
    {
        x_sum=x[i]+x_sum;
        y_sum=y[i]+y_sum;
    }
    x_avg=x_sum/count;
    y_avg=y_sum/count;
    for(i=0;i<count;i++)
    {
        Lxy=(x[i]-x_avg) * (y[i]-y_avg)+Lxy;
        Lxx=(x[i]-x_avg) * (x[i]-x_avg)+Lxx;
        Lyy=(y[i]-y_avg) * (y[i]-y_avg)+Lyy;
    }
```

```
//计算系数
b=Lxy/Lxx;
a=y_avg-b*x_avg;
printf("线性拟合的结果为: ");
if(fabs(a)==0)
    printf("y=%5.3fx\n",b);
else if(a>0)
    printf("y=%5.3fx+%5.3f\n",b,a);
else if(a<0)
    printf("y=%5.3fx%5.3f\n",b,a);

float y1=a + b * 172;
printf("预测 172cm 的学生体重为:%4.2f\n",y1);
return 0;
}
```

【运行结果】

线性拟合的结果为: y=0.848x-85.712
预测 172cm 的学生体重为:60.23

用最小二乘法求回归方程,并没有要求 y 与 x 存在线性相关关系,当 y 与 x 不存在线性相关关系时,求出的线性回归方程就没有意义了。因此还应当检验 y 与 x 之间是否存在线性相关关系,即进行相关关系的检验。在例 2-11 中仅观察散点图来确定变量之间的相关性,下面引入一个量化指标——相关系数,从而可以由相关系数判定相关性。

记下面的公式为残差平方:

$$Q(a,b)=\sum_{i=1}^{n}(y_i-\hat{y}_i)^2=\sum_{i=1}^{n}\left[y_i-(a+bx_i)\right]^2$$

可以证明:

$$Q(a,b)=L_{yy}\left(1-\frac{L_{xy}^2}{L_{xx}L_{yy}}\right)$$

令

$$r=\frac{L_{xy}}{\sqrt{L_{xx}L_{yy}}}$$

则有

$$Q(a,b)=L_{yy}(1-r^2)$$

由于

$$Q(a,b)\geqslant 0 \quad 且 \quad L_{yy}\geqslant 0$$

所以

$$1-r^2\geqslant 0 \quad 即 \quad -1\leqslant r\leqslant 1$$

可以看出,$|r|$ 引起 Q 的变化,当 $|r|$ 接近 1 时,Q 的值就接近 0,说明 y 与 x 之间的线性关系就好;当 $|r|$ 接近 0 时,Q 的值就较大,用回归直线来表达 y 与 x 之间的线性关系就不准确。由于 r 的大小可以表示 y 与 x 之间具有线性关系的相对程度,因此将

$$r=\frac{L_{xy}}{\sqrt{L_{xx}L_{yy}}}$$

称为 y 对 x 的相关系数。

通常,当 r 的绝对值大于 0.75 时,认为两个变量有很强的线性相关关系。在例 2-11 中,可以计算出 $r = 0.798$,这表明体重与身高有很强的线性相关关系,从而也表明这里建立的回归模型是有意义的。

习　题

1. 编程判断用户输入的两个整数是否互质,即两个数的公因子只有 1。例如,整数 357 与 715,357＝3×7×17,而 3、7 和 17 都不是 715 的约数,这两个数为互质数。

2. 编程解决问题:用户输入若干个正整数,输入 −1 作为结束标志。求它们的最小公倍数。

3. 参照例 2-4 的思路,实现一元多项式除法。计算 $x^3 - 3x^2 - x - 1$ 除以 $3x^2 - 2x + 1$ 给出商式和余式。

4. 在用二分法求解方程时,每次都是将区间分为两半。实际上,也可以将区间分成多份,例如,假定连续函数 $f(x)=0$ 在区间 $[a,b]$ 上有 $f(a)f(b)<0$,那么可以将 $[a,b]$ 三等分,这里记 $h=(b-a)/3$,可得到三个区间 $[a,a+h]$、$[a+h,a+2h]$ 和 $[a+2h,b]$。显然可知下面三个不等式 $f(a)f(a+h)<0$、$f(a+h)f(a+2h)<0$ 或 $f(a+2h)f(b)<0$ 必有一个成立。在不等式成立的那个区间一定有根,在这个区间上继续运用上面的三等分方法。这样有根区间将更快速地缩短。编写程序实现三等分求根的方法用于求解 $2x^3 - 4x^2 + 3x - 6 = 0$ 在区间 $[-10,10]$ 上的根。

5. 参照牛顿插值法的讲解,编程实现牛顿插值法。并用来计算例 2-6 的三角函数近似值。

6. 参照牛顿迭代法的讲解,编程实现牛顿迭代法。并用来计算例 2-8 中的方程 $xe^x - 1 = 0$ 的近似解。精度要求 $|x_{k+1} - x_k| \leqslant 0.000\,01$。

7. 编写计算两个矩阵(维数<20)相乘的函数,并在主程序中调用验证。矩阵数据自行设定。

8. 参照高斯消去法的讲解和例题,实现列主元高斯消去法,并验证正确性。

9. 修改例 2-11 线性回归的程序,添加计算相关系数的部分,并输出相关系数。

第3章

线性结构的妙用

如果要开发针对实际问题的计算机软件,首先要解决的问题是将现实问题进行抽象,转化为适合编程处理的模型。这种模型不是纯粹的数学模型,而是一种可以描述问题的数据组织形式,并且基于这种数据的组织形式可以设计解决问题的程序算法。由不同问题抽象出来的数据组织形式有很大不同,人们进行了大量的研究,最终归纳总结出了少量常见的数据组织形式,了解它们的逻辑形式、存储方式和有关算法对编程实践有很大的帮助。这些研究所形成的一门新的计算机科学分支称为数据结构。

3.1 数据结构基本概念

这一节首先了解一下数据结构中的数据元素、数据结构分类以及算法等基础知识。

1. 数据和数据元素

数字、字符、声音、图像等都可以作为计算机处理的数据,但在不同问题中数据处理的基本单位是不同的。例如,计算某个班级数学课的平均成绩,它是以数字类型作为基本数据单位;在一张员工信息表中进行人员的插入、删除操作时,可以认为员工的个人信息为基本数据单位。这些数据处理的基本单位在数据结构中就称为数据元素。数据结构这门学科研究的各种数据组织形式就是由数据元素构成,对各种数据组织形式的操作大都也以数据元素为单位。至于数据元素到底是某种单纯的数据类型,还是某些数据的结合体,并不是数据结构所关注的内容。

2. 数据结构的类型

现实问题千姿百态,抽象出来的数据组织形式各不相同,而线性结构、树形数据和图状结构是最常见的几种数据结构。下面分别举例说明。

第一个例子是个人通讯录。每个记录包含姓名、工作单位、电话、住址等信息。如果将每个通信记录看作一个数据元素,那么整个通信录就是由若干数据元素组成的有限序列。这种结构称为线性数据结构,其逻辑图如图 3-1(a)所示。在现实中,这种结构最为常见。

第二个例子是书的目录管理。如果将各个章节看作数据元素,并将书名作为最上层的数据元素,则书的目录结构就是如图 3-1(b)所示的逻辑形式。这种数据结构称为树形数据结构。相似的例子还有家谱结构、公司组织图等。

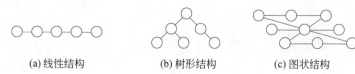

(a) 线性结构   (b) 树形结构   (c) 图状结构

图 3-1   三种基本数据结构示意图

第三个例子是城市交通的调度管理。为了及时跟踪城市各处的交通状况,需要建立整个城市的电子化交通图。如果将重要的路口、车站作为数据元素,并在数据元素之间按照交通线的实际情况建立联系,则交通图的逻辑结构就如图 3-1(c)所示。这种结构称为图状数据结构。

树形和图状结构又统称为非线性数据结构。线性结构的元素之间存在确定的先后顺序,非线性数据结构的元素之间不一定存在确定的先后顺序。以上三种结构都是数据的逻辑结构。逻辑结构描述的是元素之间的逻辑关系,为了在计算机中实现并操作某种数据结构,还要考虑数据的物理结构。

数据的物理结构又称为存储结构,是数据元素本身及元素之间的逻辑关系在计算机存储空间中的映像。存储结构的形式有多种,最主要的两种形式是顺序存储结构和链式存储结构。

在顺序存储结构中,数据元素存储在一组连续的存储单元中。元素存储位置间的关系反映了元素间的逻辑关系。例如,在顺序表中,逻辑上相邻的元素存储在物理位置相邻的存储单元中。顺序存储结构通常借助数组来实现。

在链式存储结构中,数据元素存储在若干不一定连续的存储单元中。它是通过在元素中附加一个或多个与其逻辑上相连的其他元素的物理地址来建立元素间的逻辑关系。非线性数据结构常常采用这种存储形式。

3. 算法和算法效率

算法是解决特定问题的步骤,通常被描述为一个程序语言能够实现的指令序列。算法具有以下五个主要特征。

(1) 有穷性:算法由有限条指令构成。

(2) 确定性:算法的每条指令含义确切。即对任何初始条件该指令执行结果确定,且对于相同的输入必然产生相同的输出。

(3) 可行性:算法的每条指令都可以由程序语言在有限步内实现。

(4) 输入:算法可以有零个或一组输入数据。

(5) 输出:算法可以有零个或一组输出数据,它和输入数据有内在联系。

算法的描述可以利用自然语言、框图、伪语言或高级程序语言实现。本章的算法是通过 C++ 语言描述的。

衡量算法的效率应从时间和空间两个方面来考量,对应的两个主要指标是时间复杂度和空间复杂度,分别表示一个算法对时间和空间的消耗情况。

时间复杂度的分析主要是考察关键指令重复执行的次数。例如,两个 n 阶方阵相加的主要语句是两个 n 重循环嵌套,其形式如下:

```
for(i=1; i<n; i++)
  for(j=1; j<n; j++)
  {  c[i][j] = a[i][j] + b[i][j];  }    //a[n][n], b[n][n], c[n][n]分别存储三个矩阵
```

因此,其关键指令重复执行的次数为 n^2 数量级,从而 n 阶方阵相加算法的时间复杂度记作 $O(n^2)$。字母 O 表示与括号中的变量同一数量级。

3.2   线性表概念及应用

◇3.2.1   线性表基本概念

线性表的逻辑结构就像是一串珠子,每个珠子就是一个数据元素。显然,这串珠子有一个开始结点和一个终端结点,其他内部结点都有且仅有一个前驱和一个后继。其实满足这种条件的不仅是线性表,还包括栈和队列。

线性表、栈和队列的差异源于它们对数据元素操作方式的不同。线性表可以在结构的任何位置进行插入和删除操作;堆栈只能在结构的一端进行插入和删除;而队列则是允许在一端进行插入,在另一端进行删除。栈和队列可以说是特殊形式的线性表。

线性表是由有限个同类型的数据元素组成的有序序列,一般记作 $(a_1, a_2, \cdots, a_n)$。除了 a_1 和 a_n 之外,任意元素 a_i 都有一个直接前驱 a_{i-1} 和一个直接后继 a_{i+1}。a_1 无前驱,a_n 无后继。数据元素可以是数字、字符串,也可以是结构体或类的对象,但所有数据元素的数据类型必须相同。下面是线性表的一些例子。

- 某班学生的数学成绩 $(78, 92, 66, 84, 45, 72, 92)$ 是一个线性表,每个数据元素是一个正整数,表长为 7。
- 一星期的七天的英文缩写词 $(SUN, MON, TUE, WED, THU, FRI, SAT)$ 是一个线性表,表中数据元素是一个字符串,表长为 7。
- 某企业职工基本工资情况 $((张三, 助工, 3, 543), (李四, 高工, 21, 986), (王五, 工程师, 9, 731))$ 也是一个线性表,表中数据元素是由姓名、职称、工龄、基本工资四个数据项组成的一个记录(对象),表长为 3。

在长度为 n 的线性表 L 中,经常执行下列操作。

(1) 置空表:将线性表 L 的表长置为 0。

(2) 取表中元素:仅当 $1 \leqslant i \leqslant n$ 时,取得线性表 L 中的第 i 个元素 a_i(或 a_{i+1} 的存储位置),否则无意义。

(3) 取元素 a_i 的直接前驱:当 $2 \leqslant i \leqslant n$ 时,返回 a_i 的直接前驱 a_{i-1}。

(4) 取元素 a_i 的直接后继:当 $1 \leqslant i \leqslant n-1$ 时,返回 a_i 的直接后继 a_{i+1}。

(5) 查找某个元素:返回元素 x 在线性表 L 中的位置。若在 L 中有多个 x,则只返回第一个 x 的位置,若在 L 中不存在 x,则返回 0。

(6) 删除元素:删除线性表 L 的第 i 个位置上的元素 a_i,此运算的前提应是线性表长度 > 0,运算结果使得线性表的长度减 1。

(7) 插入新元素:在线性表 L 的第 i 个位置上插入元素 x,运算结果使线性表长度加 1。

线性表的存储结构主要有顺序存储结构和链式存储结构两种,分别称为顺序表和线性链表。

◇3.2.2 顺序表概念及实现

1. 顺序表的概念

采用顺序存储结构的线性表称为顺序表,它的数据元素按照逻辑顺序依次存放在一组连续的存储单元中。逻辑上相邻的数据元素,其存储位置也彼此相邻。顺序表的存储结构如图 3-2 所示。假定元素 a_1 的物理地址是 $\mathrm{Loc}(a_1)$,每个元素占用 d 个存储单元,则第 i 个元素的存储位置为:

$$\mathrm{Loc}(a_i) = \mathrm{Loc}(a_1) + (i-1) \cdot d$$

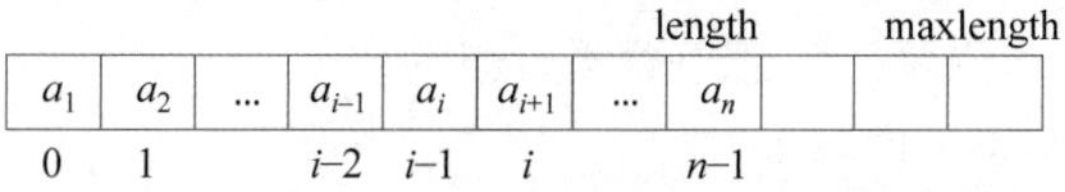

a_1	a_2	...	a_{i-1}	a_i	a_{i+1}	...	a_n	length	maxlength
0	1		i–2	i–1	i		n–1		

图 3-2 顺序表存储结构示意图

在实际应用中,顺序表可采用结构体类型描述如下。

```
typedef int DataType;
//定义线性表的结构
typedef struct List
{
    DataType * list;        //指向线性表的指针
    int length;             //表长(从 1 开始计数)
    int maxLength;          //表容量(从 1 开始计数)
}ListType;
```

其中,DataType 是某种数据类型的另一种表示,实际应用中需要用整型、浮点型、字符串结构体或类的形式替代。具体实现要通过 typedef 语句,在上面的例子中 DataType 表示 int 类型。

在构造顺序表时,一般利用一维数组来存储元素。由于线性表经常执行插入和删除元素的操作,因此表的实际长度经常改变(在上面的结构体中用 length 表示)。而数组的长度一般是固定的,所以为了容纳顺序表,一维数组的总长度应当足够大,在上面的结构体中用 maxLength 表示。length 初始长度为 0(空表),最大不超过 maxLength。

注意,在上面的结构体中 list 指针应当指向元素存储空间,该空间是 DataType 类型的一维数组,长度为 maxLength。这个空间需要在创建线性表的函数中动态创建,数组下标从 0 到 maxLength-1。

2. 顺序表的主要算法

顺序表的每一种操作都对应一个算法。算法有很多,如创建顺序表、销毁线性表、判断顺序表是否为空、获取顺序表实际长度、查找元素、删除元素、插入元素等。有些算法比较简单,例如,判断顺序表是否为空只需判断 length 是否为零即可。

顺序表的主要算法是在顺序表中插入元素、删除元素以及查找元素。下面对这几种算法进行简单描述。

(1) 在表中 pos 位置插入新元素 data。

算法实现的主要步骤是:

第一步,判断插入位置的合理性以及表是否已满。

第二步,从末尾元素开始向前直到 pos 位置为止,依次将每个元素后移一个位置。

第三步,向空出的 pos 位置存入新元素 data。

第四步,将线性表长度加 1。

【注】　这里 pos 是数组下标,从 0 开始计数,删除和查找算法中也是如此。

(2) 将 pos 位置处的元素删除。

算法实现的主要步骤是:

第一步,判断删除位置的合理性。

第二步,从 pos 位置的后一个元素开始,依次向后直到最后一个元素为止,将每个元素前移一个位置。这时 pos 位置元素已经被覆盖删除。

第三步,最后将线性表长度减 1。

(3) 在表中查找某个元素。

查找元素的情况比较复杂。如果数据元素是整数、实数这些基本数据类型,那么查找元素时自然就是与数据元素本身进行对比。如果数据元素是包含多个属性的结构体或类对象,那么查找元素时往往是与数据元素的某个属性比较。例如,将学生信息记录作为数据元素,学生信息表就是一个线性表。在此表中查询某个学生信息时,一般是根据学号或姓名进行查询,而学号或姓名仅是学生信息的一部分。

下面是根据数据元素本身的值进行查询的算法。从 pos 位置起查找 data 第一次出现的位置,算法返回元素的实际位置。算法描述为:

设 n 从位置 pos 开始循环比较 list$[n]$和 data,若不等则 n 加 1 后重新做比较,直到 n 为末尾位置为止;若相等则输出位置 n,跳出循环结束程序;若循环结束都没有找到等于 data 的元素则查找失败。

如果要根据数据元素的某个属性查询,则修改比较条件为 list$[n]$.parm＝＝data 即可。其中,parm 表示数据元素某个具体属性,data 为需要查找的属性的值。

3. 基本顺序表的实现

这里设计一个元素类型为整数的顺序表,包括创建表的函数、销毁表的函数、置空表、获取第 n 个元素的前驱、获取第 n 个元素的后继、查找元素、插入元素、删除元素等一系列函数。由于各个函数都有比较详细的注释,这里不再做其他说明。

【例 3-1】　以整数为元素的顺序表。

```c
#include <stdio.h>
#include <stdlib.h>

/* 此处将整数重定义为 DataType */
typedef int DataType;

//定义线性表的结构
typedef struct List
{
    DataType * list;      //指向线性表的指针
    int length;           //表长
```

```
    int maxLength;                          //表容量
}ListType;

//声明线性表具有的方法
ListType * CreateList(int length);          //创建一个长度为 length 的线性表
void DestroyList(ListType * pList);         //销毁线性表
void ClearList(ListType * pList);           //置空线性表
int IsEmptyList(ListType * pList);          //检测线性表是否为空
int GetListLength(ListType * pList);        //获取线性表长度
int GetListElement(ListType * pList, int n, DataType * data);
                                            //获取线性表中第 n 个元素
//从 pos 起查找 data 第 1 次出现的位置
int FindElement(ListType * pList, int pos, DataType data);
int GetPriorElement(ListType * pList, int n, DataType * data);
                                            //获取第 n 个元素的前驱
int GetNextElement(ListType * pList, int n, DataType * data);
                                            //获取第 n 个元素的后继
int InsertToList(ListType * pList, int pos, DataType data);
                                            //将 data 插入 pos 处
int DeleteFromList(ListType * pList, int pos);    //删除线性表上位置为 pos 的元素
void PrintList(ListType * pList);           //输出线性表

//线性表方法实现
/**
 * @brief 创建一个新的线性表
 * @param length 线性表的最大容量
 * @return 成功返回指向该表的指针,否则返回 NULL
 */
ListType * CreateList(int length)
{
    ListType * sqList=(ListType *)malloc(sizeof(ListType));
    if(sqList != NULL)
    {
        //为线性表分配内存
        sqList->list =(DataType *)malloc(sizeof(DataType) * length);
        //如果分配失败,返回 NULL
        if(sqList->list == NULL)
            return NULL;
        //置为空表
        sqList->length = 0;
        //最大长度
        sqList->maxLength = length;
    }
    return sqList;
}
/**
 * @brief 销毁线性表
 * @param pList 指向需要销毁的线性表的指针
 */
void DestroyList(ListType * pList)
```

```
{
    free(pList->list);
}
/**
 * @brief 置空线性表
 * @param pList 指向需要置空线性表的指针
 */
void ClearList(ListType * pList)
{
    pList->length = 0;
}
/**
 * @brief 检测线性表是否为空
 * @param pList 指向线性表的指针
 * @return 如果线性表为空,返回 1;否则返回 0
 */
int IsEmptyList(ListType * pList)
{
    return pList->length == 0 ? 1 : 0;
}
/**
 * @brief 获取线性表长度
 * @param pList 指向线性表的指针
 * @return 线性表的长度
 */
int GetListLength(ListType * pList)
{
    return pList->length;
}
/**
 * @brief 获取线性表中第 n 个元素
 * @param pList 指向线性表的指针
 * @param n 要获取元素在线性表中的位置
 * @param data 获取成功,取得元素存放于 data 中
 * @return 获取成功返回 1, 失败则返回 0
 */
int GetListElement(ListType * pList, int n, DataType * data)
{
    if(n<0 || n>pList->length - 1)
        return 0;
    * data = pList->list[n];
    return 1;
}
/**
 * @brief 从 pos 起查找 data 第一次出现的位置
 * @param pList 指向线性表的指针
 * @param pos 查找的起始位置
 * @param data 要查找的元素
 * @return 找到则返回该位置, 未找到,返回-1
 */
```

```
int FindElement(ListType * pList, int pos, DataType data)
{
    for(int n = pos; n < pList->length; ++n)
    {
        if(data == pList->list[n])
            return n;
    }
    return -1;
}
/**
 * @brief 获取第 n 个元素的前驱
 * @param pList 指向线性表的指针
 * @param n n 的前驱
 * @param data 获取成功,取得元素存放于 data 中
 * @return 找到则返回前驱的位置(n-1), 未找到,返回-1
 */
int GetPriorElement(ListType * pList, int n, DataType * data)
{
    if(n < 1 || n>pList->length-1)
        return -1;
    * data = pList->list[n - 1];
    return n-1;
}
/**
 * @brief 获取第 n 个元素的后继
 * @param pList 指向线性表的指针
 * @param n n 的后继
 * @param data 获取成功,取得元素存放于 data 中
 * @return 找到则返回后继的位置(n+1), 未找到,返回-1
 */
int GetNextElement(ListType * pList, int n, DataType * data)
{
    if(n<0 || n>pList->length - 2)
        return -1;
    * data = pList->list[n + 1];
    return n+1;
}
/**
 * @brief 将 data 插入线性表的 pos 位置处
 * @param pList 指向线性表的指针
 * @param pos 插入的位置
 * @param data 要插入的元素存放于 data 中
 * @return 成功,返回新的表长(原表长+1), 失败,返回-1
 */
int InsertToList(ListType * pList, int pos, DataType data)
{
    //如果插入的位置不正确或者线性表已满,则插入失败
    if(pos<0 || pos>pList->length || pList->length == pList->maxLength)
        return -1;
    //从 pos 起,所有的元素向后移动 1 位
```

```
        for(int n = pList->length; n > pos; --n)
        {
            pList->list[n] = pList->list[n - 1];
        }
        //插入新的元素
        pList->list[pos] = data;
        //表长增加 1
        return ++pList->length;
}
/**
 * @brief 将 pos 位置处的元素删除
 * @param pList 指向线性表的指针
 * @param pos 删除元素的位置
 * @return 成功,返回新的表长(原表长-1), 失败,返回-1
 */
int DeleteFromList(ListType * pList, int pos)
{
        if(pos<0 || pos>pList->length)
            return -1;
        //将 pos 后的元素向前移动一位
        for(int n = pos; n < pList->length - 1; ++n)
            pList->list[n] = pList->list[n + 1];
        return --pList->length;
}
/**
 * @brief 输出线性表
 * @param pList 指向线性表的指针
 */
void PrintList(ListType * pList)
{
        for(int n = 0; n < pList->length; ++n)
            printf("第%d项: %d\n", n, pList->list[n]);
}

/* 主函数,创建一个线性表,并测试 */
int main()
{
        const int MAXLENGTH = 1000;    //假设最大容量为 1000
        //创建线性表
        ListType * sqList = CreateList(MAXLENGTH);
        //以下是对线性表的测试
        ClearList(sqList);          //置表为空
        //插入 10 个元素并显示
        for(int i = 0; i < 10; ++i)
            InsertToList(sqList, i, i + 1);
        //输出线性表
        PrintList(sqList);
        //在位置 5 插入 99 并显示
        InsertToList(sqList, 5, 99);
        printf("插入 99 后的线性表\n");
```

```
    PrintList(sqList);
    //删除第 8 个元素
    DeleteFromList(sqList, 8);
    printf("删除第 8 个元素后的线性表\n");
    PrintList(sqList);
    //显示第 3 个元素的前驱
    DataType data;
    if(GetPriorElement(sqList, 3, &data) > -1);
        printf("第 3 个元素的前驱是%d\n", data);
    return 0;
}
```

【运行结果】

```
第 0 项：1
第 1 项：2
第 2 项：3
第 3 项：4
第 4 项：5
第 5 项：6
第 6 项：7
第 7 项：8
第 8 项：9
第 9 项：10
插入 99 后的线性表
第 0 项：1
第 1 项：2
第 2 项：3
第 3 项：4
第 4 项：5
第 5 项：99
第 6 项：6
第 7 项：7
第 8 项：8
第 9 项：9
第 10 项：10
删除第 8 个元素后的线性表
第 0 项：1
第 1 项：2
第 2 项：3
第 3 项：4
第 4 项：5
第 5 项：99
第 6 项：6
第 7 项：7
第 8 项：9
第 9 项：10
第 3 个元素的前驱是 3
```

本例可看作一个基本顺序表的模板。在创建顺序表时使用 malloc( )函数分配数组空

间。在获取第 n 个元素的前驱的函数中,利用指针获得返回的数据,其函数原型如下:

```
int GetPriorElement(ListType * pList, int n, DataType * data)
```

这里通过 data 指针将函数外的变量地址传入函数中,并在函数中修改这个外部变量,也就是将前驱的内容放入该外部变量。而返回值仅表示是否正确得到前驱的值。另一个获取第 n 个元素后继的函数与此函数类似。

◇3.2.3　顺序表应用:学生名册管理

这里编写一个学生名册管理程序。要求实现下列功能。

- 可以在花名册中任何位置插入新生学号和姓名。
- 可以根据学号删除学生信息。
- 可以输出整个名单。

【例 3-2】　利用顺序表建立学生名册管理程序。

本例是以例 3-1 的顺序表为基础,做适当修改从而实现学生信息管理。下面仅给出与例 3-1 的程序不同的部分(用粗体表示)。

【程序实现】

```
#include <stdio.h>
#include <stdlib.h>
#include <string.h>          //包含字符串处理的头文件

//这里将学生的学号和姓名定义成数据元素
struct STU {
    int id;                  //学号
    char name[20];           //姓名
};

/* 此处将 STU 重定义为 DataType,以便使用其他函数 */
typedef  STU  DataType;

… 与例 3-1 相同部分省略…

/* 下面是按照学号 id 进行查找的函数 */
int FindElement(ListType * pList, int pos, int id)
{
    for(int n = pos; n < pList->length; ++n)
    {
        if(id == pList->list[n].id)          //比较学号
            return n;
    }
    return -1;
}

… 与例 3-1 相同部分省略…

/* 输出每个学生的学号、姓名 */
```

```
void PrintList(ListType * pList)
{
    for(int n = 0; n < pList->length; ++n)
        printf("%d  %s\n", pList->list[n].id, pList->list[n].name);
}
```

… 与例 3-1 相同部分省略…

```
/ * 主函数测试顺序表。
 * 首先录入三个学生信息,再显示出来,最后删除一个记录
 * /
int main()
{
    const int MAXLENGTH = 1000;                      //假设最大容量为 1000
    ListType * sqList = CreateList(MAXLENGTH);        //创建线性表

    //插入三个元素
    DataType s[5];
    printf("请输入三个学生的学号、姓名：\n");
    printf("---------------------------- \n");
    for(int i = 0; i < 3; i++)
        scanf("%d %s", &s[i].id, &s[i].name);
    InsertToList(sqList, 0, s[0]);
    InsertToList(sqList, 1, s[1]);
    InsertToList(sqList, 2, s[2]);
    //输出线性表
    PrintList(sqList);

    //删除元素
    int id;
    printf("\n 输入将要删除的学生的学号：\n");
    scanf("%d", &id);
    int pos = FindElement(sqList, 0, id);
    DeleteFromList(sqList, pos);
    PrintList(sqList);
    return 0;
}
```

【运行结果】

```
请输入三个学生的学号、姓名：
----------------------------
9930206 张强
9930205 李维
9930202 刘淇

所有学生的信息
----------------------------
9930206   张强
9930205   李维
9930202   刘淇
```

```
输入将要删除的学生的学号：
9930205

所有学生的信息
----------------------------
9930206    张强
9930202    刘淇
```

实际上，数据结构的算法绝非一成不变的东西，在实际编程中数据结构的标准算法往往要有所变化。

◇**3.2.4   链表的概念及实现**

顺序表存储在连续的空间中（即数组中），因此每个元素的存储位置可用一个简单的公式计算得到，所以访问表中某个元素的效率是很高的。但是，正是由于顺序表是连续的，如果对某一顺序表进行插入和删除操作时，为了保持元素在存储区域的连续性，必须移动大量的元素。例如，在插入操作中，需要后移若干元素给新元素腾位置，或者在删除操作中，又必须移动大量后继元素补缺，因此在顺序表中执行插入删除操作时效率并不算高。

而链式结构则刚好具有不同的特点。在链式结构中访问某一个位置的元素速度不快，而单纯的插入删除操作则效率很高。采用链式存储结构的线性表有单链表、双向链表、单循环链表以及双向循环链表等多种形式。其中，单链表是最简单的形式。

1. 单链表的概念

单链表用一组地址任意的存储单元存放线性表中的数据元素。由于逻辑上相邻的元素其物理位置不一定相邻，为了建立元素间的逻辑关系，需要在线性表的每个元素中附加其后继元素的地址信息。这种地址信息称为指针。附加了其他元素指针的数据元素称为结点（如图 3-3 所示），每个结点都包含数据域和指针域两部分。结点的形式定义如下。

```
typedef struct NODE
{
    datatype   data;        //数据域
    Node * next;            //指针域
}Node;
```

这个定义是自引用类型的。换言之，每个结点都包含另一个同类型结点的地址。单链表就是由这样定义的结点依次连接而成的单向链式结构，如图 3-4 所示。特别要说明的是，虽然不同结点存储位置是分散的，但每个结点所包含的数据项却是存放在一小块连续的空间中。假如结点包含各占 4B 的一个整数和一个指针（4B），则整个结点将占据 8B 的连续空间。结点的指针存放的就是整个结点所占空间的起始地址。由于结点中各部分数据的相对位置不变，所以通过起始地址就可知道各部分数据的值。

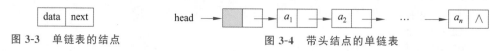

图 3-3   单链表的结点   图 3-4   带头结点的单链表

图 3-4 中结点内指向后一结点的箭头代表当前结点指针域存储的正是箭头所指结点的地址。由于最后一个元素无后继,因而其指针域为空(NULL)。另外,为了能顺次访问每个结点,需要保存单链表第一个结点的存储地址。这个地址称为线性表的头指针,本章用 head 表示。为了操作方便,可以在单链表的头部增加一个特殊的头结点。头结点的类型与其他结点一样,只是头结点的数据域为空。增加头结点避免了在删除或添加第一个位置的元素时进行的特殊程序处理。图 3-4 为带头结点的单链表。

单链表在存储区的物理状态如图 3-5 所示。head 中存放头结点地址,根据后续结点的指针可以顺次访问所有结点的数据。

存储地址	数据域	数据域
22	a_2	86
...	...	...
38		94
...	...	...
86	a_3	NULL
94	a_1	22

head
38

图 3-5　单链表存储结构示意图

单链表不需要事先分配结点空间,而是在插入结点时动态申请结点空间。反之,在单链表中删除结点时,结点所占空间可以立刻释放出来。单链表的长度和所占空间是动态变化的。在定义一个带头结点的单链表时,只需定义头指针和一个头结点即可。可用下面几条语句实现。

```
Node *  head;                              //定义头指针
head = (Node *)malloc(sizeof(Node));       //定义头结点
head->next = NULL;                         //头结点指针域为空
```

如果定义一个不带头结点的单链表,则只需定义头指针。

2. 单链表的主要算法

单链表也是线性表,也有插入删除等操作。下面给出单链表的若干算法描述。

(1)指针 p 如何在链表中向后移动。

对单链表结点的访问一般通过指针进行。假如 p 为指向某一结点的指针,则 p->data 和 p->next 就是该结点的数据域和指针域变量,它们可以被赋值,也可以向其他变量赋值。

如果 p 为指向结点 a_i 的指针,q 为另一指针变量,那么 p->next 就是指向 a_i 后继结点 a_{i+1} 的指针,这时如果执行语句 $q = p$->next 就将 q 也变为指向结点 a_{i+1} 的指针。进一步将 q 换为 p,语句 $p = p$->next 则将 p 自身从指向结点 a_i 的指针变为指向结点 a_{i+1} 的指针,从而实现指针后移。在单链表中正是通过指针后移操作访问任意一个结点的。另外,头指针 head 在单链表中一般是不后移的。因为 head 向后移动后,head 指针所指结点的前面的结点就无法访问了,除非将链表变成首尾相连的单循环链表。

(2)求单链表的长度。

单链表长度不定,要确定链表长度需要走遍表中所有结点才能算出。

第一步,设定指针 p 指向第一个元素所在结点,置长度变更量 $L=0$。

第二步,如果 p 非空,则长度 L 加1,再利用 $p = p$->next 后移指针,直到 p 为空结束。这时 L 就是表长。

(3)从单链表中删除第 i 个结点。

为了从单链表中删除第 i 个结点,需进行如下操作。

第一步,如果第 i 个结点存在则找到第 i 和第 $i-1$ 个结点的指针 p 和 q。

第二步,通过语句 q->next=p->next 将第 $i-1$ 个结点的指针赋值为第 i 个结点的指针,从而将第 i 个结点从链表中断开。

第三步,释放第 i 个结点所占空间以便于重用。

图 3-6 显示了删除结点前后链表中指针的变化。

(a) 删除前   (b) 删除后

图 3-6   在单链表中删除结点 a_i

(4) 在第 i 个位置插入新结点 x。

为了在链表的第 i 个位置插入一个新结点,需进行如下操作。

第一步,找到第 $i-1$ 个结点的指针 p。

第二步,建立新结点 s 并通过语句 s->next $=p$->next 将其指针指向第 i 个结点。

第三步,通过语句 p->next $=s$ 将第 $i-1$ 个结点的指针指向新结点。

图 3-7 给出了插入新结点前后链表指针的变化。

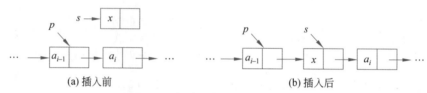

(a) 插入前   (b) 插入后

图 3-7   在单链表中的插入结点 x

(5) 在单链表中查找某个结点。

可以按照数据元素本身的值进行查找,也可以按照数据元素的某个属性进行查找。这里仅给出按照数据元素本身的值进行查找的算法。

第一步,设定指针 p 指向第一个元素所在结点。

第二步,如果 p 非空并且 p->data 不是要查找的元素,则利用 $p=p$->next 后移指针,继续比较,直到 p 为空结束,这时查找失败;如果 p->data 正是要查找的元素,则返回结点地址指针 p,程序结束。

在查找失败时返回空值 NULL。

3. 单链表的实现

这里实现一个元素类型为整数的单表,包括求表长、销毁表、置空表、获取第 n 个元素的前驱、获取第 n 个元素的后继、查找元素、插入元素、删除元素等一系列函数。

【例 3-3】 以整数为元素的单链表。

```
#include <stdlib.h>
#include <stdio.h>

//假设使用的是整数链表
typedef int DataType;
//单链表的结点定义
typedef struct NODE Node;
typedef struct NODE
```

```
{
    DataType data;                                      //数据域
    Node * next;                                        //指针域
}Node;
//头指针
typedef Node * Head;
//链表的方法声明
int GetLinkListLength(Head head);                       //求表长
void DestroyLinkList(Head head);                        //销毁链表
int GetElement(Head head, int n, DataType * data);      //获取线性表中第 n 个元素
int FindElement(Head head, DataType data);              //查找 data 第一次出现的位置
int GetPriorElement(Head head, int n, DataType * data); //获取第 n 个元素的前驱
int GetNextElement(Head head, int n, DataType * data);  //获取第 n 个元素的后继
int DeleteFromList(Head * head, int pos);               //删除下标位置为 pos 的元素
int InsertToList(Head * head, int pos, DataType data);  //将 data 插入到 pos(下标)处
int InsertRear(Head * head, DataType data);             //从表尾插入元素
int InsertHead(Head * head, DataType data);             //从表头插入元素
void PrintList(Head head);                              //输出线性表

//链表的方法实现
/**
 * @brief 求表长
 * @param head 链表的头指针
 * @return 链表的长度
 * /
int GetLinkListLength(Head head)
{
    if(head == NULL)
        return 0;
    int i = 1;
    Node * pNode = head;
    while(pNode->next)    //!=NULL
    {
        i++;
        pNode = pNode->next;                            //下一结点
    }
    return i;
}
/**
 * @brief 销毁链表
 * @param head 链表的头指针
 * /
void DestroyLinkList(Head head)
{
    //从头开始,依次释放每一个结点
    Node * pNode;
    while(head)
    {
        pNode = head;
        head = head->next;                              //指向下一个结点
```

```
        free(pNode);                          //释放当前结点
    }
}
/**
 * @brief 获取线性表中第 n 个元素,第一个元素的位置为 0
 * @param head 链表的头指针
 * @param n 要获取的元素位置
 * @param data 获取的数据存放于此
 * @return   获取成功返回 1, 失败则返回 0
 * /
int GetElement(Head head, int n, DataType * data)
{
    if(n<0 || n>GetLinkListLength(head) - 1)
        return 0;
    for(int i = 0; i < n; ++i)
        head = head->next;                    //移动到位置 n
     * data = head->data;
    return 1;
}
/**
 * @brie 查找 data 第一次出现的位置
 * @param head 指向线性表的头指针
 * @param data 要查找的元素
 * @return 找到则返回该位置, 未找到则返回-1
 * /
int FindElement(Head head, DataType data)
{
    int i = 0;
    while(head)
    {
        if(head->data == data)                //找到
            return i;
        head = head->next;                    //下一个结点
        i++;
    }
    return -1;
}
/**
 * @brief 获取第 n 个元素的前驱
 * @param head 指向线性表的头指针
 * @param n n 的前驱
 * @param data 获取成功,取得元素存放于 data 中
 * @return 找到则返回前驱的位置(n-1), 未找到则返回-1
 * /
int GetPriorElement(Head head, int n, DataType * data)
{
    if(n<1 || n>GetLinkListLength(head) - 1)
        return -1;
    for(int i = 0; i < n - 1; ++i)
        head = head->next;                    //移动到 n-1
```

```
        * data = head->data;
        return n - 1;
}
/**
 * @brief 获取第 n 个元素的后继
 * @param head 指向线性表的头指针
 * @param n n 的后继
 * @param data 获取成功,取得元素存放于 data 中
 * @return 找到则返回前驱的位置(n+1), 未找到则返回-1
 */
int GetNextElement(Head head, int n, DataType * data)
{
    if(n<0 || n>GetLinkListLength(head) - 2)
        return -1;
    for(int i = 0; i < n + 1; ++i)
        head = head->next;                  //移动到 n
    * data = head->data;
    return n + 1;
}
/**
 * @brief  将 data 插入 pos 处
 * @param head 指向线性表的头指针
 * @param pos 插入的位置
 * @param data 要插入的数据
 * @return 插入成功返回新的表长,否则返回-1
 */
int InsertToList(Head * head, int pos, DataType data)
{
    Node * pNode = * head;
    int length = GetLinkListLength(pNode);    //得到表长
    if(pos<0 || pos> length)
        return -1;                            //插入的位置不对
    if(pos == 0)                              //在表头插入
        return InsertHead(head, data);
    if(pos == length - 1)                     //在表尾插入
        return InsertRear(head, data);
    //定位到 pos 前 1 位置
    for(int i = 0; i < pos - 1; ++i)
        pNode = pNode->next;
    //生成一个新的结点
    Node * pNewNode =(Node * )malloc(sizeof(Node));
    if(pNewNode == NULL)
        return -1;                            //分配内存失败
    pNewNode->data = data;                    //存入要插入的数据
    pNewNode->next = pNode->next;             //插入链表
    pNode->next = pNewNode;
    //返回新的链表长度
    return ++length;
}
```

```
/**
 * @brief 删除线性表上位置为 pos 的元素
 * @param head 指向线性表的头指针
 * @param pos 删除的位置
 * @return 插入成功返回新的表长,否则返回-1
 */
int DeleteFromList(Head * head, int pos)
{
    Node * pNode = * head;
    int length = GetLinkListLength( * head);            //得到表长
    if(pos< 0 || pos> length - 1)                       //删除的位置不对
        return -1;
    Node * pDeleteNode;
    if(pos > 0) {
        for(int i = 0; i < pos - 1; ++i)
            pNode = pNode->next;                         //获得 pos 的前驱指针
        pDeleteNode = pNode->next;                       //暂存待删除结点指针
        pNode->next = pNode->next->next;                 //修改前驱结点指针
    }
    if(pos == 0) {
        pDeleteNode = * head;                            //暂存待删除结点指针
        * head = ( * head)->next;
    }
    free(pDeleteNode);                                   //释放删除结点的空间
    return --length;
}


/**
 * @brief 从表尾插入元素
 * @param head 指向线性表的头指针
 * @param data 插入的数据
 * @return 插入成功返回新的表长,否则返回-1
 */
int InsertRear(Head * head, DataType data)
{
    //准备新数据
    Node * pNewNode =(Node * )malloc(sizeof(Node));
    if(pNewNode == NULL)                                 //内存分配失败
        return -1;
    pNewNode->data = data;
    if( * head == NULL)                                  //如果是空表
    {
        * head = pNewNode;
        pNewNode->next = NULL;
        return 1;                                        //表长为 1
    }
    //找到表尾
    Node * pNode = * head;
    while(pNode->next)
        pNode = pNode->next;
```

```
    //插入到表尾
    pNode->next = pNewNode;
    pNewNode->next = NULL;
    //返回新的表长
    return GetLinkListLength( * head);
}
/**
 * @brief 从表头插入元素
 * @param head 指向线性表的头指针
 * @param data 插入的数据
 * @return 插入成功返回新的表长,否则返回-1
 */
int InsertHead(Head * head, DataType data)
{
    //准备新数据
    Node *  pNewNode = (Node * ) malloc(sizeof(Node));
    if(pNewNode == NULL)                    //内存分配失败
        return -1;
    pNewNode->data = data;
    //插入
    pNewNode->next = ( * head);              //新结点指向原来的第一个结点
     * head = pNewNode;                      //修改头指针,指向新结点
    //返回新的表长
    return GetLinkListLength( * head);
}


/**
 * @brief 输出线性表
 * @param head 指向线性表的头指针
 */
void PrintList(Head head)
{
    int n = 0;
    while(head)
    {
        printf("第%d 项元素为%d\n", n, head->data);
        head = head->next;
        ++n;
    }
}

//主函数
int main()
{
    //创建一个空的线性表
    Head head = NULL;
    //以下是对线性表的测试
    //插入 5 个元素并显示
    for(int i = 0; i < 5; ++i)
        InsertToList(&head, i, i + 1);
```

```
    //输出线性表
    PrintList(head);
    //在位置 2 插入 99 并显示
    printf("插入 99 后的表长: %d\n", InsertToList(&head, 2, 99));
    printf("插入 99 后的线性表\n");
    PrintList(head);
    //删除第 4 个元素
    printf("删除第 4 个元素后的表长: %d\n", DeleteFromList(head, 4));
    printf("删除第 4 个元素后的线性表\n");
    PrintList(head);
    //显示第 3 个元素的前驱
    DataType data;
    if(GetPriorElement(head, 3, &data) > -1)
        printf("第 3 个元素的前驱是%d\n", data);
    DestroyLinkList(head);
    return 0;
}
```

【运行结果】

```
第 0 项元素为 1
第 1 项元素为 2
第 2 项元素为 3
第 3 项元素为 4
第 4 项元素为 5
插入 99 后的表长: 6
插入 99 后的线性表
第 0 项元素为 1
第 1 项元素为 2
第 2 项元素为 99
第 3 项元素为 3
第 4 项元素为 4
第 5 项元素为 5
删除第 4 个元素后的表长: 5
删除第 4 个元素后的线性表
第 0 项元素为 1
第 1 项元素为 2
第 2 项元素为 99
第 3 项元素为 3
第 4 项元素为 5
第 3 个元素的前驱是 99
```

可以看出，在插入元素的函数中，每次插入时就动态生成一个结点（用 malloc()函数分配空间）；在删除元素的函数中，每次删除一个元素就释放其占用空间（用 free()函数实现）。

4. 其他形式的链表

线性结构的链表种类比较多，下面简要介绍两种。

1）循环链表

通过把单链表最后一个结点的指针改为指向第一个结点，就可以把一个单链表改造成单循环链表,如图 3-8 所示。因为单链表最后一个结点的指针总是空值,所以这样的修改总是可行的,并且没有增加任何空间要求。这样做的好处是从链表任意结点出发都能访问全部结点。单循环链表的各种算法与单链表的差别不大。

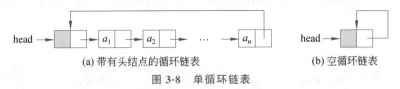

(a) 带有头结点的循环链表   (b) 空循环链表

图 3-8　单循环链表

2) 双向链表

如果每个链表结点既有指向下一个元素的指针,又有指向前一个元素的指针,那么这种链表就是双向链表,如图 3-9 所示。双向链表结点的定义只需在单链表结点定义的基础上增加一个前向指针即可。

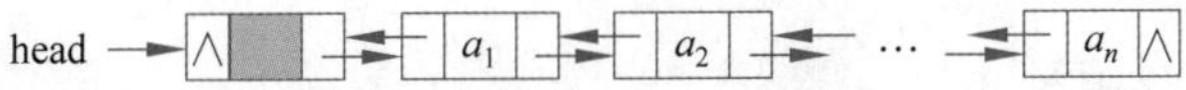

图 3-9　带头结点的双向链表

双向链表的缺点是插入、删除操作变复杂了,在删除操作中需修改两个指针,在插入操作中则需修改四个指针。如果将双向链表的头结点的前驱指针指向尾结点,将尾结点的后继指针指向头结点,则双向链表就转变为双向循环链表。

◇3.2.5　单链表应用:通讯录管理

下面用单链表形式编写一个通讯录的管理程序。通讯录中每个联系人的信息包括姓名和电话,在例 3-4 中把每个联系人的信息当作一个数据元素来处理,该程序可实现联系人的插入、删除和全部显示三项功能。

【例 3-4】　利用单链表建立通讯录管理程序。

本例以例 3-3 的链表程序为基础,适当修改后成为通讯录管理程序。结点插入操作仅在尾部进行,而结点删除按照姓名执行更符合实际需要。

【程序实现】

```c
#include <stdlib.h>
#include <stdio.h>
#include <string.h>

//定义记录信息结构
struct LNode {
    char name[20];                      //姓名
    char tel[15];                       //电话
    struct LNode * next;                //指针域
};

typedef LNode DataType;                 //定义链表数据类型

…与例 3-3 相同部分省略…

int FindElement(Head head, char * name);    //修改原型,查找 name 出现的位置
```

···与例 3-3 相同部分省略···

```c
/* 修改查找函数,按名称查找,成功则返回位置下标 */
int FindElement(Head head, char * name)
{
    int i = 0;
    while(head)
    {
        if(strcmp(head->data.name, name)==0)        //找到元素
            return i;
        head = head->next;                          //下一个结点
        i++;
    }
    return -1;                                       //失败返回 -1
}
```

···与例 3-3 相同部分省略···

```c
/* 修改输出函数,输出全部记录 */
void PrintList(Head head)
{
    printf("联系人 \t 电话 \n");
    printf("====================\n");
    while(head)
    {
        printf("%s \t %s \n", head ->data.name, head ->data.tel);
        head= head ->next;
    }
}

//主函数
int main()
{
    Node * head=NULL;          //定义头指针、临时指针
    int select = 1;            //操作选择 0-结束 1-录入 2-删除 3-显示
    char Name[20];             //临时存储姓名
    DataType tmp;
    int pos;
    while(select != 0)
    {
        printf("\n 请输入操作选择: 1-录入 2-删除 3-显示 0-结束 \n");
        scanf_s("%d", &select);
        switch(select)
        {
        case 1:
            printf("输入联系人的姓名: ");
            scanf_s("%s",&tmp.name,20);
            printf("输入联系人的电话: ");
            scanf_s("%s",&tmp.tel, 15);
            tmp.next = NULL;
```

```
                InsertRear(&head, tmp);
                break;
            case 2:
                printf("请输入待删除联系人的姓名：");
                scanf_s("%s", Name, 15);
                pos = FindElement(head, Name);
                if(pos>=0)
                    DeleteFromList(&head, pos);
                break;
            case 3:
                PrintList(head);
                break;
            case 0:
                printf("使用结束,再见!");
                break;
        }
    }
    return 0;
}
```

【运行结果】

```
请输入操作选择：1-录入 2-删除 3-显示 0-结束
1
输入联系人的姓名：张三
输入联系人的电话：13022134187

请输入操作选择：1-录入 2-删除 3-显示 0-结束
1
输入联系人的姓名：Jack
输入联系人的电话：010-20871239

请输入操作选择：1-录入 2-删除 3-显示 0-结束
3
联系人电话
====================
张三      13022134187
Jack      010-20871239

请输入操作选择：1-录入 2-删除 3-显示 0-结束
2
请输入待删除联系人的姓名：Jack

请输入操作选择：1-录入 2-删除 3-显示 0-结束
3
联系人电话
====================
张三      13022134187

请输入操作选择：1-录入 2-删除 3-显示 0-结束
0
使用结束,再见!
```

在主函数中,利用 while 循环实现命令行模式下的菜单选择是一种常用技巧。

3.3　堆栈和队列的应用

栈和队列可以说是特殊形式的线性表。它们的逻辑结构和一般线性表相同,只是对元素的操作方式不同。堆栈只能在结构的一端进行插入和删除;而队列则允许在一端进行插入,在另一端进行删除。

◇3.3.1　堆栈的概念及实现

栈是限制在表的一端进行插入和删除操作的线性表。允许进行插入和删除操作的一端称为栈顶,另一端称为栈底。堆栈的示意图如图 3-10 所示。如果多个元素依次进栈,则后进栈的元素必然先出栈,所以堆栈又称为后进先出(LIFO)表。堆栈设有一个栈顶指针标志栈顶位置。堆栈的主要操作有:

- 创建空栈。
- 清空栈——使栈为空。
- 进栈(push)——在栈顶插入元素。
- 出栈(pop)——在栈顶删除元素。
- 读栈顶元素——只是读出栈顶元素,不改变栈内元素。

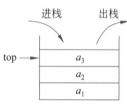

图 3-10　栈示意图

堆栈也有顺序存储方式和链式存储方式,它们分别称为顺序栈和链式栈。这里只讨论顺序栈。

顺序栈利用一组连续存储的存储单元存放栈中的数据元素。同顺序表一样,可利用一维数组结构实现。可定义如下:

```
typedef struct STACK
{
    DataType * stackArray;        //存储元素的空间指针
    int top;                      //栈顶指针,存储栈顶元素的下标
    int maxLength;                //堆栈最大可分配空间数量
}Stack;
```

这里 DataType 是某种数据类型。存储数据的变量 stackArray 仅给了一个指针,因此在使用顺序栈之前要进行数组的初始化,长度为 maxLength。

一般将数组的 0 下标单元作为栈底,将栈顶元素的下标存储在栈顶指针 top 中,它随着元素进栈出栈而变化。top 为 -1 表示空栈,top 等于 maxLength-1 则表示栈满。如果要将栈置为空栈,只要将 top 设为 -1 即可。

下面介绍顺序栈的几个主要算法。

1. 栈初始化

堆栈的初始化主要分为以下几步。

第一步,为存储元素的数组申请空间。

第二步,设定栈为空,即 top 为 -1。

第三步,在 maxLength 记录栈最大容量。

2. 进栈操作

若栈不满，则 top 加 1 走到空位置，在栈顶 top 处插入元素作为新的栈顶。

若栈已满，则进栈失败。

3. 出栈操作

若栈不空，则得到栈顶元素，并返回其值，然后 top 减 1。

若栈空则出栈失败。

4. 取栈顶元素

这和出栈算法类似，差别是这里不改变 top 的值。

【例 3-5】 建立一个元素为字符的栈。

```c
#include<stdlib.h>
#include<stdio.h>
#include<string.h>

//定义一个字符栈
typedef char DataType;
//定义栈
typedef struct STACK
{
    DataType * stackArray;
    int top;
    int maxLength;
}Stack;

//声明栈的函数
Stack * CreateStack(int length);                         //创建一个新的栈
void ClearStack(Stack * stack);                          //清空栈
void DestroyStack(Stack * stack);                        //销毁栈
int Pop(Stack * stack, DataType * data);                 //弹栈
void Push(Stack * stack, DataType data);                 //压栈
int GetLength(Stack * stack);                            //得到栈的大小
int GetSatckPeek(Stack * stack, DataType * data);        //取得栈顶元素

//栈函数的实现
/**
 * @brief 创建一个新的栈
 * @param length 栈的大小
 * @return 指向栈的指针,如创建失败,返回 NULL
 */
Stack * CreateStack(int length)
{
    Stack * stack = (Stack * )malloc(sizeof(Stack));
    if(stack)
    {
        //分配栈空间
        stack->stackArray = (DataType * )malloc(length * sizeof(DataType));
```

```c
        if(stack->stackArray == NULL)
            return NULL;
        stack->maxLength = length;
        //置为空栈
        stack->top = -1;
    }
    return stack;
}
/**
 * @brief 清空栈
 * @param stack 指向栈的指针
 */
void ClearStack(Stack* stack)
{
    stack->top = -1;
}
/**
 * @brief 销毁栈
 * @param stack 指向栈的指针
 */
void DestroyStack(Stack* stack)
{
    free(stack->stackArray);
    free(stack);
}
/**
 * @brief 弹栈
 * @param stack 指向栈的指针
 * @return 弹出的栈顶元素,如果弹栈失败,返回 0
 */
int Pop(Stack* stack, DataType * data)
{
    if(stack->top >=0)
    {
        //如果栈不空,则出栈
        * data = stack->stackArray[stack->top];
        stack->top -= 1;
        return 1;                //成功,返回 0
    }
    else
    {    return 0;    }          //栈已空了,失败,返回 0
}
/**
 * @brief 压栈
 * @param stack 指向栈的指针
 * @param data 要入栈的元素
 */
void Push(Stack* stack, DataType data)
{
    if(stack->top < stack->maxLength-1)
```

```
    {
        stack->top++;
        stack->stackArray[stack->top] = data;
    }
}
/**
 * @brief 得到栈的大小
 * @param stack 指向栈的指针
 * @return 栈大小
 */
int GetLength(Stack * stack)
{
    return stack->top + 1;
}
/**
 * @brief 取得栈顶元素,但是不出栈
 * @param stack 指向栈的指针
 * @return 栈顶元素,失败返回 0
 */
int GetSatckPeek(Stack * stack, DataType * data)
{
    if(stack->top >= 0)
    {
        * data = stack->stackArray[stack->top];
        return 1;                      //取栈顶元素,成功则返回 1
    }
    else
        return 0;                      //取栈顶元素,失败则返回 0

}


//测试主函数
int main()
{
    //定义栈的大小
    const int MAXLENGTH = 100;
    //创建一个栈
    Stack * stack = CreateStack(MAXLENGTH);
    printf("连续输入不超过 10 个字符作为入栈字符: \n");
    char ch[10];
    scanf_s("%s", &ch, 10);
    for(int i = 0; i < strlen(ch); i++)
    {
        Push(stack, ch[i]);            //入栈
    }
    printf("字符出栈序列为: \n");
    //弹栈并输出直到栈空
    while(GetLength(stack) > 0)
    {
        char out;
```

```
        if(Pop(stack, &out))
            printf("%c", out);
    }
    DestroyStack(stack);
    return 0;
}
```

【运行结果】

```
连续输入不超过 10 个字符作为入栈字符：
abc12345
字符出栈序列为：
54321cba
```

◇**3.3.2　堆栈应用：表达式求值**

这里用一个表达式求值的例子说明堆栈的应用。假定表达式是由加减乘除和数字构成的算式,现在要编写一个程序用来求解各种算式的结果。

在计算机中,表达式可以有三种不同的标识方法——前缀表示法、中缀表示法和后缀表示法。最简单的表达式都是下列形式：

$$（操作数\ S_1）（运算符\ \underline{OP}）（操作数\ S_2）$$

用前缀表示法应写成 $\underline{OP}S_1S_2$,用中缀表示法则上面写法不变,用后缀表示法应写成 $S_1S_2\underline{OP}$。例如,表达式 $6+3$ 用前缀表示法应写成 $+63$,用后缀表示法应写成 $63+$。同时,任何表达式都可分解为下列形式：

$$（子表达式\ E_1）（运算符\ \underline{OP}）（子表达式\ E_2）$$

它的前缀表示法应写成 $\underline{OP}$（E_1 的前缀表示）（E_2 的前缀表示）,它的后缀表示法应写成（E_1 的后缀表示）（E_2 的后缀表示）$\underline{OP}$。只要不断对子表达式进一步分解,总能将子表达式分解为最简单形式,因此任何四则运算表达式都可写成前缀式或后缀式。例如,$2*(6+3)$ 的后缀式是 $263+*$ 。

表达式的中缀式虽然容易理解,但在求值的时候利用前缀式或后缀式更为简单。利用后缀式求值的算法为：首先设立一个堆栈,依次读取后缀式中的字符,若字符是数字,则进栈并继续读取,若字符是运算符(记为 $\underline{OP}$),则连续出栈两次得到数字 S_1 和 S_2,计算表达式 $S_1\underline{OP}S_2$ 并将结果入栈,继续读取后缀式。当读到结束符时停止读操作,这时堆栈中只应该有一个数据,即结果数据。例如,后缀式 $263+*$ 的计算过程为,读取 2、6、3 依次入栈,读取 ＋号则令 6 和 3 出栈,计算 $6+3$ 后将结果 9 入栈,读取 ＊号则令 2 和 9 出栈,计算 $2*9$ 后将结果 18 入栈。这时 18 就是最终结果。

【例 3-6】 利用顺序栈求解后缀表达式的值。

本例假定表达式中包含四个实数,分别用变量 a、b、c、d 表示,它们的值由用户输入。同时输入 a、b、c、d 构成的后缀表达式用于计算。

【程序实现】

```
#include<stdlib.h>
#include<stdio.h>
```

```
#include<string.h>
//定义一个实数栈
typedef double DataType;

…与例 3-5 相同部分省略…

int main()
{
    //定义栈的大小
    const int MAXLENGTH = 100;
    //创建一个栈
    Stack* stack = CreateStack(MAXLENGTH);
    double a, b, c, d;
    char exp[30];                               //表达式最长 30 个字符
    double num1, num2;
    printf("依次输入 a、b、c、d 的值: ");
    scanf("%lf%lf%lf%lf", &a, &b, &c, &d);      //输入 a,b,c,d 的数值
    printf("输入后缀表达式: ");
    scanf("%s", &exp);                          //输入 a,b,c,d 组成的表达式
    //计算后缀表达式
    for(int i = 0; exp[i] != '\0'; i++)
    {
        switch(exp[i]) {
        case '+':
        case '-':
        case '*':
        case '/':
            Pop(stack, &num2);
            Pop(stack, &num1);
            if(exp[i] == '+')    Push(stack, num1 + num2);
            if(exp[i] == '-')    Push(stack, num1 - num2);
            if(exp[i] == '*')    Push(stack, num1 * num2);
            if(exp[i] == '/')    Push(stack, num1 / num2);
            break;
        default:
            if(exp[i] == 'a')    Push(stack, a);
            if(exp[i] == 'b')    Push(stack, b);
            if(exp[i] == 'c')    Push(stack, c);
            if(exp[i] == 'd')    Push(stack, d);
        }
    }
    Pop(stack, &num1);
    printf("结果为: %f", num1);
    return 0;
}
```

【运行结果】

```
依次输入 a、b、c、d 的值: 2.5  1.5  6.3  3.3
输入后缀表达式: ab+cd- *
结果为: 12.000
```

本例求解的表达式的普通形式为$(a+b)*(c-d)$，其对应的后缀式就是$ab+cd-*$。本例设定a、b、c、d四个变量是为了简化程序。若不使用变量，直接采用原始后缀式，则输入形式为 2.5　1.5 ＋ 6.3　3.3　－ ＊（数字间、数字与符号间均应加上空格以便分解）。这时程序读入的字符串需要按空格逐段分解，并将某些子串转换为数字后，才可计算。

◇3.3.3　队列的概念及实现

队列是只能在表的一端进行插入、在另一端进行删除操作的线性表。允许删除元素的一端称为队头，允许插入元素的一端称为队尾。队列的示意图如图 3-11 所示。显然不论元素按何种顺序进入队列，也必然按这种顺序出队列，所以队列又称为先进先出（FIFO）表。由于队列有两个活动端，所以设置了队头和队尾两个位置指针。一般队头指针记作 front，队尾指针记作 rear。队列的主要操作有：

- 创建空队列。
- 求队列的长度。
- 清空队列。
- 入队操作——在队尾插入元素。
- 出队操作——在队头删除元素。
- 读队头元素。

队列也有顺序存储方式和链式存储方式，这里仅讨论顺序形式的队列。

按顺序存储方式存储的队列，数据元素存储在一系列连续的存储单元中，其结构与顺序表相同。因此顺序存储的队列也可用一维数组来实现，front 和 rear 指针分别是队头和队尾元素的下标值。

在顺序表中，每删除一个元素就要将此元素后所有元素依次向前移动。而在顺序存储的队列中，每次出队列的元素必定是队头元素，因此如果采取与普通顺序表同样的操作方式，则每次出队操作必然将整个队列向前移动，这使得效率大大降低。因此在顺序存储的队列中，出队和入队操作都不移动元素而是移动指针。操作方式为：

- 当执行入队操作时队尾指针 rear 先向前移动一步，将新元素在 rear 位置加入。
- 当执行出队操作时队头指针 front 先向前移动一步，将下标为 front 的元素取出。

由于 rear 和 front 指针只能单方向移动，当入队出队操作反复执行时会产生如图 3-11 所示的结果。即随着入队操作的执行，队尾指针 rear 不断后移；同样，随着出队操作的执行，队头指针 front 也不断后移。最终形成如图 3-11(b)所示的情形，rear 和 front 指针指向数组的最大下标位置。这时新元素无法入队，但队列中仍有大量空闲位置，这种情况称为假溢出。

(a) A、B、C入队列　　　　　　　　(b) 队列假溢出

图 3-11　一般队列操作示意图

解决假溢出问题的办法是将存放队列元素的数组首尾相接，形成循环队列。在顺序结

构中,不可能像循环链表一样将队尾真正与队头连接起来。而是采用数学方法将 rear 或 front 指针从数组空间的最大下标位置移到最小下标位置。

假如存放队列的数组空间长度为 M,则循环队列的元素入队列操作为:

```
rear=(rear+1)%M;
```

再将新元素在 rear 指示位置加入;

元素出队列时操作为:

```
front=(front+1)%M;
```

再将下标为 front 的元素取出;

同时,队空条件为:front=rear,队满条件为:$(rear+1)\%M=front$。

图 3-12 显示了循环队列的一般情况以及队列空、队列满的情况。在图 3-12 中,初始状态为空队列,这时 front=rear,都是 0 号位置。随着入队操作的执行,元素 A、B、C、D、E、F、G 入队,rear 指向 7 位置。这时候其实还可以做一次入队操作,但是如果再做一次入队则 0 号位被填充,front 再一次等于 rear。由于队空的时候,front=rear,这时队列满了,如果 front 也等于 rear,则"front=rear"这一条件就无法判断队列到底是空还是满。为了正确地分辨队列是空还是满,一般将队头指针 front 所指向的空间舍弃不用,这样才有 $(rear+1)\%M=front$ 队满条件。

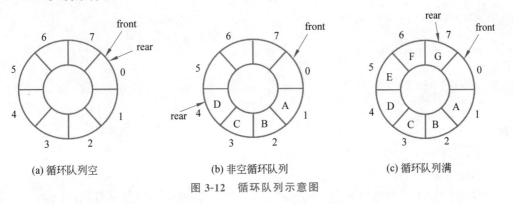

(a) 循环队列空　　　　　(b) 非空循环队列　　　　　(c) 循环队列满

图 3-12　循环队列示意图

循环队列可采用结构体类型描述如下。

```
typedef struct QUEUE
{
    DataType * queArray;      //存放元素的数组指针
    int front;                //队头
    int rear;                 //队尾
    int maxLength;            //队的最大容量
}Queue;
```

这里 front 和 rear 指针取值均为所指数组单元的下标。maxLength 指存储元素的数组空间拥有的单元总数,由于队头指针所指单元总是空的,因此队列的最大长度为 maxLength−1。queArray 所指向的数组空间需要在创建队列时动态生成。

下面是几个常用算法描述。

1. 创建队列并初始化

第一步,为存储元素的数组申请空间。

第二步,设定队列为空,即 front 和 rear 都为 0。

第三步,在 maxLength 记录队列最大容量的值。

2. 入队操作

若队列不满,则令 rear＝(rear＋1)％M,再将新元素在 rear 位置加入。

若队列已满,则入队操作失败。

3. 出队操作

若队列不空,则 front＝(front＋1)％M,再将下标为 front 的元素取出。

若队列空,则出队列失败。

4. 取队头元素

这和出队列算法类似,差别是这里不改变队头 front 指针的值。

【例 3-7】 建立一个字符类型的循环队列。

```c
#include <stdio.h>
#include<stdlib.h>
#include<string.h>

typedef char DataType;                          //假设是字符队列
//定义队列结构
typedef struct QUEUE
{
    DataType* queArray;
    int front;                                  //队头
    int rear;                                   //队尾
    int maxLength;                              //队的最大容量
}Queue;

//声明队列的方法
Queue* CreateQueue(int length);                 //创建一个队列
void DestroyQueue(Queue*   queue);              //销毁队列
void ClearQueue(Queue* queue);                  //清空队列
int GetQueueLength(Queue* queue);               //得到队列的长度
void EnQueue(Queue* queue, DataType data);      //入队
DataType DlQueue(Queue* queue);                 //出队
DataType GetQueueHead(Queue* queue) ;           //取队头元素

/**
 * @brief 创建一个队列
 * @param length 队列的容量
 * @return 指向队列的指针,失败返回 NULL
 * /
Queue* CreateQueue(int length)
{
    Queue* queue =(Queue*)malloc(sizeof(Queue));
```

```
    if(queue)                                   //不为空
    {
        //申请内存
        queue->queArray = (DataType * )malloc(length * sizeof(DataType));
        //失败则返回 NULL
        if(queue->queArray == NULL)
            return NULL;
        //清空队列
        queue->front = 0;
        queue->rear = 0;
        //记录最大容量
        queue->maxLength = length;
    }
    return queue;
}
/**
 * @brief 销毁队列
 * @param queue 指向队列的指针
 */
void DestroyQueue(Queue *   queue)
{
    free(queue->queArray);
    free(queue);
}
/**
 * @brief   清空队列
 * @param queue 指向队列的指针
 */
void ClearQueue(Queue * queue)
{
    queue->front = 0;
    queue->rear = 0;
}
/**
 * @brief 得到队列的长度
 * @param queue 指向队列的指针
 * @return 队列中的元素个数
 */
int GetQueueLength(Queue * queue)
{
    return queue->rear >= queue->front ?
        queue->rear - queue->front :
        queue->rear - queue->front + queue->maxLength;
}
/**
 * @brief 入队
 * @param queue 指向队列的指针
 * @param data 要入队的元素
 */
void EnQueue(Queue * queue, DataType data)
```

```
{
    if((queue->rear + 1) %queue->maxLength == queue->front)
    {
        printf("队列已满,无法完成入队操作");
    }
    else
    {
        //队尾向后移动 1 位
        queue->rear =(queue->rear + 1) %queue->maxLength;
        //入队
        queue->queArray[queue->rear] = data;
    }
}
/**
 * @brief 出队
 * @param queue 指向队列的指针
 * @return 出队的元素值,如队空,返回 0
 */
DataType DlQueue(Queue * queue)
{
    if(GetQueueLength(queue) > 0)           //队不空
    {
        queue->front =(queue->front + 1) %queue->maxLength;
        return queue->queArray[queue->front];
    }
    else
    {
        return 0;                           //队是空的,返回 0
    }
}


/**
 * @brief 取队头元素
 * @param queue 指向队列的指针
 * @return 队头元素值,如队空,返回 0
 */
DataType GetQueueHead(Queue * queue)
{
    if(GetQueueLength(queue) > 0)           //队不空
    {
        int k =(queue->front + 1) %queue->maxLength;
        return queue->queArray[k];
    }
    else
    {
        return 0;                           //队是空的,返回 0
    }
}


//主函数
```

```
int main()
{
    const int QueueMax = 100;                    //队列最大容量
    //创建队列
    Queue *  queue = CreateQueue(QueueMax);
    if(queue == NULL)
        return 1;                                //创建失败,程序退出
    printf("连续输入不超过 10 个字符作为入栈字符: \n");
    char ch[10];
    scanf_s("%s", &ch, 10);
    //入队操作,所有字符依次进入队列
    for(int i = 0; i< strlen(ch); i++)
        EnQueue(queue, ch[i]);
    printf("字符出队列序列为: \n");
    //所有元素依次出队直到队空
    while(GetQueueLength(queue)>0)
        printf("出队: %c\n", DlQueue(queue));
    DestroyQueue(queue);
    return 0;
}
```

【运行结果】

```
连续输入不超过 10 个字符作为入队列字符:
abc123#$%
字符出队列序列为:
出队: a
出队: b
出队: c
出队: 1
出队: 2
出队: 3
出队: #
出队: $
出队: %
```

◇3.3.4 队列应用:整数排序

下面用两个顺序存储形式的队列对一组整数进行排序。假定有一组整数$\{a_1, a_2, a_3, \cdots\}$需要由小到大排序,基本算法思想如下。

第一步,先建立两个空队列Q_0、Q_1,让a_1进入队列Q_0。

第二步,比较a_2和Q_0的队头元素,若a_2较小,则a_2入队列Q_1,然后Q_0的元素出队并进入Q_1中;反之,则Q_0的元素出队并进入Q_1中,然后a_2入队列Q_1。这样就得到有序队列Q_1。

第三步,比较a_3和Q_1中的元素,将Q_1中比a_3小的元素出队列并依次放入Q_0,再将a_3放入Q_0,而后将Q_1中剩余元素依次出队列并进入Q_0中。这样就得到有序队列Q_0。

第四步,比较a_4和Q_0中的元素,将Q_0中比a_4小的元素出队列并依次放入Q_1,再将a_4放入Q_1,而后将Q_0中剩余元素依次出队列并放入Q_1中。这样就得到有序队列Q_1。

……

假定执行到某一步后，$a_1 \sim a_{i-1}$ 已经进入 Q_0 中，并且是由小到大有序的序列。这时，首先将 Q_0 中比 a_i 小的元素出队列并依次放入 Q_1，再将 a_i 放入 Q_1，而后将 Q_0 中剩余元素依次出队列并放入 Q_1 中。这样就得到有序的队列 Q_1。

再下一步，比较 a_{i+1} 和 Q_1 中的元素，将 Q_1 中比 a_{i+1} 小的元素出队列并依次放入 Q_0，再将 a_{i+1} 放入 Q_0，而后将 Q_1 中剩余元素依次出队列并进入 Q_0 中。这样就得到元素有序的 Q_0。

不断重复上述做法，最终实现原始数组的排序。

【例 3-8】 利用队列实现一组整数的排序。

本例基于例 3-7 的队列程序建立，仅写出与例 3-7 不同的部分，用粗体表示。

【程序实现】

```
#include <stdio.h>
#include<stdlib.h>
#include<string.h>

typedef int DataType;                //设置队列为整数型队列

…与例 3-7 相同部分省略……

//主函数
int main()
{
    const int QueueMax = 100;        //队列最大容量
    //创建队列
    Queue * queue[2];
    queue[0] = CreateQueue(QueueMax);
    if(queue[0] == NULL)
        return 1;                    //创建失败,程序退出
    queue[1] = CreateQueue(QueueMax);
    if(queue[1] == NULL)
        return 1;                    //创建失败,程序退出

    int t[10];
    printf("请输入 5 个待排序的整数: \n");
    for(int i = 0; i<5; i++)
        scanf_s("%d", &t[i]);
    int k = 0, j;                    //k,j均为队列编号,取值 0 或 1
    EnQueue(queue[k], t[0]);
    for(int i = 1; i<5; i++)
    {
        //设置 j 为不同于 k 的另一个队列编号
        if(k == 0)   j = 1;
        else j = 0;

        //小于 t[i]的 queue[k]中元素出队,再进入队列 queue[j]
        while(queue[k]->front != queue[k]->rear && t[i]>GetQueueHead(queue
[k]))
```

```
    {
        EnQueue(queue[j], DlQueue(queue[k]));
    }

    EnQueue(queue[j], t[i]);      //t[i]入队 queue[j]

    //其他大于 t[i] 的 queue[k] 中元素出队,再进入队列 queue[j]
    while(queue[k]->front != queue[k]->rear)
    {
        EnQueue(queue[j], DlQueue(queue[k]));
    }
    k = j;                        //设置 k 为下一次做出队操作的队列
}
printf("排序的结果为: ");
while(queue[k]->front != queue[k]->rear)
{
    printf("%d ", DlQueue(queue[j]));
}
printf("\n");
return 0;
}
```

【运行结果】

```
请输入 5 个待排序的整数:
8 2 3 9 1
排序的结果为: 1 2 3 8 9
```

本程序轮换处理 $Q[0]$ 和 $Q[1]$ 的出队、入队操作,一个执行出队列,同时另一个执行入队操作。程序中使用 j(=0 或 1)表示正在进行入队操作的队列,使用 k(=0 或 1)表示正在进行出队操作的队列。在 $Q[0]$ 和 $Q[1]$ 之间转换时,变量 j 和 k 转换的关键语句是:

```
if(k == 0)  j = 1;
else j = 0;
```

本例中的排序算法的效率与冒泡排序、插入排序等简单排序法相仿。

◇3.3.5　优先队列的概念及实现

普通的队列是一种先进先出的数据结构,元素在队列尾追加,而从队列头删除。在优先队列中,元素被赋予优先级。当元素入队列时,优先队列与普通队列没有差别。但是,当元素出队列时,具有最高优先级的元素最先删除。优先队列具有最高级先出的行为特征。

优先队列又分为最小优先队列和最大优先队列。在最小优先队列中,出队列时先搜索优先权最小的元素,然后将其交换到队头并删除该元素;在最大优先队列中,出队列时先搜索优先权最大的元素,然后将其交换到队头并删除该元素。

优先队列在现实中有不少应用,比如在计算机操作系统的进程管理中,可能有很多进程在就绪队列中排队等待 CPU 的调用,这时操作系统首先根据各个进程优先级的高低从队列中选择出队元素的。例如,这些进程优先级的标识是整数 0~5,数字越小优先级越高,那么一个执行时间很长的数值计算进程优先级可能为较低的 4,因为这时人们一般并不需要快速反馈;而另一个文字处理进程优先级可能为 2,因为人们打字时希望计算机给予较快的反馈。这时即使文字处理进程比计算进程后进入队列,也将优先出队列,即优先获取执行权。当然,在进程管理中进程的优先级也是会动态调整的,如上面提到的计算进程,如果在队列中滞留超过一定的时间,则进程优先级会被提高,以便其有机会获得 CPU 的使用权。当然,优先级的调整和优先队列没有关系。

【例 3-9】 模拟利用优先队列管理进程的过程。

这里用结构体表示进程类型,内容包括进程编号和进程优先级(整数 0~5)。在程序中随机生成一些进程结点,输出结点入队的序列和出队的序列。

```c
#include <stdio.h>
#include<stdlib.h>
#include <time.h>                        //时间头文件

//进程结构
typedef struct DataType
{
    int ID;                              //进程编号
    int w;                               //进程优先级
};

//定义队列结构
typedef struct QUEUE
{
    DataType * queArray;
    int front;                           //队头
    int rear;                            //队尾
    int maxLength;                       //队的最大容量
}Queue;

//声明队列的方法
Queue * CreateQueue(int length);         //创建一个队列
void DestroyQueue(Queue *  queue);       //销毁队列
void ClearQueue(Queue * queue);          //清空队列
int GetQueueLength(Queue * queue);       //得到队列的长度
void EnQueue(Queue * queue, DataType data);  //入队
DataType DlPQueue(Queue * queue);        //优先出队
//DataType DlQueue(Queue * queue);       //出队

/**
 * @brief 创建一个队列
 * @param length 队列的容量
 * @return 指向队列的指针,失败则返回 NULL
 * /
Queue * CreateQueue(int length)
{
```

```
        Queue * queue = (Queue * ) malloc(sizeof(Queue));
        if(queue)                //不为空
        {
            //申请内存
            queue->queArray = (DataType * ) malloc(length * sizeof(DataType));
            //失败则返回 NULL
            if(queue->queArray == NULL)
                return NULL;
            //清空队列
            queue->front = 0;
            queue->rear = 0;
            //记录最大容量
            queue->maxLength = length;
        }
        return queue;
}
/**
 * @brief 销毁队列
 * @param queue 指向队列的指针
 */
void DestroyQueue(Queue *   queue)
{
    free(queue->queArray);
    free(queue);
}
/**
 * @brief 清空队列
 * @param queue 指向队列的指针
 */
void ClearQueue(Queue * queue)
{
    queue->front = 0;
    queue->rear = 0;
}
/**
 * @brief 得到队列的长度
 * @param queue 指向队列的指针
 * @return 队列中的元素个数
 */
int GetQueueLength(Queue * queue)
{
    return queue->rear >= queue->front ?
        queue->rear - queue->front :
        queue->rear - queue->front + queue->maxLength;
}
/**
 * @brief 入队
 * @param queue 指向队列的指针
 * @param data 要入队的元素
 */
```

```c
void EnQueue(Queue * queue, DataType data)
{
    if((queue->rear + 1) %queue->maxLength == queue->front)
    {
        printf("队列已满,无法完成入队操作");
    }
    else
    {
        //队尾向后移动 1 位
        queue->rear = (queue->rear + 1) %queue->maxLength;
        //入队
        queue->queArray[queue->rear] = data;
    }
}
//优先出队函数
DataType DlPQueue(Queue * queue)
{
    //找到队中权值最小的一个结点
    int front = (queue->front + 1) %queue->maxLength;    //从头开始找
    int minWight = queue->queArray[front].w;
    int minIndex = front;                                //最小的权值所在的索引
    front = (front + 1) %queue->maxLength;

    while(front != (queue->rear + 1) %queue->maxLength)
    {
        if(queue->queArray[front].w < minWight)
        {
            minWight = queue->queArray[front].w;
            minIndex = front;
        }
        front = (front + 1) %queue->maxLength;
    }
    //交换到队头
    front = (queue->front + 1) %queue->maxLength;
    DataType temp = queue->queArray[minIndex];
    queue->queArray[minIndex] = queue->queArray[front];
    queue->queArray[front] = temp;
    //出队
    queue->front = (queue->front + 1) %queue->maxLength;
    return queue->queArray[queue->front];
}

//主函数
int main()
{
    const int QueueMax = 100;                //队列最大容量
    //创建队列
    Queue * queue = CreateQueue(QueueMax);
    if(queue == NULL)
        return 1;                            //创建失败,程序退出
```

```
    //以下两句使随机数生成更加合理
    time_t t;
    srand((unsigned)time(&t));              //以当前时间作为随机数种子

    DataType d;
    printf("随机生成 6 个进程结点并且入队：\n");
    for(int i = 0; i < 6; i++)
    {
        d.ID = rand() %1000 + 1000;         //进程编号
        d.w = rand() %5;                    //优先级为 0~5
        EnQueue(queue, d);
        printf("%d      %d\n", d.ID, d.w);
    }

    printf("进程出队的顺序为：\n");
    while(queue->front != queue->rear)
    {
        d = DlPQueue(queue);
        printf("%d      %d\n", d.ID, d.w);
    }
    printf("\n");
    return 0;
}
```

【运行结果】

```
随机生成 6 个进程结点并且入队：
1367     2
1192     1
1534     0
1612     4
1696     3
1572     3
进程出队的顺序为：
1534     0
1192     1
1367     2
1696     3
1572     3
1612     4
```

习   题

1. 写出例 3-2 的完整程序，并在主函数中验证其正确性。

2. 修改例 3-2 顺序表应用的例子，增加按学号排序的函数，并在主函数中验证其正确性。

3. 写出例 3-4 的完整程序，并在主函数中验证其正确性。

4. 实现一个单链表,其元素是复数(实部、虚部都是 double 类型),要求至少实现插入、删除、查找复数的算法并可以显示链表中全部元素。

5. 写出例 3-6 的完整程序,并在主函数中验证其正确性。

6. 修改例 3-6 的程序,使之可以处理实数的四则运算表达式。四则运算表达式为后缀式,输入形式为实数和加减乘除的组合,实数与实数、实数与符号以及符号之间均空一格,表达式最后以"#"表示结束。例如,后缀式"2.5 1.5 +6.3 3.3 − ＊ #"表示四则运算表达式 (2.5+1.5)＊(6.3−3.3)。

【提示】 每个部分都作为字符串读入,若是数字型字符串,则先将其转换为实数(使用 atof()函数)后入栈;若是符号则数字出栈做运算后再入栈。最后读到"#"则结束。

7. 使用栈判别一个用户输入的四则运算表达式括号匹配是否正确。例如,输入(78−(2.3−1))＊{5/2}+[90−2.1],则输出"括号匹配正确";输入(22−1))＊3,则输出"括号匹配错误"。括号可以是()或[ ]或{ }。注意,不判断表达式合理性,只判断括号数量以及类型是否匹配。

8. 写出例 3-8 的完整程序,并在主函数中验证其正确性。

9. 实现以字符串为元素(字符串长度不超过 50)的优先队列,元素优先级是字符串长度。在主函数中输入一些字符串元素,然后输出出队元素顺序。

第4章

哈夫曼编码和图的最短路径

在数据通信中,需要将传送的文字转换成二进制的字符串,用 0,1 的不同排列来表示字符。例如,需传送的报文为"AFTER DATA EAR ARE ART AREA",这里用到的字符集为"A,E,R,T,F,D",各字母出现的次数为{8,4,5,3,1,1}。现要求为这些字母设计编码。要区别 6 个字母,最简单的二进制编码方式是等长编码,固定采用 3 位二进制,可分别用 000、001、010、011、100、101 对"A,E,R,T,F,D"进行编码发送,当对方接收报文时再按照 3 位一分进行译码。显然编码的长度取决于报文中不同字符的个数。若报文中可能出现 26 个不同字符,则固定编码长度为 5。然而,传送报文时总是希望总长度尽可能短。在实际应用中,各个字符的出现频度或使用次数是不相同的,如 A、B、C 的使用频率远远高于 X、Y、Z,自然会想到设计编码时,让使用频率高的用短码,使用频率低的用长码,以优化整个报文编码。本章通过对树的讲解,最终通过构造哈夫曼树,构造哈夫曼编码来解决该问题。

在通过哈夫曼树对二叉树的应用有了一定的了解之后,本章的第二部分讲述了图的基本问题,包括图的存储、图的搜索,最后示例了如何求图的最短路径问题作为图的应用的一个例子。其最直接的应用便是在一幅地图中,如何求出两个城市之间的最短路径。

4.1　树和二叉树

◇4.1.1　树

树是一种递归定义的数据结构。树(Tree)是树结构的简称,它是一种重要的非线性数据结构。树或者是一个空树,即不含有任何的结点(元素),或者是一个非空树,即至少含有一个结点。我们可以形式地给出树的递归定义如下。

(1) 单个结点是一棵树,树根就是该结点本身。

(2) 设 $T_1,T_2,\cdots,T_k$ 是树,它们的根结点分别为 $n_1,n_2,\cdots,n_k$。用一个新结点 n 作为 $n_1,n_2,\cdots,n_k$ 的父亲,则得到一棵新树,结点 n 就是新树的根。我们称 $n_1,n_2,\cdots,n_k$ 为一组兄弟结点,它们都是结点 n 的子结点。我们还称 $T_1,T_2,\cdots,T_k$ 为结点 n 的子树。

(3) 空集合也是树,称为空树。空树中没有结点。

图 4-1 示例了一棵树。

在这棵树中,树 T_1,T_2,T_3,T_4,T_5 的根结点分别是 C,L,W,Y,Z。以下是树的一些基本概念。

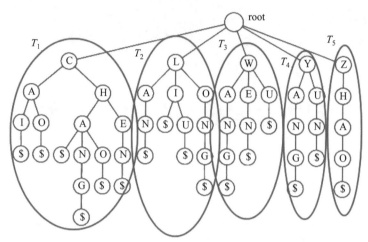

图 4-1 树的例子

- 根：在一棵非空树中，它有且仅有一个根结点。
- 子树：在一棵非空树中，除根外其余所有结点分属于 m 个($m \geqslant 0$)不相交的集合。每个集合又构成一棵树，称为根结点的子树。
- 结点(node)：表示树中的元素，包括数据项及若干指向其子树的分支。
- 结点的度(degree)：树中的一个结点拥有的子树数称为该结点的度。
- 叶子(leaf)：度为 0 的结点。
- 孩子(child)：结点子树的根称为该结点的孩子。
- 双亲(parents)：孩子结点的上层结点。
- 兄弟(sibling)：同一双亲的孩子。
- 树的度：一棵树中最大的结点度数。
- 结点的层次(level)：从根结点算起，根为第 0 层，它的孩子为第 1 层……
- 深度(depth)：树中结点的最大层次数。
- 有序树：子树的位置自左向右有次序关系的称为有序树，顺序决定了大小，孩子的次序不能改变。
- 无序树：子树的位置自左向右无次序关系的称为无序树。
- 森林(forest)：是 $m(m \geqslant 0)$ 棵互不相交的树的集合。树和森林的概念相近。删去一棵树的根，就得到一个森林；反之，加上一个结点作树根，森林就变为一棵树。
- 路径：若树中存在一个结点序列 $k_1, k_2, \cdots, k_j$，使得 k_i 是 k_i+1 的双亲($1 \leqslant i < j$)，则称该结点序列是从 k_1 到 k_j 的一条路径(path)或道路。
- 路径的长度：指路径所经过的边（即连接两个结点的线段）的数目，等于 $j-1$。
- 祖先：若树中结点 k 到 k_s 存在一条路径，则称 k 是 k_s 的祖先(ancestor)，k_s 是 k 的子孙(descendant)。结点 k 的祖先和子孙不包含结点 k 本身。
- 结点的层数(level)：从根起算，根的层数为 0，其余结点的层数等于其双亲结点的层数加 1。双亲在同一层的结点互为堂兄弟。树中结点的最大层数称为树的高度(height)或深度(depth)。

图 4-2 是以上一些概念的示例。

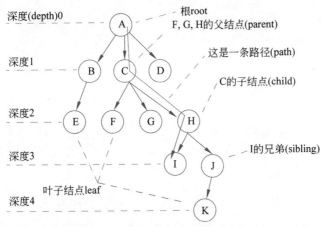

图 4-2 图的路径以及结点之间的关系

在图 4-2 中，E，F，I，K 都是叶子结点；F，G，H 是兄弟；A 是所有结点的祖先。

◇4.1.2 二叉树

二叉树是每个结点最多有两棵子树的树结构。通常子树被称作“左子树”和“右子树”。二叉树的每个结点至多只有两棵子树(不存在度大于 2 的结点)，二叉树的子树有左右之分，次序不能颠倒。二叉树的第 i 层至多有 2^{i-1} 个结点；深度为 k 的二叉树至多有 2^{k-1} 个结点。二叉树主要有以下 3 种类型。

(1) 完全二叉树——若设二叉树的高度为 h，除第 h 层外，其他各层（1~$h-1$）的结点数都达到最大个数，第 h 层有叶子结点，并且叶子结点都是从左到右依次排布，这就是完全二叉树，如图 4-3 所示。

(2) 满二叉树——除了叶结点外每一个结点都有左右叶子且叶子结点都处在最底层的二叉树，如图 4-4 所示。

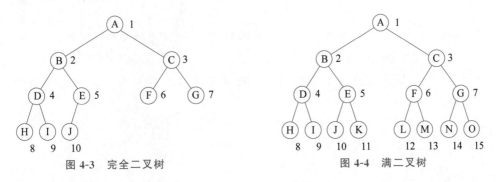

图 4-3 完全二叉树 　　　图 4-4 满二叉树

(3) 平衡二叉树——平衡二叉树又被称为 AVL 树（区别于 AVL 算法），它是一棵空树或它的左右两棵子树的高度差的绝对值不超过 1，并且左右两棵子树都是一棵平衡二叉树，如图 4-5 所示。

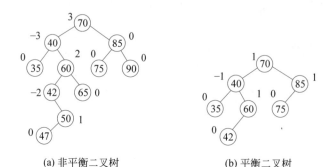

(a) 非平衡二叉树   (b) 平衡二叉树

图 4-5   平衡二叉树和非平衡二叉树,结点旁边的数字是层数之间的差值

4.2   二叉树的实现与分析

虽然可以使用顺序存储的方式来存储一棵二叉树,此时只需将二叉树的所有结点顺序排序进行存储即可。但是顺序存储对于二叉树的操作却是很不方便的。所以,一般而言,我们采用链式存储方式。整个二叉树的代码由一个头文件和一个对应的实现文件组成,在头文件中,定义了二叉树的结构和相应的操作。以下是头文件的代码和分析。

【例 4-1】   二叉树数据类型的头文件。

```
//防止头文件被重复包含
#ifndef BINARYTREE_H_297EBAD8_4604_470E_8A2E_3680CCCAEA39
#define BINARYTREE_H_297EBAD8_4604_470E_8A2E_3680CCCAEA39

//定义一棵二叉树的结点结构
typedef int Data;
struct BiTreeNode            //注意这是 C++的写法
{
    Data data;
    BiTreeNode * left;
    BiTreeNode * right;
};
/ *
在二叉树的结点定义中,data 为存储在结点中的数据,结构中包含两个指针,其中一个指向右结
点,另一个指向左结点; * /
```

本例中假设了默认的数据是整型,更通用的,可以将 data 定义为 void * data,也就是指向任意数据的一个指针。

```
//定义二叉树的结构
struct BiTree
{
    int size;
    BiTreeNode * root;
    void( * destroy) (Data data);
};
```

```
/*
在二叉树的结构定义中,size 表示该二叉树的总结点数;root 是指向该二叉树的根结点的指针;
destroy 是一个指向函数的指针,这个函数的作用是:如果二叉树中的数据 data 比较复杂,动态
申请了内存,在销毁一个结点时,由 destroy 来负责释放内存;这个函数是由用户在使用具体的数
据时提供的;
如果不需要释放内存,可以让 destroy=NULL
*/
//对于二叉树,声明如下的函数接口

//创建一棵空的二叉树,返回指向该空树的指针;如果失败,返回 NULL
//如果用户数据需要自行管理释放,则传递用户定义函数 destroy 的指针
//如果用户数据不需要动态释放,传递 NULL
BiTree * CreateBiTree(void( * destroy)(Data data));

//销毁一棵二叉树
//该函数移除二叉树的所有结点,并释放内存空间
void DestroyBiTree(BiTree * tree);

//在二叉树中插入一个结点,使其成为 node 所指结点的左子结点
//如果 node 已经有一个左子结点,该函数返回 false
//如果 node 为 NULL,则新结点作为根结点插入
//作为根结点插入时,树必须为空,否则返回 false
//插入的结点包含数据 data;data 中的内容由用户维护
//插入成功,返回 true
bool InsertBiTreeLeft(BiTree * tree, BiTreeNode * node, const Data data);

//在二叉树中插入一个结点,使其成为 node 所指结点的右子结点
//其余和 InsertBiTreeLeft 类似
bool InsertBiTreeRight(BiTree * tree, BiTreeNode * node, const Data data);

//移除 Tree 中 node 所指的左子结点为根的子树
//如果 node 为 NULL,则移除树中的所有结点
//如果创建树时,destroy 不为空
//则在移除结点时将调用 destroy 指向的函数释放结点数据占用的内存
void RemoveBiTreeLeft(BiTree * tree, BiTreeNode * node);

//移除 Tree 中 node 所指的右子结点为根的子树
//其余和 RemoveBiTreeLeft 类似
void RemoveBiTreeRight(BiTree * tree, BiTreeNode * node);

//合并两棵二叉树
//将 left 和 right 指定的二叉树合并为一棵二叉树
//合并完成后,left 将作为新树的左子树,right 将作为右子树
//参数 data 中的数据包含在新树的根结点中
//原有的两棵树 left 和 right 将不再可用
//合并成功后,返回指向新树的指针;如果失败,返回 NULL,left 和 right 指向的树不做改变
BiTree * MergeBiTree(BiTree * left, BiTree * right, const Data data);

//得到树中的结点数
```

```
int GetBiTreeSize(const BiTree * tree);

//得到树的根结点
BiTreeNode * GetBiTreeRoot(BiTree * tree);

//判断结点是否为空(某个分支的结束)
//是返回 true,否则 false
bool IsBiTreeEob(const BiTreeNode * node);

//判断结点是否为叶子结点
bool IsBiTreeLeaf(const BiTreeNode * node);

//得到存储在结点中的数据
Data GetNodeData(const BiTreeNode * node);

//得到指定结点的左子结点
BiTreeNode * GetBiTreeLeft(const BiTreeNode * node);

//得到指定结点的右子结点
BiTreeNode * GetBiTreeRight(const BiTreeNode * node);
#endif
```

【例 4-2】　以下是例 4-1 声明的函数的具体实现。

```
//在这里给出了在 BinaryTree.h 中声明函数的具体实现
#include "BinaryTree.h"
#include<iostream>
#include<new>
using namespace std;

//创建一棵空的二叉树
BiTree * CreateBiTree(void(*destroy)(Data data))
{
    //得到一棵新的二叉树,并判断是否为空
    //new 后面的 nothrow,用来在 new 分配失败时,返回指针 NULL
    //而不是抛出异常
    BiTree * tree = new(nothrow)BiTree;
    if(tree)
    {
        tree->destroy = destroy;
        tree->size = 0;
        //nullptr 是 C++11 版支持的新关键字,表示空指针
        //如果要和 C 兼容,可以继续使用 NULL
        tree->root = nullptr;
    }
    return tree;
}

//销毁一棵二叉树
void DestroyBiTree(BiTree * tree)
```

```
{
    //直接调用移除左子树的函数即可
    //传递 node 指针为 nullptr
    RemoveBiTreeLeft(tree, nullptr);
}

//在二叉树中插入一个结点,使其成为 node 所指结点的左子结点
//如果 node 为空指针,并且树也是空的,则插入的结点成为根结点
bool InsertBiTreeLeft(BiTree * tree, BiTreeNode * node, const Data data)
{
    BiTreeNode * newNode;                    //指向新结点的指针

    //生成新的结点
    newNode = new(nothrow)BiTreeNode;
    //新结点分配失败,则返回 false
    if(!newNode)
        return false;

    newNode->data = data;
    newNode->left = nullptr;
    newNode->right = nullptr;

    //寻找在哪里插入结点
    if(node == nullptr)                      //插入的结点是根结点
    {
        //只有在树为空的情况下才允许插入根结点
        if(tree->size > 0)
            return false;
        tree->root = newNode;
    }
    else
    {
        //只有在所给结点的左子树为空的情况下
        //才允许插入新的结点
        if(node->left != nullptr)
            return false;

        node->left = newNode;
    }
    //调整树的大小
    tree->size++;
    return true;
}

//在二叉树中插入一个结点,使其成为 node 所指结点的右子结点
bool InsertBiTreeRight(BiTree * tree, BiTreeNode * node, const Data data)
{
    BiTreeNode * newNode;                    //指向新结点的指针

    //生成新的结点
```

```
        newNode = new(nothrow)BiTreeNode;
        //新结点分配失败,则返回 false
        if(!newNode)
            return false;

        newNode->data = data;
        newNode->left = nullptr;
        newNode->right = nullptr;

        //寻找在哪里插入结点
        if(node == nullptr)              //插入的结点是根结点
        {
            //只有在树为空的情况下才允许插入根结点
            if(tree->size > 0)
                return false;
            tree->root = newNode;
        }
        else
        {
            //只有在所给结点的右子树为空的情况下
            //才允许插入新的结点
            if(node->right != nullptr)
                return false;

            node->right = newNode;
        }
        //调整树的大小
        tree->size++;
        return true;
}

//移除 Tree 中 node 所指的左子结点为根的子树
//如果 node 为 NULL,则移除树中的所有结点
//注意该函数是一个递归函数
void RemoveBiTreeLeft(BiTree * tree, BiTreeNode * node)
{
    BiTreeNode * position;
    //如果已经是空树,则不做操作
    if(tree->size == 0)
        return;

    //计算要移除的结点在哪里
    if(node == nullptr)              //根结点,移除整棵树
        position = tree->root;
    else
        position = node->left;

    //移除结点
    if(position != nullptr)     //不是最后一个结点
    {
```

```
        //递归调用,移除该结点下的左右子树
        RemoveBiTreeLeft(tree, position);
        RemoveBiTreeRight(tree, position);
        if(tree->destroy != nullptr)        //用户提供了数据销毁函数
        {
            //使用用户定义的函数释放数据
            tree->destroy(position->data);
        }
        delete position;
        position = nullptr;

        //调整树的大小
        tree->size--;
    }
    return;
}


//移除 Tree 中 node 所指的右子结点为根的子树
//如果 node 为 NULL,则移除树中的所有结点
//该函数为递归函数
void RemoveBiTreeRight(BiTree * tree, BiTreeNode * node)
{
    BiTreeNode * position;
    //如果已经是空树,则不做操作
    if(tree->size == 0)
        return;

    //计算要移除的结点在哪里
    if(node == nullptr)                     //根结点,移除整棵树
        position = tree->root;
    else
        position = node->right;

    //移除结点
    if(position != nullptr)                 //不是最后一个结点
    {
        //递归调用,移除该结点下的左右子树
        RemoveBiTreeLeft(tree, position);
        RemoveBiTreeRight(tree, position);
        if(tree->destroy != nullptr)        //用户提供了数据销毁函数
        {
            //使用用户定义的函数释放数据
            tree->destroy(position->data);
        }
        delete position;
        position = nullptr;

        //调整树的大小
        tree->size--;
    }
```

```
        return;
    }

    //合并两棵二叉树
    BiTree * MergeBiTree(BiTree * left, BiTree * right, const Data data)
    {
        //创建一棵新树为合并后的树
        BiTree * merge = CreateBiTree(left->destroy);

        //将数据作为新树的根结点数据插入
        //如果失败,返回空指针
        if(!InsertBiTreeLeft(merge, nullptr, data))
        {
            //销毁新树,合并失败
            DestroyBiTree(merge);
            return nullptr;
        }

        //合并两棵二叉树为一棵新树
        GetBiTreeRoot(merge)->left = GetBiTreeRoot(left);
        GetBiTreeRoot(merge)->right = GetBiTreeRoot(right);

        //计算新树的大小
        merge->size = merge->size + GetBiTreeSize(left)
            + GetBiTreeSize(right);

        //清理旧树
        left->root = nullptr;
        left->size = 0;
        right->root = nullptr;
        right->size = 0;

        return merge;
    }

    //得到树中的结点数
    int GetBiTreeSize(const BiTree * tree)
    {
        return tree->size;
    }

    //得到树的根结点
    BiTreeNode * GetBiTreeRoot(BiTree * tree)
    {
        return tree->root;
    }

    //判断结点是否为空(某个分支的结束)
    bool IsBiTreeEob(const BiTreeNode * node)
    {
```

```
        return node == nullptr;
    }

    //判断结点是否为叶子结点
    bool IsBiTreeLeaf(const BiTreeNode * node)
    {
        return node->left == nullptr && node->right == nullptr;
    }

    //得到存储在结点中的数据
    Data GetNodeData(const BiTreeNode * node)
    {
        return node->data;
    }

    //得到指定结点的左子结点
    BiTreeNode * GetBiTreeLeft(const BiTreeNode * node)
    {
        return node->left;
    }

    //得到指定结点的右子结点
    BiTreeNode * GetBiTreeRight(const BiTreeNode * node)
    {
        return node->right;
    }
```

4.3 二叉树的遍历

遍历(Traversal)是指沿着某条搜索路线,依次对树中每个结点做一次且仅做一次访问。访问结点所做的操作依赖于具体的应用问题。遍历是二叉树上最重要的运算之一,是二叉树上进行其他运算的基础。

◇4.3.1 二叉树的遍历方式

从二叉树的递归定义可知,一棵非空的二叉树由根结点及左、右子树这三个基本部分组成。因此,在任一给定结点上,可以按某种次序执行三个操作。

(1) 访问结点本身(N)。

(2) 遍历该结点的左子树(L)。

(3) 遍历该结点的右子树(R)。

以上三种操作有六种执行次序:NLR、LNR、LRN、NRL、RNL、RLN。前三种次序与后三种次序对称,故只讨论先左后右的前三种次序。根据访问结点操作发生位置可分为以下几种。

(1) NLR:前序遍历(Preorder Traversal,也称为先序遍历)。访问根结点的操作发生在遍历其左右子树之前。

（2）LNR：中序遍历（Inorder Traversal）。访问根结点的操作发生在遍历其左右子树中间。

（3）LRN：后序遍历（Postorder Traversal）。访问根结点的操作发生在遍历其左右子树之后。

由于被访问的结点必是某子树的根，所以 N（Node）、L（Left subtree）和 R（Right subtree）又可解释为根、根的左子树和根的右子树。NLR、LNR 和 LRN 分别又称为先根遍历、中根遍历和后根遍历。

除此之外，还有层次遍历，也就是从根结点开始，逐层向下遍历整棵二叉树。如图 4-6～图 4-9 所示是遍历的示意图。

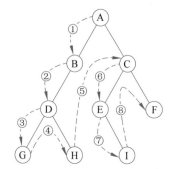

图 4-6　二叉树的前序（先根）遍历

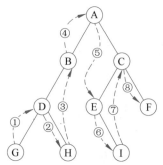

图 4-7　二叉树的中序（中根）遍历

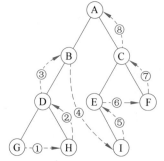

图 4-8　二叉树的后序（后根）遍历

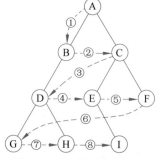

图 4-9　二叉树的层次遍历

◇4.3.2　遍历算法的实现

【例 4-3】 采用递归算法实现前序、中序和后序遍历。头文件 Traverse.h 如下。

```
#ifndef Traverse_h_90FBAE8E_320A_461F_8FB2_8EEC627162C7
#define Traverse_h_90FBAE8E_320A_461F_8FB2_8EEC627162C7
#include "BinaryTree.h"

typedef int Data;    //假设结点中存储的数据是整数


//前序、中序、后序遍历,遍历后的结果放在数组里
//遍历成功,返回 true,否则返回 false
```

```
bool PerOrder(const BiTreeNode * node, Data * list);
bool InOrder(const BiTreeNode * node, Data * list);
bool PostOrder(const BiTreeNode * node, Data * list);
#endif
```

遍历算法 Traverse.cpp 实现文件的内容如下。

```
#include <iostream>
#include "Traverse.h"
#include "List.h"
using namespace std;

//前序遍历二叉树
bool PerOrder(const BiTreeNode * node, ListType * list)
{
    //如果结点不为空,进行遍历
    if(!IsBiTreeEob(node))
    {
        //将结点的数据插入到线性表中
        if(InsertToList(list, list->length, * node) == -1)
        {
            //如果插入失败
            return false;
        }

        //如果左子树结点不空,递归遍历左子树
        if(!IsBiTreeEob(GetBiTreeLeft(node)))
        {
            if(!PerOrder(GetBiTreeLeft(node), list))
                return false;
        }

        //如果右子树结点不空,递归遍历右子树
        {
            if(!IsBiTreeEob(GetBiTreeRight(node)))
            {
                if(!PerOrder(GetBiTreeRight(node), list))
                    return false;
            }
        }
    }
    return true;
}

//中序遍历二叉树
bool InOrder(const BiTreeNode * node, ListType * list)
{
    //如果结点不为空,进行遍历
    if(!IsBiTreeEob(node))
    {
```

```
        //如果左子树结点不空,先递归遍历左子树
        if(!IsBiTreeEob(GetBiTreeLeft(node)))
        {
            if(!InOrder(GetBiTreeLeft(node), list))
                return false;
        }

        //将结点的数据插入线性表中
        if(InsertToList(list, list->length, * node) == -1)
        {
            //如果插入失败
            return false;
        }

        //如果右子树结点不空,递归遍历右子树
        {
            if(!IsBiTreeEob(GetBiTreeRight(node)))
            {
                if(!InOrder(GetBiTreeRight(node), list))
                    return false;
            }
        }
    }
    return true;
}

//后序遍历二叉树
bool PostOrder(const BiTreeNode * node, ListType * list)
{
    //如果结点不为空,进行遍历
    if(!IsBiTreeEob(node))
    {
        //如果左子树结点不为空,先递归遍历左子树
        if(!IsBiTreeEob(GetBiTreeLeft(node)))
        {
            if(!PostOrder(GetBiTreeLeft(node), list))
                return false;
        }

        //如果右子树结点不为空,递归遍历右子树
        {
            if(!IsBiTreeEob(GetBiTreeRight(node)))
            {
                if(!PostOrder(GetBiTreeRight(node), list))
                    return false;
            }
        }

        //将结点的数据插入线性表中
        if(InsertToList(list, list->length, * node) == -1)
```

```
        {
            //如果插入失败
            return false;
        }
    }
    return true;
}
```

遍历后的结果存储在一个线性表中。

4.4 二叉树的示例

【例 4-4】 在本例中，创建图 4-6 的二叉树，并且输出先根、中根和后根的遍历结果，代码如下。

```
#include<iostream>
#include "BinaryTree.h"
#include "List.h"
#include "Traverse.h"

using namespace std;

//主函数
int main()
{
    //创建一棵二叉树
    BiTree * tree = CreateBiTree(nullptr);
    //创建根结点
    InsertBiTreeLeft(tree, nullptr, 'A');
    BiTreeNode * node = tree->root;
    //依次创建其余结点
    InsertBiTreeLeft(tree, node, 'B');
    InsertBiTreeRight(tree, node, 'C');
    node = node->left;          //指向结点 B
    InsertBiTreeLeft(tree, node, 'D');
    node = node->left;          //指向 D
    InsertBiTreeLeft(tree, node, 'G');
    InsertBiTreeRight(tree, node, 'H');

    node = tree->root->right;   //指向 C
    InsertBiTreeLeft(tree, node, 'E');
    InsertBiTreeRight(tree, node, 'F');
    node = node->left;          //指向 E
    InsertBiTreeRight(tree, node, 'I');

    //初始化一个线性表
    ListType * list = CreateList(100);
    //先序遍历
    PerOrder(tree->root, list);
```

```
    PrintList(list);
    //中序遍历
    ClearList(list);
    InOrder(tree->root, list);
    PrintList(list);
    //后序遍历
    ClearList(list);
    PostOrder(tree->root, list);
    PrintList(list);
    return 0;
}
```

【运行结果】

```
A B D G H C E I F
G D H B A E I C F
G H D B I E F C A
```

上述程序用到了 List.h 和 List.cpp,下面直接给出代码,在本章中不讨论线性表。
List.h 的代码如下。

```
#ifndef List_h_20B53229_0B4F_4B25_8DA5_68C3E57B690E
#define List_h_20B53229_0B4F_4B25_8DA5_68C3E57B690E
#include "BinaryTree.h"
/* 本例设计一个元素类型为整数的线性表
 * 通用起见,此处将整数重定义为 DataType
 */
typedef BiTreeNode DataType;

//定义线性表的结构
struct ListType
{
    DataType * list;                        //指向线性表的指针
    int length;                             //表长
    int maxLength;                          //表容量
};

//声明线性表具有的方法
ListType * CreateList(int length);          //创建一个长度为 length 的线性表
void DestroyList(ListType * pList);         //销毁线性表
void ClearList(ListType * pList);           //置空线性表
bool IsEmptyList(ListType * pList);         //检测线性表是否为空
int GetListLength(ListType * pList);        //获取线性表长度
int GetPriorElement(ListType * pList, int n, DataType * data); //获取第 n 个元素的前驱
int GetNextElement(ListType * pList, int n, DataType * data);  //获取第 n 个元素的后继
int InsertToList(ListType * pList, int pos, DataType data);    //将 data 插入 pos 处
int DeleteFromList(ListType * pList, int pos);      //删除线性表上位置为 pos 的元素
void PrintList(ListType * pList);                   //输出线性表

#endif
```

List.cpp 的代码如下。

```cpp
#include "List.h"
#include<iostream>
#include <new>
using namespace std;

//线性表方法实现
/**
 * @brief 创建一个新的线性表
 * @param length 线性表的最大容量
 * @return 成功返回指向该表的指针,否则返回 NULL
 */
ListType * CreateList(int length)
{
    ListType * sqList = new(nothrow) ListType;
    if(sqList != nullptr)
    {
        //为线性表分配内存
        sqList->list = new(nothrow) DataType[length];
        //如果分配失败,返回 NULL
        if(sqList->list == nullptr)
            return nullptr;
        //置为空表
        sqList->length = 0;
        //最大长度
        sqList->maxLength = length;
    }
    return sqList;
}
/**
 * @brief 销毁线性表
 * @param pList 指向需要销毁的线性表的指针
 */
void DestroyList(ListType * pList)
{
    delete[] pList->list;
    delete pList;
}
/**
 * @brief 置空线性表
 * @param pList 指向需要置空线性表的指针
 */
void ClearList(ListType * pList)
{
    pList->length = 0;
}
/**
 * @brief 检测线性表是否为空
 * @param pList 指向线性表的指针
 * @return 如果线性表为空,返回 true;否则返回 false
 */
```

```
bool IsEmptyList(ListType * pList)
{
    return pList->length == 0;
}
/**
 * @brief 获取线性表长度
 * @param pList 指向线性表的指针
 * @return 线性表的长度
 */
int GetListLength(ListType * pList)
{
    return pList->length;
}


/**
 * @brief 获取第 n 个元素的前驱
 * @param pList 指向线性表的指针
 * @param n n 的前驱
 * @param data 获取成功,取得元素存放于 data 中
 * @return 找到则返回前驱的位置(n-1), 未找到,返回-1
 */
int GetPriorElement(ListType * pList, int n, DataType * data)
{
    if(n < 1 || n>pList->length - 1)
        return -1;
    * data = pList->list[n - 1];
    return n - 1;
}
/**
 * @brief 获取第 n 个元素的后继
 * @param pList 指向线性表的指针
 * @param n n 的后继
 * @param data 获取成功,取得元素存放于 data 中
 * @return 找到则返回后继的位置(n+1), 未找到,返回-1
 */
int GetNextElement(ListType * pList, int n, DataType * data)
{
    if(n<0 || n>pList->length - 2)
        return -1;
    * data = pList->list[n + 1];
    return n + 1;
}
/**
 * @brief 将 data 插入线性表的 pos 位置处
 * @param pList 指向线性表的指针
 * @param pos 插入的位置
 * @param data 要插入的元素存放于 data 中
 * @return 成功,返回新的表长(原表长+1),失败,返回-1
 */
int InsertToList(ListType * pList, int pos, DataType data)
```

```
{
    //如果插入的位置不正确或者线性表已满,则插入失败
    if(pos<0 || pos>pList->length || pList->length == pList->maxLength)
        return -1;
    //从 pos 起,所有的元素向后移动 1 位
    for(int n = pList->length; n > pos; --n)
    {
        pList->list[n] = pList->list[n - 1];
    }
    //插入新的元素
    pList->list[pos] = data;
    //表长增加 1
    return ++pList->length;
}
/**
 * @brief 将 pos 位置处的元素删除
 * @param pList 指向线性表的指针
 * @param pos 删除元素的位置
 * @return 成功,返回新的表长(原表长-1), 失败,返回-1
 * /
int DeleteFromList(ListType * pList, int pos)
{
    if(pos<0 || pos>pList->length)
        return -1;
    //将 pos 后的元素向前移动一位
    for(int n = pos; n < pList->length - 1; ++n)
        pList->list[n] = pList->list[n + 1];
    return --pList->length;
}
/**
 * @brief 输出线性表
 * @param pList 指向线性表的指针
 * /
void PrintList(ListType * pList)
{
    for(int n = 0; n < pList->length; ++n)
        cout <<(char)pList->list[n].data << " ";
    cout << endl;
}
```

4.5 哈夫曼树

◇4.5.1 哈夫曼树和哈夫曼编码

给定 n 个权值作为 n 的叶子结点,构造一棵二叉树,若带权路径长度达到最小,称这样的二叉树为最优二叉树,也称为哈夫曼树(Huffman Tree)。哈夫曼树是带权路径长度最短的树,权值较大的结点离根较近。

在一棵树中，从一个结点往下可以达到的孩子或孙子结点之间的通路，称为路径。通路中分支的数目称为路径长度。若将树中结点赋给一个有着某种含义的数值，则这个数值称为该结点的权。结点的带权路径长度为：从根结点到该结点之间的路径长度与该结点的权的乘积。树的带权路径长度规定为所有叶子结点的带权路径长度之和，记为 WPL。

哈夫曼编码是广泛地用于数据文件压缩的十分有效的编码方法。其压缩率通常为 20%～90%。哈夫曼编码算法用字符在文件中出现的频率表来建立一个用 0,1 串表示各字符的最优表示方式。一个包含 100 000 个字符的文件，各字符出现频率不同，如表 4-1 所示。

表 4-1   哈夫曼编码的例子

	a	b	c	d	e	f
频率（千次）	45	13	12	16	9	5
定长码	000	001	010	011	100	101
变长码	0	101	100	111	1101	1100

若采用定长编码表示，则需要 3 位表示一个字符，整个文件编码需要 300 000 位；若采用变长编码表示，给频率高的字符较短的编码，频率低的字符较长的编码，达到整体编码减少的目的，则整个文件编码需要 $(45 \times 1 + 13 \times 3 + 12 \times 3 + 16 \times 3 + 9 \times 4 + 5 \times 4) \times 1000 = 224\ 000$ 位，由此可见，变长码比定长码方案好，总码长减小约 25%。

对每一个字符规定一个 0,1 串作为其代码，并要求任一字符的代码都不是其他字符代码的前缀。这种编码称为前缀码。编码的前缀性质可以使译码方法非常简单；例如，001011101 可以唯一地分解为 0,0,101,1101，因而其译码为 aabe。

译码过程需要方便地取出编码的前缀，因此需要表示前缀码的合适的数据结构。为此，可以用二叉树作为前缀码的数据结构：树叶表示给定字符；从树根到树叶的路径当作该字符的前缀码；代码中每一位的 0 或 1 分别作为指示某结点到左儿子或右儿子的路径。

从图 4-10 可以看出，表示最优前缀码的二叉树总是一棵完全二叉树，即树中任意结点都有两个儿子。图 4-10(a) 表示定长编码方案不是最优的，其编码的二叉树不是一棵完全二叉树。在一般情况下，若 C 是编码字符集，表示其最优前缀码的二叉树中恰有 $|C|$ 个叶子。每个叶子对应于字符集中的一个字符，该二叉树有 $|C| - 1$ 个内部结点。给定编码字符集 C 及频率分布 f，即 C 中任一字符 c 以频率 $f(c)$ 在数据文件中出现。C 的一个前缀码编码方案对应于一棵二叉树 T。字符 c 在树 T 中的深度记为 $\mathrm{d}T(c)$。$\mathrm{d}T(c)$ 也是字符 c 的前缀码长。

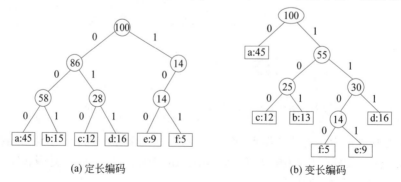

(a) 定长编码   (b) 变长编码

图 4-10   前缀码

◇4.5.2　构造哈夫曼编码

哈夫曼提出构造最优前缀码的贪心算法,由此产生的编码方案称为哈夫曼编码。其构造步骤如下。

(1) 哈夫曼算法以自底向上的方式构造表示最优前缀码的二叉树 T。

(2) 算法以 $|C|$ 个叶结点开始,执行 $|C|-1$ 次的"合并"运算后产生最终所要求的树 T。

(3) 假设编码字符集中每一字符 c 的频率是 $f(c)$。以 f 为键值的优先队列 Q 用在贪心选择时有效地确定算法当前要合并的两棵具有最小频率的树。一旦两棵具有最小频率的树合并后,产生一棵新的树,其频率为合并的两棵树的频率之和,并将新树插入优先队列 Q。经过 $n-1$ 次的合并后,优先队列中只剩下一棵树,即所要求的树 T。

构造过程如图 4-11 所示。

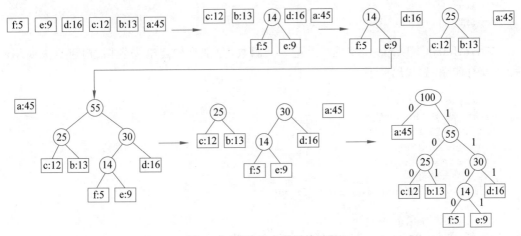

图 4-11　构造哈夫曼树的过程

◇4.5.3　哈夫曼编码实现

【例 4-5】 编码的函数声明。

HuffmanCode.h 如下。

```
#ifndef HuffmanCode_2B3990E1_497F_4069_8549_AABD336BC93E
#define HuffmanCode_2B3990E1_497F_4069_8549_AABD336BC93E

#include "BinaryTree.h"
#define UCHARMAX 127            //编码字符的最大 ASCII 码为 127

//哈夫曼表中的每一项的数据
//该表一共 UCHARMAX+1 行
struct HuffCode
{
    bool used;                 //该字符是否被编码
    unsigned short code;       //Huffman 码
```

```
        unsigned short size;              //码长
};

    //函数声明

    //freqs 存储字符出现的频率,如果没出现,频率为 0
    //所有频率值事先缩放为整数
    //如果构建成功,返回一棵二叉树
    BiTree BuildHuffmanTree(int * freqs);
    //顺序遍历二叉树的所有叶子结点,构建哈夫曼表
    void BuildTable(BiTreeNode * node, unsigned short code,
        unsigned short size, HuffCode * table);
    //打印哈夫曼表
    void PrintfHuffTable(HuffCode * table);

    #endif
```

在 HuffmanCode.cpp 中实现了上述 3 个函数,分别是构建哈夫曼树、构建哈夫曼编码表,以及打印编码,代码如下。

```
#include <iostream>
#include "PQueue.h"
#include "BinaryTree.h"
#include "HuffmanCode.h"
using namespace std;
//构建哈夫曼树
BiTree BuildHuffmanTree(int * freqs)
{
    //创建一个优先队列
    PQueue * pqueue = CreatePQueue(UCHARMAX + 1);

    //扫描整个频率数组
    for(int c = 0; c <= UCHARMAX; c++)
    {
        if(freqs[c] != 0)
        {
            //用频率和字符值构造二叉树
            BiTree * init = CreateBiTree(nullptr);
            HuffNode data;
            data.symbol = c;
            data.freq = freqs[c];
            InsertBiTreeLeft(init, nullptr, data);

            //将此二叉树放到队列中
            EnPQueue(pqueue, * init);
        }
    }

    //通过合并队列中的二叉树和构建哈夫曼树
    int size = GetPQueueLength(pqueue);
    for(int c = 1; c < size; c++)
    {
```

```
        //从队列中取出两个权值最小的树
        BiTree left = DlPQueue(pqueue);
        BiTree right = DlPQueue(pqueue);

        //合并后根结点的权值等于两个子树权值的和
        HuffNode data;
        data.freq = left.root->data.freq + right.root->data.freq;

        //合并
        BiTree * merge = MergeBiTree(&left, &right, data);
        //合并后的树插入队列中
        EnPQueue(pqueue, * merge);
    }

    //留在队列中的最后一棵树就是哈夫曼树
    BiTree tree=DlPQueue(pqueue);
    DestroyPQueue(pqueue);
    return tree;
}

//顺序遍历二叉树的所有叶子结点,构建哈夫曼表
void BuildTable(BiTreeNode * node, unsigned short code,
    unsigned short size, HuffCode * table)
{
    if(!IsBiTreeEob(node))
    {
        if(!IsBiTreeEob(GetBiTreeLeft(node)))
        {
            //移动到左子树上,并增加 1 位编码
            BuildTable(GetBiTreeLeft(node), code << 1, size + 1, table);
        }
        if(!IsBiTreeEob(GetBiTreeRight(node)))
        {
            //移动到右子树上,增加 1 位编码
            BuildTable(GetBiTreeRight(node),(code << 1) | 0x0001, size + 1, table);
        }

        if (IsBiTreeEob (GetBiTreeLeft (node)) && IsBiTreeEob (GetBiTreeRight
        (node)))
        {
            //叶子结点
            table[node->data.symbol].used = true;
            table[node->data.symbol].code = code;
            table[node->data.symbol].size = size;
        }
    }
}
//打印哈夫曼表
void PrintfHuffTable(HuffCode * table)
{
```

```
for(int i = 0; i < UCHARMAX; i++)
{
    if(table[i].used)
    {
        int s = table[i].size;
        unsigned int c = table[i].code;
        char code[17]="";
        for(int j = 0; j < s; j++)
        {
            int b = c & 0x0001;
            c = c / 2;
            code[s - j - 1] = '0' + b;
        }
        code[s] = 0;
        cout << "字符" << (char)i << "编码" << code <<endl;
    }
}
```

在上述代码中,使用到了优先队列。优先队列不在本章的讲述范围,简单起见,我们在线性循环队列上,对出队函数稍做改造。在出队前,查找权值最小的结点,和队头元素交换,然后出队。对于有大量数据的哈夫曼树,应该使用更加高效的优先队列。队列的代码如下。

PQUEUE.h 的代码如下:

```
#ifndef PQueue_0DE36D7F_46D5_4203_9F29_DCB00573A88A
#define PQueue_0DE36D7F_46D5_4203_9F29_DCB00573A88A

#include "BinaryTree.h"
typedef BiTree DataType;                  //二叉树队列
//定义队列结构
struct PQueue
{
    DataType * queArray;
    int front;                            //队头
    int rear;                             //队尾
    int maxLength;                        //队的最大容量
};

//声明队列的方法
PQueue * CreatePQueue(int length);        //创建一个队列
void DestroyPQueue(PQueue * PQueue);      //销毁队列
void ClearPQueue(PQueue * PQueue);        //清空队列
int GetPQueueLength(PQueue * PQueue);     //得到队列的长度
void EnPQueue(PQueue * PQueue, DataType data);  //入队
DataType DlPQueue(PQueue * PQueue);       //出队

#endif
```

PQUEUE.cpp 的代码如下：

```
#include <new>
#include <iostream>
#include "PQueue.h"
#include "BinaryTree.h"
using namespace std;
/**
 * @brief 创建一个队列
 * @param length 队列的容量
 * @return 指向队列的指针,失败返回 NULL
 */
PQueue * CreatePQueue(int length)
{
    PQueue * queue = new(nothrow) PQueue;
    if(queue)                          //不为空
    {
        //申请内存
        queue->queArray = new(nothrow)DataType[length];
        //失败则返回 NULL
        if(!queue->queArray)
            return nullptr;
        //清空队列
        queue->front = 0;
        queue->rear = 0;
        queue->maxLength = length;
    }
    return queue;
}
/**
 * @brief 销毁队列
 * @param queue 指向队列的指针
 */
void DestroyPQueue(PQueue *   queue)
{
    delete[] queue->queArray;
    delete queue;
}
/**
 * @brief 清空队列
 * @param queue 指向队列的指针
 */
void ClearPQueue(PQueue * queue)
{
    queue->front = 0;
    queue->rear = 0;
}
/**
 * @brief 得到队列的长度
 * @param queue 指向队列的指针
 * @return 队列中的元素个数
 */
```

```
int GetPQueueLength(PQueue * queue)
{
    return queue->rear >= queue->front ?
        queue->rear - queue->front :
        queue->rear - queue->front + queue->maxLength;
}
/**
 * @brief 入队
 * @param queue 指向队列的指针
 * @param data 要入队的元素
 */
void EnPQueue(PQueue * queue, DataType data)
{
    if((queue->rear + 1) %queue->maxLength == queue->front)
    {
        cout<<"队列已满,无法完成入队操作";
    }
    else
    {
        //队尾向后移动 1 位
        queue->rear =(queue->rear + 1) %queue->maxLength;
        //入队
        queue->queArray[queue->rear] = data;
    }
}
/**
 * @brief 出队
 * @param queue 指向队列的指针
 * @return 出队的元素值
 */
DataType DlPQueue(PQueue * queue)
{
    //找到队中权值最小的一个结点
    int front = (queue->front+1) %queue->maxLength;    //从头开始找
    int minWight = queue->queArray[front].root->data.freq;
    int minIndex = front;                               //最小的权值所在的索引
    front = (front + 1) %queue->maxLength;

    while(front !=(queue->rear+1) %queue->maxLength)
    {
        if(queue->queArray[front].root->data.freq < minWight)
        {
            minWight = queue->queArray[front].root->data.freq;
            minIndex = front;
        }
        front =(front + 1) %queue->maxLength;
    }
    //交换到队头
    front =(queue->front + 1) %queue->maxLength;
    BiTree temp = queue->queArray[minIndex];
```

```
    queue->queArray[minIndex] = queue->queArray[front];
    queue->queArray[front] = temp;
    //出队
    queue->front = (queue->front + 1) %queue->maxLength;
    return queue->queArray[queue->front];
}
```

测试主函数,输入表 4-1 中的数据。

```cpp
#include<iostream>
#include "HuffmanCode.h"
#include "BinaryTree.h"
using namespace std;

int main()
{
    int freqs[UCHARMAX + 1] = { 0 };
    int n;
    cout << "编码的字符个数" << endl;
    cin >> n;
    for(int i = 0; i <n; i++)
    {
        char c;
        cout << "编码的字符: ";
        cin >> c;
        cout << "频率: ";
        cin >> freqs[c];
    }
    BiTree tree=BuildHuffmanTree(freqs);
    HuffCode table[UCHARMAX + 1];
    for(int i = 0; i < UCHARMAX; i++)
    {
        table[i].used = false;
        table[i].code = 0;
        table[i].size = 0;
    }
    BuildTable(tree.root, 0x0000, 0, table);
    PrintfHuffTable(table);
}
```

【运行结果】

```
编码的字符个数
6
编码的字符: a
频率: 45
编码的字符: b
频率: 13
编码的字符: c
```

```
频率：12
编码的字符：d
频率：16
编码的字符：e
频率：9
编码的字符：f
频率：5
字符 a 编码 0
字符 b 编码 101
字符 c 编码 100
字符 d 编码 111
字符 e 编码 1101
字符 f 编码 1100
```

4.6　图和邻接表

图（graph）是由结点或称顶点（vertex）和连接结点的边（edge）所构成的图形。使用 $V(G)$ 表示图 G 中所有结点的集合，$E(G)$ 表示图 G 中所有边的集合，则图 G 可记为 $<V(G),E(G)>$ 或 $<V,E>$。有 n 个顶点和 m 条边的图记为 (n,m) 图或称为 n 阶图。

在图中，如果边不区分起点和终点，这样的边称为无向边。所有边都是无向边的图称为无向图。反之，若边区分起点和终点，则为有向边，所有边都是有向边的图称为有向图。

◇4.6.1　图的存储

虽然邻接矩阵存储图比较容易理解，但是，对于边数相对顶点较少的图，这种结构无疑是存在对存储空间的极大浪费。因此可以考虑另外一种存储结构方式，例如，把数组与链表结合一起来存储，这种方式称为邻接表（Adjacency List）。在邻接表中，图中顶点用一个一维数组存储，当然，顶点也可以用单链表来存储，不过数组可以较容易地读取顶点信息，更加方便。图中每个顶点 V_i 的所有邻接点构成一个线性表，由于邻接点的个数不确定，所以选择用单链表来存储。图 4-12 是一个无向图的示例。

下标（数组）	数据	头指针						
0	v_0		→	1	→	2	→	3 ∧
1	v_1		→	0	→	2 ∧		
2	v_2		→	0	→	1	→	3 ∧
3	v_3		→	0	→	2 ∧		

图 4-12　无向图的单链表存储

对于有向图，如图 4-13 所示。

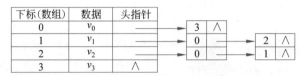

图 4-13 有向图的单链表存储

◇4.6.2 图的搜索

深度优先搜索法是树的先根遍历的推广,它的基本思想是:从图 G 的某个顶点 v_0 出发,访问 v_0,然后选择一个与 v_0 相邻且没被访问过的顶点 v_i 访问,再从 v_i 出发选择一个与 v_i 相邻且未被访问的顶点 v_j 进行访问,依次继续。如果当前被访问过的顶点的所有邻接顶点都已被访问,则退回到已被访问的顶点序列中最后一个拥有未被访问的相邻顶点的顶点 w,从 w 出发按同样的方法向前遍历,直到图中所有顶点都被访问。

图的广度优先搜索是树的按层次遍历的推广,它的基本思想是:首先访问初始点 v_i,并将其标记为已访问过,接着访问 v_i 的所有未被访问过的邻接点 $v_{i1},v_{i2},\cdots,v_{it}$,并均标记为已访问过,然后再按照 $v_{i1},v_{i2},\cdots,v_{it}$ 的次序,访问每一个顶点的所有未被访问过的邻接点,并均标记为已访问过,以此类推,直到图中所有和初始点 v_i 有路径相通的顶点都被访问过为止。

【例 4-6】 一个图的例子。在下面的例子中,将输入的图用邻接表存储,然后遍历图。代码如下。

Graph.h 的代码如下:

```
#ifndef GRAPH_9EE0289C_0AED_4A79_8CBF_15C4F7FAFD7F
#define GRAPH_9EE0289C_0AED_4A79_8CBF_15C4F7FAFD7F

//图的邻接表存储结构

#define MaxVertexNum 100
typedef char VertexType;
typedef int EdgeType;
struct EdgeNode                  //边表结点
{
    int adjvex;                  //邻接点域
    int weight;                  //边的权值,不是带权图则无须此项
    EdgeNode * next;             //域链,下一个邻接点
};
struct VertexNode                //顶点边结点
{
    VertexType vertex;           //顶点域
    EdgeNode * firstedge;        //边表头指针
};
```

```
typedef VertexNode AdjList[MaxVertexNum];        //AdjList 是邻接表类型
struct ALGraph
{
    AdjList adjlist;                             //邻接表
    int n, e;                                    //图中当前顶点数和边数
};      //对于简单的应用,无须定义此类型,可直接使用 AdjList 类型

//函数声明
//建立无向图的邻接表算法
void CreateGraphAL(ALGraph * G);
//深度优先遍历
void DFS(ALGraph * G, int i, bool * visited);
void DFSTraverseM(ALGraph * G);
//广度优先遍历
void BFS(ALGraph * G, int k);
void BFSTraverseM(ALGraph * G);
//打印邻接表
void PrintfGraphAL(ALGraph * G);
//删除邻接表
void DeleteGraphAL(ALGraph * G);
#endif
```

Graph.cpp 的代码:

```
#include <iostream>
#include "Graph.h"
#include "Queue.h"

using namespace std;

//建立无向图的邻接表算法
void CreateGraphAL(ALGraph * G)
{
    cout << "请输入顶点数和边数(输入格式为:顶点数边数): " << endl;
    cin>>G->n>>G->e;                             //读入顶点数和边数
    cout << "请输入顶点信息(输入格式为:顶点号<CR>)"<<
    "每个顶点以回车作为结束:" << endl;
    for(int i = 0; i < G->n; i++)                //有 n 个顶点的顶点表
    {
        cin>>G->adjlist[i].vertex;               //读入顶点信息
        G->adjlist[i].firstedge = nullptr;       //点的边表头指针设为空
    }
    cout<<"请输入边的信息(输入格式为:i j): "<<endl;
    for(int k = 0; k < G->e; k++)                //建立边表
    {
        int i, j;
        cin >> i >> j;                           //读入边<vi,vj>的顶点对应序号
        EdgeNode * s = new EdgeNode;             //生成新边表结点 s
        s->adjvex = j;                           //邻接点序号为 j
        s->next = G->adjlist[i].firstedge;       //将新边表结点 s 插顶点 vi 的边
                                                 //表头部
```

```
        G->adjlist[i].firstedge = s;
        s = new EdgeNode;
        s->adjvex = i;
        s->next = G->adjlist[j].firstedge;
        G->adjlist[j].firstedge = s;
    }
}
```

```
//深度优先遍历
void DFS(ALGraph * G, int i, bool * visited)
{
    //以 vi 为出发点对邻接表表示的图 G 进行深度优先搜索
    EdgeNode * p;
    //访问顶点 vi
    cout << "visit vertex:" << G->adjlist[i].vertex << endl;
    visited[i] = true;                  //标记 vi 已访问
    p = G->adjlist[i].firstedge;        //取 vi 边表的头指针
    while(p)
    {   //依次搜索 vi 的邻接点 vj,这里 j=p->adjvex
        if(!visited[p->adjvex])         //若 vi 尚未被访问
            DFS(G, p->adjvex, visited); //则以 vj 为出发点向纵深搜索
        p = p->next;                    //找 vi 的下一邻接点
    }
}
void DFSTraverseM(ALGraph * G)
{
    bool * visited = new bool[G->n];
    for(int i = 0; i < G->n; i++)
        visited[i] = false;
    for(int i = 0; i < G->n; i++)
        if(!visited[i])
            DFS(G, i, visited);
}
```

```
//广度优先遍历
void BFS(ALGraph * G, int k, bool * visited)
{   //以 vk 为源点对用邻接表表示的图 G 进行广度优先搜索
    //需要一个队列
    Queue * queue = CreateQueue(G->n + 1);
    EdgeNode * p;
    //访问源点 vk
    cout<<"visit vertex: "<<G->adjlist[k].vertex<<endl;
    visited[k] = true;
    EnQueue(queue, k);                  //vk 已访问,将其入队
    while(GetQueueLength(queue)>0)
    {
        //队非空则执行
        int i = DlQueue(queue);         //相当于 vi 出队
        p = G->adjlist[i].firstedge;    //取 vi 的边表头指针
        while(p)
```

```cpp
        {         //依次搜索 vi 的邻接点 vj(令 p->adjvex=j)
            if(!visited[p->adjvex])
            {      //若 vj 未访问过
                cout<<"visit vertex: "<<G->adjlist[p->adjvex].vertex<<endl;
                visited[p->adjvex] = true;
                EnQueue(queue, p->adjvex);        //访问过的 vj 入队
            }
            p = p->next;                          //找 vi 的下一邻接点
        }
    }
}
void BFSTraverseM(ALGraph * G)
{
    bool * visited = new bool[G->n];
    for(int i = 0; i < G->n; i++)
        visited[i] = false;
    for(int i = 0; i < G->n; i++)
    if(!visited[i])
        BFS(G, i, visited);
}

//打印邻接表
void PrintfGraphAL(ALGraph * G)
{
    for(int i = 0; i < G->n; i++)
    {
        cout<<"vertex: "<<G->adjlist[i].vertex;
        EdgeNode * p = G->adjlist[i].firstedge;
        while(p)
        {
            cout<<"→: "<<p->adjvex;
            p = p->next;
        }
        cout << endl;
    }
}
//删除邻接表
void DeleteGraphAL(ALGraph * G)
{
    for(int i = 0; i < G->n; i++)
    {
        EdgeNode * q;
        EdgeNode * p = G->adjlist[i].firstedge;
        while(p)
        {
            q = p;
            p = p->next;
            delete q;
        }
        G->adjlist[i].firstedge = nullptr;
    }
}
```

测试主函数:

```
#include <iostream>
#include "Graph.h"
using namespace std;

int main()
{
    ALGraph * g=new ALGraph;
    g->n = 0;
    g->e = 0;
    CreateGraphAL(g);
    cout<<"深度优先遍历: "<<endl;
    DFSTraverseM(g);
    cout << "广度优先遍历: " << endl;
    BFSTraverseM(g);
    cout << "邻接表: " << endl;
    PrintfGraphAL(g);
    DeleteGraphAL(g);
    return 0;
}
```

【运行结果】

```
请输入顶点数和边数(输入格式为:顶点数边数):
8 9
请输入顶点信息(输入格式为:顶点号<CR>)每个顶点以回车作为结束:
A
B
C
D
E
F
G
H
请输入边的信息(输入格式为:i j):
0 1
0 2
1 3
1 4
2 5
2 6
3 7
4 7
5 6
深度优先遍历:
visit vertex:A
visit vertex:C
visit vertex:G
visit vertex:F
```

```
visit vertex:B
visit vertex:E
visit vertex:H
visit vertex:D
广度优先遍历:
visit vertex: A
visit vertex: C
visit vertex: B
visit vertex: G
visit vertex: F
visit vertex: E
visit vertex: D
visit vertex: H
邻接表:
vertex: A→: 2→: 1
vertex: B→: 4→: 3→: 0
vertex: C→: 6→: 5→: 0
vertex: D→: 7→: 1
vertex: E→: 7→: 1
vertex: F→: 6→: 2
vertex: G→: 5→: 2
vertex: H→: 4→: 3
```

4.7 图的最短路径

求最短路的算法是 E. W. Dijkstra 于 1959 年提出来的,这是至今公认的求最短路径的最好方法,称为 Dijkstra 算法。假定给定带权图 G,要求 G 中从 v_0 到 v 的最短路径,Dijkstra 算法的基本思想是:将图 G 中结点集合 V 分成两部分:一部分称为具有 P 标号的集合,另一部分称为具有 T 标号的集合。所谓结点 a 的 P 标号是指从 v_0 到 a 的最短路的路长,而结点 b 的 T 标号是指从 v_0 到 b 的某条路径的长度。Dijkstra 算法中首先将 v_0 取为 P 标号结点,其余的结点均为 T 标号结点,然后逐步地将具有 T 标号的结点改为 P 标号结点,当目的结点也被改为 P 标号时,则找到了从 v_0 到 v 的一条最短路径。

【例 4-7】 求图 4-14 的最短路径。

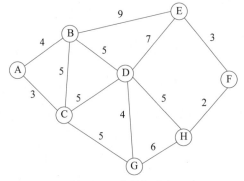

图 4-14 求最短路径

代码如下：

```cpp
#include<iostream>
#include "Graph.h"
#include "PQueue.h"
using namespace std;

#define INF 0xffffff                          //权值上限

void Dijkstra(ALGraph * g, int s, int * parent, node * d)    //Dijkstra算法,传入源顶点
{
    //用于判断顶点是否已经在最短路径树中,或者说是否已找到最短路径
    bool * visited = new bool[g->n + 1];
    //创建队列
    PQueue * pqueue = CreatePQueue(2 * g->n);
    for(int i = 1; i <= g->n; i++)            //初始化
    {
        d[i].nodeID = i;
        d[i].w = INF;                         //估算距离置 INF
        parent[i] = -1;                       //每个顶点都无父亲结点
        visited[i] = false;                   //都未找到最短路径
    }
    d[s].w = 0;                               //源点到源点最短路权值为 0
    EnPQueue(pqueue,d[s]);                    //压入队列中
    while(GetPQueueLength(pqueue)>0)          //算法的核心,队列空说明完成了操作
    {
        node cd = DlPQueue(pqueue);           //取最小估算距离顶点
        int u = cd.nodeID;
        if(visited[u])
            continue;
        visited[u] = true;
        EdgeNode * p = g->adjlist[u].firstedge;
        //距离更新
        while(p != nullptr)           //找所有与它相邻的顶点,更新估算距离,压入队列
        {
            int v = p->adjvex;
            if(!visited[v] && d[v].w > d[u].w + p->weight)
            {
                d[v].w = d[u].w + p->weight;
                parent[v] = u;
                EnPQueue(pqueue,d[v]);
            }
            p = p->next;
        }
    }
    delete[] visited;
    DestroyPQueue(pqueue);
}

int main()
{
```

```
ALGraph *  g = new ALGraph;
CreateGraphAL(g);
//每个顶点的父亲结点,可以用于还原最短路径树
int * parent = new int[g->n + 1];
//源点到每个顶点估算距离,最后结果为源点到所有顶点的最短路径
node * d = new node[g->n + 1];
cout<<"请输入起点和终点: "<<endl;
int st, ed;
cin >> st >> ed;
Dijkstra(g, st, parent, d);
  if(d[ed].w != INF)
        cout<<"最短路径权值为: "<<d[ed].w<<endl;
  else
        cout<<"不存在从顶点"<<st<<"到顶点"<<ed<<"的最短路径。"<<endl;
delete[] parent;
DeleteGraphAL(g);
return 0;
}
```

无向图的建立,使用了例 4-6 的代码 CreateGraphAL,略有不同,代码如下。

```
void CreateGraphAL(ALGraph * G)
{
    cout << "请输入顶点数和边数(输入格式为:顶点数边数): " << endl;
    cin>>G->n>>G->e;                        //读入顶点数和边数
    cout << "请输入顶点信息(输入格式为:顶点号<CR>)"<<
    "每个顶点以回车作为结束:" << endl;
    for(int i = 0; i < G->n; i++)            //有 n 个顶点的顶点表
    {
        cin>>G->adjlist[i].vertex;          //读入顶点信息
        G->adjlist[i].firstedge = nullptr;//点的边表头指针设为空
    }
    cout<<"请输入边的信息(输入格式为:i j): "<<endl;
    for(int k = 0; k < G->e; k++)            //建立边表
    {
        int i, j;
        cin >> i >> j;                       //读入边<vi,vj>的顶点对应序号
        EdgeNode * s = new EdgeNode;         //生成新边表结点 s
        s->adjvex = j;                       //邻接点序号为 j
        s->next = G->adjlist[i].firstedge;   //将新边表结点 s 插入到顶点 vi 的边表头部
        G->adjlist[i].firstedge = s;
        s = new EdgeNode;
        s->adjvex = i;
        s->next = G->adjlist[j].firstedge;
        G->adjlist[j].firstedge = s;
    }
}
```

优先队列,使用了例 4-5 的队列,出队函数和 DataType 的类型有所区别,这两部分的代码如下。

```
struct node
{
    int nodeID;                              //结点的序号
    int w;                                   //源结点到该点的估算距离
};
typedef node DataType;

DataType DlPQueue(PQueue * queue)
{
    //找到队中权值最小的一个结点
    int front = (queue->front+1)%queue->maxLength;   //从头开始找
    int minWight = queue->queArray[front].w;
    int minIndex = front;                    //最小的权值所在的索引
    front = (front + 1) %queue->maxLength;

    while(front !=(queue->rear+1)%queue->maxLength)
    {
        if(queue->queArray[front].w < minWight)
        {
            minWight = queue->queArray[front].w;
            minIndex = front;
        }
        front = (front + 1) %queue->maxLength;
    }
    //交换到队头
    front = (queue->front + 1) %queue->maxLength;
    DataType temp = queue->queArray[minIndex];
    queue->queArray[minIndex] = queue->queArray[front];
    queue->queArray[front] = temp;
    //出队
    queue->front = (queue->front + 1) %queue->maxLength;
    return queue->queArray[queue->front];
}
```

习　　题

1. 实现如图 4-15 所示二叉树的前序、中序、后序和层次遍历。

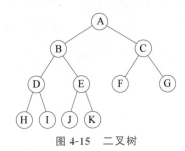

图 4-15　二叉树

2. 统计以下短文中不同字符出现的频次,给出每个字符的哈夫曼编码。

The City Mouse and the Country Mouse

Once there were two mice. They were friends. One mouse lived in the country; the other mouse lived in the city. After many years the Country mouse saw the City mouse; he said,"Do come and see me at my house in the country." So the City mouse went. The City mouse said,"This food is not good, and your house is not good. Why do you live in a hole in the field? You should come and live in the city. You would live in a nice house made of stone. You would have nice food to eat. You must come and see me at my house in the city."

The Country mouse went to the house of the City mouse. It was a very good house. Nice food was set ready for them to eat. But just as they began to eat they heard a great noise. The City mouse cried," Run! Run! The cat is coming!" They ran away quickly and hid.

After some time they came out. When they came out, the Country mouse said,"I do not like living in the city. I like living in my hole in the field. For it is nicer to be poor and happy, than to be rich and afraid."

第 5 章

马踏棋盘与道路规划

本章将使用贪心算法解决一些问题,如马踏棋盘和道路规划的问题。马踏棋盘问题(又称骑士周游或骑士漫游问题)是算法设计的经典问题之一。国际象棋的棋盘为 8×8 的方格棋盘,现将"马"放在任意指定的方格中,按照"马"走棋的规则将"马"进行移动。要求每个方格只能进入一次,最终使得"马"走遍棋盘 64 个方格。程序输出一个 8×8 的矩阵,并用数字 1~64 来标注马的移动。

道路规划问题是指有一张城市地图,图中的顶点为城市,无向边代表两个城市间的连通关系,边上的权为在这两个城市之间修建高速公路的造价,研究后发现,这个地图有一个特点,即任一对城市都是连通的。现在的问题是,要修建若干高速公路把所有城市联系起来,问如何设计可使得工程的总造价最少?

5.1 贪心算法

什么是贪心算法?我们以世界各地成千上万的收银员所要面对的找零问题作为本章的开始:用当地面额为 $d_1 > d_2 > \cdots > d_m$ 的最少数量的硬币找出金额为 n 的零钱。例如,在美国广泛使用的硬币的面额是:$d_1 = 25$(二角五分硬币)、$d_2 = 10$(一角硬币)、$d_3 = 5$(五分硬币)和 $d_4 = 1$(一分硬币),我们如何用这些种面额的硬币给出 48 美分的找零? 如果我们给出的答案是 1 个二角五分硬币、2 个一角硬币和 3 个一分硬币,就遵循了一种从当前几种可能的选择中确定一个最佳选择序列的逻辑策略。

的确,在第一步中,可以给出 4 种面额中的任意一个硬币。贪心的想法导致我们给出 1 个二角五分硬币,因为它把剩余金额降到最低,也就是 23 美分。在第二步中,还有同样面额的硬币,但不能再给出 1 个二角五分硬币,因为超出了需要的金额总数,所以在这步中的最佳选择是 1 个一角硬币,把余额降到了 13 美分。再给出 1 个一角硬币,还差 3 美分就用 3 个一分硬币给掉。

对于找零问题的这个实例,这个解是不是最优的呢?它的确是最优的。实际上,可以证明,就这些硬币的面额来说,对于所有的正整数金额,贪心算法都会输出一个最优解。与此同时,也可以给出一个"怪异"的硬币面额的例子,例如,$d_1 = 7, d_2 = 5, d_3 = 1$,这样的面额对于某些金额来说,贪心算法无法给出一个最优解。

本章开头段落中对找零问题应用的方法称为贪心算法。尽管实际上这个方法只能用于最优问题,但计算机科学家把它当作一种通用的设计技术。贪心算法通过一系列步骤来构造问题的解,每一步对目前构造的部分解做一个扩展,直到获得问题的完整解为止。这个技术的核心是所做的每一步选择都须满足以下条件。

- 可行的:即它必须满足问题的约束。
- 局部最优:它是当前步中所有可行选择中最佳的局部选择。
- 不可取消:即选择一旦做出,在算法的后面步骤就无法改变了。

这些要求对这种技术的名称做出了解释:在每一步中,它要求"贪心"地选择最佳操作,并希望通过一系列局部的最优选择,能够产生一个整个问题的(全局的)最优解。从算法的角度来看,这个问题应该是贪心算法是否是有效的。就像我们将会看到的,的确存在某类型问题,一系列局部的最优选择对于它们的每一个实例都能够产生一个最优解。然而,还有一些问题并不是这种情况。对于这样的问题,如果我们关心的是,或者说我们能够满足于一个近似解,贪心算法仍然是有价值的。

作为一种规则,贪心算法看上去既诱人又简单。尽管看上去该算法并不复杂,但在这种技术背后有着相当复杂的理论,它是基于一种称为"拟阵"的抽象组合结构。有兴趣的读者可以查看相关的资料。我们先用贪心算法解决一个简单的问题作为热身。

5.2　活动安排问题

【例 5-1】 设有 n 个活动的集合 $E=\{1,2,\cdots,n\}$,其中每个活动都要求使用同一资源,如演讲会场等,而在同一时间内只有一个活动能使用这一资源。每个活动 i 都有一个要求使用该资源的起始时间 s_i 和一个结束时间 f_i,且 $s_i<f_i$。如果选择了活动 i,则它在半开时间区间 $[s_i,f_i)$ 内占用资源。若区间 $[s_i,f_i)$ 与区间 $[s_j,f_j)$ 不相交,则称活动 i 与活动 j 是相容的。也就是说,当 $s_i\geqslant f_j$ 或 $s_j\geqslant f_i$ 时,活动 i 与活动 j 相容。活动安排问题就是要在所给的活动集合中选出最大的相容活动子集合。

求解思路:将活动按照结束时间进行从小到大排序。然后用 i 代表第 i 个活动,$s[i]$ 代表第 i 个活动开始时间,$f[i]$ 代表第 i 个活动的结束时间。按照从小到大排序,挑选出结束时间尽量早的活动,并且满足后一个活动的起始时间晚于前一个活动的结束时间,全部找出这些活动就是最大的相容活动子集合。事实上,系统一次检查活动 i 是否与当前已选择的所有活动相容。若相容,活动 i 加入已选择活动的集合中;否则,不选择活动 i,而继续计算下一活动与集合 A 中活动的相容性。若活动 i 与之相容,则 i 成为最近加入集合 A 的活动,并取代活动 j 的位置。

下面给出求解活动安排问题的贪心算法,各活动的起始时间和结束时间存储于数组 startTime 和 endTime 中,且按结束时间的非减序排列。具体代码如下。

```cpp
#include <iostream>
using namespace std;

void GreedyChoose(int len, int * startTime, int * endTime, bool * mark);

int main()
{
    //每个活动开始的时间
```

```
    int startTime[11] = { 1, 3, 0, 5, 3, 5, 6, 8, 8, 2, 12 };
    //每个活动结束的时间,并假设结束时间已经排序
    //如果没有,应该在算法开始时按升序排序
    int endTime[11] = { 4, 5, 6, 7, 8, 9, 10, 11, 12, 13, 14 };
    //选择标志,如果选择某个活动,则数组 mark 对应的位置为 true;否则为 false
    bool mark[11] = { false};

    //求解问题
    GreedyChoose(11, startTime, endTime, mark);

    //输出结果
    cout << "NO.\t" << "sTime\t" << "eTime\t" << endl;
    for(int i = 0; i < 11; i++)
    {
        if(mark[i])
            cout << i+1 << "\t" << startTime[i] << "\t" << endTime[i] << endl;
    }
    return 0;
}

void GreedyChoose(int len, int * startTime, int * endTime, bool * mark)
{
    //第一个活动是一定可以安排的
    mark[0] = true;

    int j = 0;
    for(int i = 1; i < len; ++i)
    {
        //从第二个活动开始,寻找开始时间大于前一个结束时间的
        if(startTime[i] >= endTime[j])
        {
            mark[i] = true;          //此活动可以安排
            j = i;                   //记住最后一个安排的活动
        }
    }
}
```

测试数据如表 5-1 所示。

表 5-1　测试数据

活动序号	1	2	3	4	5	6	7	8	9	10	11
开始时间	1	3	0	5	3	5	6	8	8	2	12
结束时间	4	5	6	7	8	9	10	11	12	13	14

【运行结果】

```
NO.     sTime   eTime
1       1       4
4       5       7
8       8       11
11      12      14
```

由于输入的活动以其完成时间的非减序排列,所以贪心算法每次总是选择具有最早完成时间的相容活动加入集合中。直观上,按这种方法选择相容活动为未安排活动留下尽可能多的时间。也就是说,该算法的贪心选择的意义是使剩余的可安排时间段极大化,以便安排尽可能多的相容活动。

若被检查的活动 i 的开始时间 S_i 小于最近选择的活动 j 的结束时间 f_i,则不选择活动 i,否则选择活动 i 加入集合中。贪心算法并不总能求得问题的整体最优解。但对于活动安排问题,贪心算法却总能求得整体最优解,即它最终所确定的相容活动集合的规模最大。这个结论可以用数学归纳法证明。

证明如下:设 $E=\{0,1,2,\cdots,n-1\}$ 为所给的活动集合。由于 E 中活动安排按结束时间的非减序排列,所以活动 0 具有最早完成时间。首先证明活动安排问题有一个最优解以贪心选择开始,即该最优解中包含活动 0。设 a 是所给的活动安排问题的一个最优解,且 a 中活动也按结束时间非减序排列,a 中的第一个活动是活动 k。如 $k=0$,则 a 就是一个以贪心选择开始的最优解。若 $k>0$,则设 $b=a-\{k\}\bigcup\{0\}$。由于 $end[0] \leqslant end[k]$,且 a 中活动是互为相容的,故 b 中的活动也是互为相容的。又由于 b 中的活动个数与 a 中活动个数相同,且 a 是最优的,故 b 也是最优的。也就是说,b 是一个以贪心选择活动 0 开始的最优活动安排。因此,证明了总存在一个以贪心选择开始的最优活动安排方案,也就是算法具有贪心选择性质。

通过上面的问题,可以看到贪心算法总是做出在当前看来最好的选择。也就是说,贪心算法并不从整体最优考虑,它所做出的选择只是在某种意义上的局部最优选择。当然,希望贪心算法得到的最终结果也是整体最优的。虽然贪心算法不能对所有问题都得到整体最优解,但对许多问题它能产生整体最优解,如单源最短路径问题、最小生成树问题等。在一些情况下,即使贪心算法不能得到整体最优解,其最终结果却是最优解的很好近似。

贪心算法具有以下基本要素。

- 贪心选择性质。所谓贪心选择性质是指所求问题的整体最优解可以通过一系列局部最优的选择,即贪心选择来达到。这是贪心算法可行的第一个基本要素,也是贪心算法与动态规划算法的主要区别。动态规划算法通常以自底向上的方式解各子问题,而贪心算法则通常以自顶向下的方式进行,以迭代的方式做出相继的贪心选择,每做一次贪心选择就将所求问题简化为规模更小的子问题。对于一个具体问题,要确定它是否具有贪心选择性质,必须证明每一步所做的贪心选择最终导致问题的整体最优解。

- 当一个问题的最优解包含其子问题的最优解时,称此问题具有最优子结构性质。问题的最优子结构性质是该问题可用动态规划算法或贪心算法求解的关键特征。

贪心算法的基本思路是从问题的某一个初始解出发逐步逼近给定的目标,以尽可能快地求得更好的解。当达到算法中的某一步不能再继续前进时,算法停止。该算法存在以下问题。

- 不能保证求得的最后解是最佳的。
- 不能用来求最大或最小解问题。
- 只能求满足某些约束条件的可行解的范围。

【例 5-2】 数字组合问题:设有 N 个正整数,现在需要设计一个程序,使它们连接在一起成为最大的数字。例如,3 个整数为 12,456,342,很明显连接为 45634212 为最大;4 个整数 342,45,7,98 连接为 98745342 最大。

程序要求:输入整数 N,接下来一行输入 N 个数字,最后一行输出最大的那个数字。

题目解析:题目不难,就是寻找哪个开头最大,然后连在一起。难在如果 N 比较大,假如几千几万,好像就不是那么回事了,要解答这个题目需要选对合适的贪心策略,并不是把数字由大排到小那么简单,在此,我们对冒泡排序法稍做改进来完成这个任务。冒泡排序的基本算法如下。

```
for(i=0; i<=9; ++i)
  for(int j=0;j<10-1-i;j++)
    if(array[j] > array[j+1])
      {
          temp = array[j];
          array[j] = array[j+1];
          array[j+1] = temp;
      }
```

程序中最核心的比较规则是:

```
if(array[j] > array[j+1])
```

以数字大小作为比较规则来返回 true 或者是 false,那么我们完全可以改变一下这个排序规则,如 23,123 这两个数字,在这个题中它可以组成两个数字 23123 和 12323,分明是前者大些,所以可以说 23 排在 123 前面,也就是 23 的优先级比 123 大,123 的优先级比 23 小,所以不妨写个函数,传递参数 a 和 b,如果 ab 比 ba 大,则返回 true,反之返回 false,函数原型如下。

```
bool compare(int Num1,int Num2);
```

全部代码如下。

```
#include <iostream>
#include <cmath>
using namespace std;

bool compare(int Num1, int Num2);
int main(int argc, char * argv[])
{
    int N;
    cout << "please enter the number n:" << endl;
    cin >> N;
    int * array = new int[N];

    //输入 N 个数
    for(int i = 0; i<N; i++)
        cin >> array[i];

    //按给定的规则排序
    for(int i = 0; i <= N - 1; ++i)
    {
```

```cpp
        for(int j = 0; j < N - i - 1; j++)
        {
            if(compare(array[j], array[j + 1]))
            {
                int temp = array[j];
                array[j] = array[j + 1];
                array[j + 1] = temp;
            }
        }
    }

    cout << "the max number is:";
    for(int i = N - 1; i >= 0; --i)
        cout << array[i];
    cout << endl;
    delete[] array;

    return 0;
}

bool compare(int Num1, int Num2)
{
    int count1 = 0, count2 = 0;
    int MidNum1 = Num1, MidNum2 = Num2;

    //计算 Num1 有几位
    while(MidNum1)
    {
        ++count1;
        MidNum1 /= 10;
    }
    //计算 Num2 有几位
    while(MidNum2)
    {
        ++count2;
        MidNum2 /= 10;
    }

    int a = Num1 * pow(10, count2) + Num2;
    int b = Num2 * pow(10, count1) + Num1;
    return(a>b) ? true : false;
}
```

5.3 马踏棋盘问题

现在来求解马踏棋盘问题。棋盘可以看作一个矩阵,当马位于棋盘上某一位置时,它就有一个唯一的坐标,那么根据国际象棋的规则,它有 8 个位置可以跳,这 8 个位置的坐标是和当前马的坐标有联系的,例如,马的坐标是(x,y),那么它的下一跳的位置可以是$(x-1,$

$y-2$)。当然坐标不能越界,如图 5-1 所示。马所在的当前位置标为 1,它的下一跳的位置标为 2,再下一跳的位置标为 3,以此类推,如果马走完棋盘,那么最后在棋盘上标的位置是 64。

可以采用回溯法求解,当马在当前位置时,将它下一跳的所有位置保存,然后从中选择一个位置作为当前位置再跳,这样递归下去,如果跳不下去,则回溯。这有点类似图的深度优先搜索。深度优先搜索属于图算法的一种,其过程简要来说是对每一个可能的分支路径深入到不能再深入为止,而且每个结点只能访问一次。

图 5-1　马在当前的位置,根据规则,下一步共有 8 个可选的位置

代码如下。

```
//采用深度优先的搜索算法解决马踏棋盘的问题
#include<iostream>
using namespace std;

//棋盘的大小
const int ROWS = 8;
const int COLS = 8;

//以当前马的位置为原点,可能移动的 8 个位置的 x 和 y 坐标
const int xMove[] = { -2, -1, 1, 2, 2, 1, -1, -2 };
const int yMove[] = { 1, 2, 2, 1, -1, -2, -2, -1 };

//函数声明
//打印最后的矩阵
void PrintMatrix(int chess[][COLS]);
//寻找下一个位置
//如果存在下一个可以跳的位置,函数返回 true
//位置在 x,y 中,count 取值 0~7,依次测试可能的 8 个位置
bool NextXY(int chess[][COLS], int * x, int * y, int count);
//深度优先的递归算法
bool DeepSearch(int chess[][COLS], int x, int y, int j);

//主函数
void main()
{
    //定义初始矩阵并初始化为 0
    int chess[ROWS][COLS] = { 0 };

    //递归搜索,假设马的初始坐标是 (2,0)
    DeepSearch(chess, 2, 0, 1);
    PrintMatrix(chess);
    return;
}
//打印最后的矩阵
void PrintMatrix(int chess[][COLS])
```

```
{
    for(int i = 0; i < ROWS; ++i)
    {
        for(int j = 0; j < COLS; ++j)
        {
            cout.width(2);
            cout.fill('0');
            cout << chess[i][j] << "  ";
        }
        cout << endl;
    }
    cout << endl;
}

//寻找下一个位置
bool NextXY(int chess[][COLS], int * x, int * y, int count)
{
    if( * x + xMove[count] < ROWS &&      * x + xMove[count] >= 0
        && * y + yMove[count]< COLS && * y + yMove[count] >= 0
        && chess[ * x + xMove[count]][ * y + yMove[count]] == 0)
    {
        * x += xMove[count];
        * y += yMove[count];
        return true;
    }
    else/ * 失败 * /
        return false;
}

//深度优先的递归算法
bool DeepSearch(int chess[][COLS], int x, int y, int j)
{
    //保存当前的 x 和 y 的值
    int x1 = x, y1 = y;

    //将新的一步标注到矩阵中
    chess[x][y] = j;

    //判断是否递归结束
    if(j == COLS * ROWS)
    {
        return true;
    }
    / * find the next point in eight directions * /
    int i = 0;
    bool tag = NextXY(chess, &x1, &y1, i);

    //寻找下一个可以跳的位置
    while(!tag && i < 7)
    {
        i++;
        tag = NextXY(chess, &x1, &y1, i);
    }
```

```
    //找到下一个位置
    while(tag)
    {
        //递归调用,继续寻找下一个位置
        if(DeepSearch(chess, x1, y1, j + 1))
            return true;

        //如果失败,换一个可能的位置
        x1 = x; y1 = y;
        i++;
        tag = NextXY(chess, &x1, &y1, i);
        while(!tag && i < 7)
        {
            i++;
            tag = NextXY(chess, &x1, &y1, i);
        }
    }

    //无路可走,回溯
    if(!tag)
        chess[x][y] = 0;
    return false;
}
```

前面已经讲过,贪心算法在对问题求解时,总是做出在当前看来是最好的选择。也就是说,不从整体最优上加以考虑,它所做的仅是在某种意义上的局部最优解。那么我们在回溯法的基础上,用贪心算法进行优化,在选择下一跳的位置时,总是选择出口少的那个位置,这里出口少是指这个位置的下一跳位置个数少。这是一种局部调整最优的做法,如果优先选择出口多的子结点,那出口少的子结点就会越来越多,很可能出现"死"结点,这样对下面的搜索纯粹是徒劳,会浪费很多无用的时间。反过来,如果每次都优先选择出口少的结点跳,那出口少的结点就会越来越少,这样跳成功的机会就更大一些。

代码如下。

```
//采用贪心算法解决马踏棋盘的问题

#include<iostream>
#include<cstdlib>
using namespace std;

//棋盘的大小
const int ROWS = 8;
const int COLS = 8;

//以当前马的位置为原点,可能移动的8个位置的x和y坐标
const int xMove[] = { -2, -1, 1, 2, 2, 1, -1, -2 };
const int yMove[] = { 1, 2, 2, 1, -1, -2, -2, -1 };

//函数声明
```

```cpp
//打印最后的矩阵
void PrintMatrix(int chess[][COLS]);
//找到数组中最小的非零数的索引位置
int MinIndexInMatrix(int a[], int cols);
//贪心算法的马踏棋盘
void WarnsdorffRole(int matrix[][COLS], int startX, int startY);

//主函数
void main()
{
    int chess[ROWS][COLS] = { 0 };
    WarnsdorffRole(chess, 5, 1);
    PrintMatrix(chess);
}

//打印最后的矩阵
void PrintMatrix(int chess[][COLS])
{
    for(int i = 0; i < ROWS; ++i)
    {
        for(int j = 0; j < COLS; ++j)
        {
            cout.width(2);
            cout.fill('0');
            cout <<chess[i][j] << "   ";
        }
        cout << endl;
    }
    cout << endl;
}
//找到数组中最小的非零数的索引位置
int MinIndexInMatrix(int a[], int cols)
{
    int i = 0, index = 0;
    int min = a[0];
    for(i = 0; i< cols; ++i)
    {
        if(a[i] >0)
        {
            min = a[i];
            index = i;
            break;
        }
    }
    for(i = index + 1; i < cols; ++i)
    {
        if(a[i] > 0 && min > a[i])
        {
            min = a[i];
            index = i;
```

```
        }
    }
    if(a[index] > 0)
        return index;
    return -1;
}
//贪心算法的马踏棋盘
//chess是棋盘的存储矩阵,startX和startY是马的起始坐标
void WarnsdorffRole(int chess[][COLS], int startX, int startY)
{
    //下一步的X坐标和Y坐标
    int nextX[8] = { 0 };
    int nextY[8] = { 0 };
    //下下一步的"出口"数目
    int exit[8] = { 0 };

    //第一步的位置
    chess[startX][startY] = 1;

    int npos;  //从当前位置,进行一步的可选择的走法数
    //一共要走 ROWS * COLS 步
    for(int m = 1; m < ROWS * COLS; ++m)
    {
        npos = 0;
        for(int i = 0; i < 8; ++i)
        {
            //在8个可能的位置中,忽略那些不符合要求的
            if(startX + xMove[i] < 0 ||
                startX + xMove[i] >= ROWS ||
                startY + yMove[i] < 0 ||
                startY + yMove[i] >= COLS ||
                chess[startX + xMove[i]][startY + yMove[i]] > 0)
            {
                continue;
            }

            //将满足要求的下一步的坐标存储起来
            nextX[npos] = startX + xMove[i];
            nextY[npos] = startY + yMove[i];

            //统计有多少满足的点
            npos++;
        }
        //如果一个都没有,则算法失败,没有找到解
        if(npos == 0)
        {
            cout << "Can not finish the game!!" << endl;
            cout << " The steps of game can be " << m << endl;
            PrintMatrix(chess);
            std::exit(1);
```

```
        }
        int min;                    //下下一步的最小出口数
        //如果只有唯一的选择,直接下一步
        if(npos == 1)
        {
            min = 0;
            startX = nextX[min];
            startY = nextY[min];
            chess[startX][startY] = m + 1;
        }
        int nnpos;                  //下下一步可能的走法数目
        //如果下一步有多个选择
        if(npos > 1)
        {
            //计算下下一步可能的出口数
            for(int i = 0; i < npos; ++i)
            {
                nnpos = 0;
                for(int j = 0; j < 8; ++j)
                {
                    /* statistics the point which satisfy conditions */
                    if(nextX[i] + xMove[j] >= 0 &&
                        nextX[i] + xMove[j] < ROWS &&
                        nextY[i] + yMove[j] >= 0 &&
                        nextY[i] + yMove[j] < COLS &&
                        chess[nextX[i] + xMove[j]][nextY[i] + yMove[j]] == 0)
                    {
                        nnpos++;
                    }
                }
                //每一个下下一步的走法数目计入到 exit 数组中
                exit[i] = nnpos;
            }

            //选出下下一步中出口最少的,作为下一步的走法
            if((min = MinIndexInMatrix(exit, npos)) >= 0)
            {
                startX = nextX[min];
                startY = nextY[min];
                chess[startX][startY] = m + 1;
            }
            else //失败,所有下下一步全部走不成
            {
                cout << "Can not finish the game!!" << endl;
                cout << " The steps of game can be " << m << endl;
                PrintMatrix(chess);
                std::exit(1);
            }
        }
    }
}
}
```

通过运行两个程序,可以看到,贪心算法没有递归,运行时间(尤其是在 8×8 的棋盘上)要远远短于回溯算法。但是同时也看到,贪心算法是有可能失败的,但是回溯法不会。

5.4 道路规划和最小生成树问题

下面看看如何用贪心算法解决道路规划问题。这样的问题可以使用图论中的最小生成树来解决。一个有 N 个点的图,边一定是大于或等于 $N-1$ 条的。图的最小生成树,就是在这些边中选择 $N-1$ 条出来,连接所有的 N 个点。这 $N-1$ 条边的边权之和是所有方案中最小的,如图 5-2 所示。

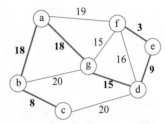

图 5-2 一个最小生成树的例子

在图 5-2 中,顶点可以看作各个不同的城市,图中边的权值可以看作两个城市间的距离。图中的粗线是选取的边,这些边将所有的结点都连接了起来,并且各个边上的权值加起来是所有方案中最小的。

下面给出一个稍微正式一点的定义。

如果图 G' 是一棵包含 G 的所有结点的树,则称 G' 是 G 的一个支撑树或生成树。一个图 G 有生成树的条件是 G 是连通图。

设 $G=(V,E)$ 是无向连通带权图,即一个网络。E 中每条边 (v,w) 的权为 $c[v,w]$。所有生成树 G' 上各边权的总和最小的生成树称为 G 的最小生成树。

◇5.4.1 Prim 算法

给定一个带权的图,如何求得最小生成树?这里介绍 Prim 算法。

Prim 算法:从指定结点开始将它加入集合中,然后将集合内的结点与集合外的结点所构成的所有边中选取权值最小的一条边作为生成树的边,并将集合外的那个结点加入到集合中,表示该结点已连通。再用集合内的结点与集合外的结点构成的边中找最小的边,并将相应的结点加入集合中,如此下去直到全部结点都加入到集合中,即得最小生成树。

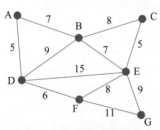

图 5-3 原始的带权图,假设 D 是选定的起点

下面看一个具体的例子,假设图 5-3 是原始的加权图。

在所有和 D 连接的结点中,A 到 D 的距离最短。所以将点 A 加入进来,并且在 AD 边上做一个叉的记号,如图 5-4 所示。

下一个结点为距离 D 或 A 最近的结点。B 距 D 为 9,距 A 为 7,距 E 为 15,距 F 为 6。因此,F 距 D 或 A 最近,因此将结点 F 加入进来,如图 5-5 所示。

算法继续重复上面的步骤。将距离 A 为 7 的结点 B 加入,如图 5-6 所示。

在当前情况下,可以在 C、E 与 G 间进行选择。C 距 B 为 8,E 距 B 为 7,G 距 F 为 11。E 最近,因此结点 E 与相应边 BE 被选中,如图 5-7 所示。

这里,可供选择的结点只有 C 和 G。C 距 E 为 5,G 距 E 为 9,故选取 C,并与边 EC 一同选中,如图 5-8 所示。

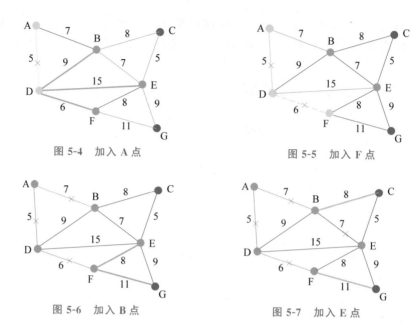

图 5-4　加入 A 点　　　　　　　　　图 5-5　加入 F 点

图 5-6　加入 B 点　　　　　　　　　图 5-7　加入 E 点

结点 G 是唯一剩下的结点,它距 F 为 11,距 E 为 9,E 最近,故加入点 G 的同时选择边 GE,如图 5-9 所示。现在,所有结点均已被选取,同时也得到了最小生成树。在此例中,最小生成树的权值之和为 39。

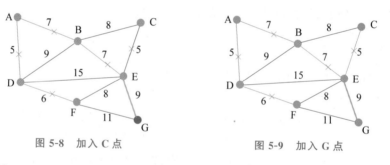

图 5-8　加入 C 点　　　　　　　　　图 5-9　加入 G 点

代码如下。

```cpp
//Prim算法实现(采用邻接表存储)
#include<iostream>
#define MAX 100
#define Infinity 65535
typedef  int Weight;
using namespace std;

//定义图的邻接表结构
struct EdgeNode
{
    int no;                  //边端的序号
    char info;               //边端的名称
    Weight weight;           //边的权值
    struct EdgeNode * next;  //下一个
```

```cpp
};

//结点的定义
struct VexNode
{
    char info;                      //结点名称
    struct EdgeNode * link;         //与之相连的端点
};
//函数声明
//输入图的数据,创建邻接表
void CreateGraph(VexNode * adjlist, const int nVex, const int nEdge);
//得到最小生成树
Weight CreateMST(VexNode * adjlist, int * parent, const int n, const int startVex);

//主函数
int main()
{
    //存储结点信息
    VexNode adjlist[MAX];

    int nVex;                       //结点总数
    int nEdge;                      //边的总数
    cout << "请输入结点数: ";
    cin >> nVex;
    cout << "请输入边数: ";
    cin >> nEdge;
    cout << "请输入从哪一个结点开始: ";
    int startVex;
    cin >> startVex;
    //parent[j]表示结点 j 的前驱结点
    int parent[MAX];

    //创建邻接表
    CreateGraph(adjlist, nVex, nEdge);

    //得到最小生成树
    Weight sum=CreateMST(adjlist, parent, nVex, startVex);

    //输出
    cout << "最小生成树的边集为: " << endl;
    for(int i = 1; i <= nVex; i++)
    if(i != startVex)
        cout << "(" << adjlist[parent[i]].info << "," << adjlist[i].info << ")"
        << " ";
    cout << endl;
    cout << "最小生成树的权值为: " << sum << endl;
    return 0;
}
```

```cpp
//建立邻接表存储
void CreateGraph(VexNode * adjlist, const int n, const int e)
{
    for(int i = 1; i <= n; i++)
    {
        cout << "请输入结点" << i << "的名称: ";
        cin >> adjlist[i].info;
        adjlist[i].link = nullptr;
    }
    //每输入一条边,在邻接表中添加两个对应的结点
    //结点的类型为 EdgeNode
    EdgeNode * p1;
    EdgeNode * p2;
    int v1, v2;                 //输入一条边的两个结点
    Weight weight;              //边的权值
    for(int i = 1; i <= e; i++)
    {
        cout << "请输入边" << i << "的两端的结点序号: ";
        cin >> v1 >> v2;
        cout << "此边的权值: ";
        cin >> weight;
        p1 = new EdgeNode;
        p2 = new EdgeNode;
        p1->no = v1;
        p1->weight = weight;
        p1->info = adjlist[v1].info;
        p1->next = adjlist[v2].link;
        adjlist[v2].link = p1;
        p2->no = v2;
        p2->weight = weight;
        p2->info = adjlist[v2].info;
        p2->next = adjlist[v1].link;
        adjlist[v1].link = p2;
    }
}

int CreateMST(VexNode * adjlist, int * parent, const int n, const int startVex)
{
    //访问标志
    bool visited[MAX];
    //lowcost[j]存储从开始结点到结点 j 的最小花费
    Weight lowcost[MAX];

    for(int i = 1; i <=n; i++)
    {
        visited[i] = false;
        lowcost[i] = Infinity;
        parent[i] = startVex;
    }
    //最小生成树的权值总和
```

```
    Weight sum = 0;
    EdgeNode * p, * q;
    p = adjlist[startVex].link;
    visited[startVex] = true;
    while(p != nullptr)
    {
        lowcost[p->no] = p->weight;
        p = p->next;
    }
    //寻找最小的权值加入
    Weight minCost;
    for(int i = 1; i<n; i++)
    {
        minCost = Infinity;
        int k;
        for(int j = 1; j <= n; j++)
        {
            if(minCost>lowcost[j] && !visited[j])
            {
                minCost = lowcost[j];
                k = j;
            }
        }
        //总权值
        sum += minCost;
        visited[k] = true;
        q = adjlist[k].link;
        while(q != nullptr)
        {
            if(!visited[q->no] && q->weight < lowcost[q->no])
            {
                lowcost[q->no] = q->weight;
                parent[q->no] = k;
            }
            q = q->next;
        }
    }
    return sum;
}
```

【运行结果】

```
请输入结点数：7
请输入边数：11
请输入从哪一个结点开始：4
请输入结点 1 的名称：A
请输入结点 2 的名称：B
请输入结点 3 的名称：C
请输入结点 4 的名称：D
```

```
请输入结点 5 的名称：E
请输入结点 6 的名称：F
请输入结点 7 的名称：G
请输入边 1 的两端的结点序号：1 4
此边的权值：5
请输入边 2 的两端的结点序号：1 2
此边的权值：7
请输入边 3 的两端的结点序号：2 4
此边的权值：9
请输入边 4 的两端的结点序号：2 3
此边的权值：8
请输入边 5 的两端的结点序号：2 5
此边的权值：7
请输入边 6 的两端的结点序号：3 5
此边的权值：5
请输入边 7 的两端的结点序号：4 5
此边的权值：15
请输入边 8 的两端的结点序号：4 6
此边的权值：6
请输入边 9 的两端的结点序号：5 6
此边的权值：8
请输入边 10 的两端的结点序号：6 7
此边的权值：11
请输入边 11 的两端的结点序号：5 7
此边的权值：9
最小生成树的边集为：
(D,A)(A,B)(E,C)(B,E)(D,F)(E,G)
最小生成树的权值为：39
```

◇5.4.2　Kruskal 算法

　　Kruskal 算法也是求加权连通图的最小生成树的算法。Kruskal 算法总共选择 $n-1$ 条边（共 n 个点），所使用的贪心规则是：从剩下的边中选择一条不会产生环路的具有最小耗费的边加入已选择的边的集合中。

　　假设 $WN=(V,\{E\})$ 是一个含有 n 个顶点的连通网，则按照 Kruskal 算法构造最小生成树的过程为：先构造一个只含 n 个顶点，而边集为空的子图，若将该子图中各个顶点看作各棵树上的根结点，则它是一个含有 n 棵树的一个森林。之后，从图的边集 E 中选取一条权值最小的边，若该条边的两个顶点分属不同的树，则将其加入子图，也就是说，将这两个顶点分别所在的两棵树合成一棵树；反之，若该条边的两个顶点已落在同一棵树上，则不可取，而应该取下一条权值最小的边再试。以此类推，直至森林中只有一棵树，也即子图中含有 $n-1$ 条边为止。

　　假设仍然使用图 5-3 的带权图作为示例，去掉所有的边之后的加权图如图 5-10 所示。

　　将所有的边按权值排序，用排序的结果作为选择边的依

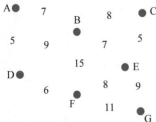

图 5-10　去掉所有边之后的加权图

据。这里再次体现了贪心算法的思想。排序完成后,率先选择了边 AD,如图 5-11 所示。

在剩下的边中寻找。我们找到了 CE,这条边的权重也是 5,如图 5-12 所示。

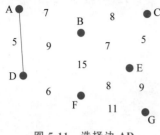

图 5-11 选择边 AD

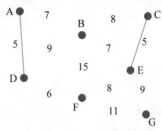

图 5-12 选择边 CE

以此类推找到了 DF,AB,BE,如图 5-13 所示。

尽管现在长度为 8 的边 BC 或者 EF 是最小的未选择的边,但是现在它们已经连通了(对于 BC 可以通过 CE,EB 来连接,EF 可以通过 EB,BA,AD,DF 来接连),所以不能选择。类似地,BD 也已经连通了,最后就剩下 EG 和 FG 了。选择 EG,如图 5-14 所示。

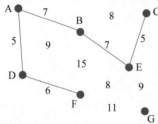

图 5-13 选择边 DF,AB,BE

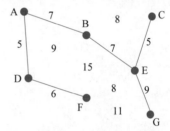

图 5-14 选择 EG

代码如下。

```cpp
//Kruskal算法实现

#include<iostream>
#define MAX 100
typedef int Weight;
using namespace std;

//定义边
struct Edge
{
    int no;                 //边的序号
    int x;                  //端点 1 序号
    int y;                  //端点 2 序号
    Weight weight;          //权值
    bool selected;          //是否被选择
};

//函数声明
//找出每一集合的头结点
```

```
int FindSet(int x, int * parent);
//合并集合
void UnionSet(int x, int y, Weight w, Weight &sum, int * mstRank, int * parent);
//快速排序
void FastSort(Edge * edge, int begin, int end);

//主函数
int main()
{
    //边集和
    Edge edge[MAX];

    //已找到的最小生成树其中一部分的秩
    int mstRank[MAX];

    //已找到的最小生成树其中一部分的头结点
    //用来判断一条边的两个端点是否在一个集合中,即加上这条边是否会形成回路
    int parent[MAX];

    int n;              //边的总数
    //最小生成树的权值总和
    Weight sum = 0;
    cout << "请输入边的个数: ";
    cin >> n;

    //初始化以及输入
    Weight weight;
    for(int i = 1; i <= n; i++)
    {
        edge[i].no = i;
        cout << "请输入第" << i << "条边的两个端点序号: ";
        cin >> edge[i].x >> edge[i].y;
        cout << "这条边的权值为: ";
        cin >> edge[i].weight;
        //开始的时候所有边没有被选中
        edge[i].selected = false;

        parent[edge[i].x] = edge[i].x;
        parent[edge[i].y] = edge[i].y;
        mstRank[edge[i].x] = 0;
        mstRank[edge[i].y] = 0;
    }
    //对边按权值快速排序
    FastSort(edge, 1, n);
    for(int i = 1; i <= n; i++)
    {
        int x, y;
        x = FindSet(edge[i].x, parent);
        y = FindSet(edge[i].y, parent);
```

```cpp
            //判断加上这条边是否会形成回路
            if(x != y)
            {
                //选择这条边
                edge[i].selected = true;
                //合并不会形成回路的两个集合
                UnionSet(x, y, edge[i].weight, sum, mstRank, parent);
            }
        }
        cout << "最小生成树的边集为: " << endl;
        for(int i = 1; i <= n; i++)
        {
            if(edge[i].selected)
            {
                cout << "序号: " << edge[i].no << "  " << "端点 1: "
                     <<edge[i].x<< ",端点 2: " << edge[i].y << endl;
            }
        }
        cout << "最小生成树的权值为: " << sum << endl;

}

//找出每一集合的头结点
int FindSet(int x, int * parent)
{
    if(x != parent[x])
        parent[x] = FindSet(parent[x], parent);
    return parent[x];
}

//合并集合
void UnionSet(int x, int y, Weight w, Weight &sum, int * mstRank, int * parent)
{
    if(x == y)
        return;
    if(mstRank[x]>mstRank[y])
        parent[y] = x;
    else
    {
        if(mstRank[x] == mstRank[y])
            mstRank[y]++;
        parent[x] = y;
    }
    sum += w;
}

//依据边的权值升序快速排序
void FastSort(Edge * edge, int begin, int end)
{
    if(begin<end)
    {
        int i = begin - 1, j = begin;
        edge[0] = edge[end];
```

```
        while(j<end)
        {
            if(edge[j].weight<edge[0].weight)
            {
                i++;
                Edge temp1 = edge[i];
                edge[i] = edge[j];
                edge[j] = temp1;
            }
            j++;
        }
        Edge temp2 = edge[end];
        edge[end] = edge[i + 1];
        edge[i + 1] = temp2;
        FastSort(edge, begin, i);
        FastSort(edge, i + 2, end);
    }
}
```

【运行结果】

```
请输入边的个数: 11
请输入第 1 条边的两个端点序号: 1 4
这条边的权值为: 5
请输入第 2 条边的两个端点序号: 1 2
这条边的权值为: 7
请输入第 3 条边的两个端点序号: 2 4
这条边的权值为: 9
请输入第 4 条边的两个端点序号: 2 3
这条边的权值为: 8
请输入第 5 条边的两个端点序号: 2 5
这条边的权值为: 7
请输入第 6 条边的两个端点序号: 3 5
这条边的权值为: 5
请输入第 7 条边的两个端点序号: 4 5
这条边的权值为: 15
请输入第 8 条边的两个端点序号: 4 6
这条边的权值为: 6
请输入第 9 条边的两个端点序号: 5 6
这条边的权值为: 8
请输入第 10 条边的两个端点序号: 6 7
这条边的权值为: 11
请输入第 11 条边的两个端点序号: 5 7
这条边的权值为: 9
最小生成树的边集为:
序号: 6   端点 1: 3,端点 2: 5
序号: 1   端点 1: 1,端点 2: 4
序号: 8   端点 1: 4,端点 2: 6
序号: 5   端点 1: 2,端点 2: 5
序号: 2   端点 1: 1,端点 2: 2
序号: 11   端点 1: 5,端点 2: 7
最小生成树的权值为: 39
```

习 题

1. 请对图 5-15 使用 Prim 算法求最小生成树。

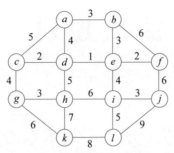

图 5-15 习题 1 的图

2. 请对第 1 题的图用 Kruskal 算法求最小生成树。

3. 设计一个求加权连通图的最大生成树算法，找出一个包含最大可能权重的树。

4. 进行一次独木舟的旅行活动，独木舟可以在港口租到，并且之间没有区别。一条独木舟最多只能乘坐两人，且乘客的总重量不能超过独木舟的最大承载量。我们要尽可能地减少这次活动中的花销，所以要找出可以安置所有旅客的最少的独木舟数。现在请写出程序，读入独木舟的最大承载量、旅客数目和每位旅客的重量。根据给出的规则计算安置所有旅客必需的最少的独木舟条数。输入两个整数 w 和 n，$80 \leqslant w \leqslant 200$，$1 \leqslant n \leqslant 300$，$w$ 表示一条独木舟的最大承载量，n 为人数。接下来输入每个人的重量（不能大于承载量），输出独木舟的条数，例如：

```
85  6
5  84  85  80  84  83
```

结果为 5。

第6章

动态规划

6.1 动态规划基本概念

◇6.1.1 挖金矿问题

从前有个国家,所有的国民都很诚实、正直,某天他们在自己的国家发现了十座金矿,并且这十座金矿在地图上排成一条直线,国王知道这个消息后非常高兴,他希望能够把这些金子都挖出来造福国民。首先他把这些金矿按照在地图上的位置从西至东进行编号,依次为0~9,然后他命令他的手下对每一座金矿进行勘测,以便知道挖取每一座金矿需要多少人力以及每座金矿能够挖出多少金子,接着动员国民来挖金子。

已知1:挖每一座金矿需要的人数是固定的,多一个人少一个人都不行。国王知道每个金矿各需要多少人,金矿 i 需要的人数为 peopleNeeded[i]。

已知2:每一座金矿所挖出来的金子数是固定的,当第 i 座金矿有 peopleNeeded[i] 人去挖的话,就一定能恰好挖出 gold[i] 个金子;否则一个金子都挖不出来。

已知3:开采一座金矿的人完成开采工作后,他们不会再次去开采其他金矿,因此一个人最多只能使用一次。

已知4:国王在全国范围内仅招募到了10 000名愿意为了国家去挖金子的人,这些人可能不够把所有的金子都挖出来,但是国王希望挖到的金子越多越好。

已知5:这个国家的每一个人都很老实(包括国王),不会私吞任何金子,也不会弄虚作假,不会说谎话。

已知6:国王只想知道最多可以挖出多少金子,而不用关心哪些金矿挖哪些金矿不挖。

那么,国王究竟如何知道在只有10 000个人的情况下最多能挖出多少金子呢? 国王是如何思考这个问题的呢?

首先,国王来到了第9座金矿的所在地,他的臣子告诉他,如果要挖取第9座金矿,需要1500个人,第9座金矿可以挖出8888个金子。

然后国王叫来甲、乙两个大臣,请甲大臣求出:若挖取第9座金矿,则用剩下的8500人,去挖取剩下的9座金矿,最多能挖取多少金子。请乙大臣求出:若不挖取第9座金矿,则用10 000人,去挖取剩下的9座金矿,最多能挖取多少金子。国王心想:"如此,若甲大臣求得,用剩下的人去挖剩下的金矿最多挖出 x 个金子,则所有金矿最多能挖出 $x+8888$ 个金子。若乙大臣求得,用剩下的人去挖剩下的金矿最多挖出 y 个金子,则所有金矿最多能

挖出 y 个金子。而我只需取 $x+8888$ 和 y 中的较大值。"

两个大臣来到第 8 座金矿,勘测员告诉他们,第 8 座金矿需要 1000 人才能开采,可以获得 7000 个金子。于是甲大臣叫来两个人,对其中一人说:"如果我给你 7500 个人和除了第 8、第 9 的其他所有金矿的话,你能告诉我你最多能挖出多少金子吗?"对另外一人说:"如果我给你 8500 个人和除了第 8、第 9 的其他所有金矿的话,你能告诉我你最多能挖出多少金子吗?"乙大臣也叫来两个人,对其中一个说:"如果我给你 9000 个人和除了第 8、第 9 的其他所有金矿的话,你能告诉我你最多能挖出多少金子吗?"对另外一个说:"如果我给你 10 000 个人和除了第 8、第 9 的其他所有金矿的话,你能告诉我你最多能挖出多少金子吗?"

那么你认为被大臣叫去的那四个人又是怎么完成大臣交给他们的问题的呢?答案当然是他们找到了另外八个人!

没用多少工夫,这个问题已经在全国传开了,更多人找到了更更多的人来解决这个问题,而有些人却不需要去另外找两个人帮他,哪些人不需要别人的帮助就可以回答他们的问题呢?

很明显,当被问到给你 z 个人和仅有第 0 座金矿时最多能挖出多少金子时,就不需要别人的帮助。因为你知道,如果 z 大于或等于挖取第 0 座金矿所需要的人数的话,那么挖出来的最多金子数就是第 0 座金矿能够挖出来的金子数,如果这 z 个人不够开采第 0 座金矿,那么能挖出来的最多金子数就是 0,因为这唯一的金矿不够人力去开采。让我们为这些不需要别人的帮助就可以准确地得出答案的人们鼓掌吧,这就是传说中的底层劳动人民!

故事讲到这里先暂停一下,现在重新来分析一下这个故事,让我们对动态规划有个理性认识。

子问题:国王需要根据两个大臣的答案以及第 9 座金矿的信息才能判断出最多能够开采出多少金子。为了解决自己面临的问题,他需要给别人制造另外两个问题,这两个问题就是子问题。

最优子结构:国王相信,只要他的两个大臣能够回答出正确的答案(对于考虑能够开采出的金子数,最多的也就是最优的同时也就是正确的),再加上他的聪明的判断就一定能得到最终的正确答案。我们把这种子问题最优时母问题通过优化选择后一定最优的情况叫作"最优子结构"。

重叠子问题:实际上国王也好,大臣也好,所有人面对的都是给你一定数量的人,给你一定数量的金矿,让你求出能够开采出来的最多金子数。在这个过程中,会有很多情况下他们所面对的问题的人数和金矿数是一样的,也就是他们面对的问题是一样的。即:不是每次遇到的问题都是新问题,有些子问题出现多次。这就是"重叠子问题"。

边界:想想如果不存在前面提到的那些底层劳动者的话这个问题能解决吗?永远都不可能!我们把这种子问题在一定时候就不再需要提出子子问题的情况叫作边界,没有边界就会出现死循环。

子问题独立:当国王的两个大臣在思考他们自己的问题时他们是不会关心对方是如何计算怎样开采金矿的,因为他们知道,国王只会选择两个人中的一个作为最后方案,另一个人的方案并不会得到实施,因此一个人的决定对另一个人的决定是没有影响的。我们把这种一个母问题在对子问题选择时,当前被选择的子问题两两互不影响的情况叫作"子问题独立"。

这就是动态规划问题,具有"最优子结构""重叠子问题""边界"和"子问题独立"的特点。

有了上面这几点,现在来写出对应这个问题的程序。如果用 gold[mineNum] 表示第 mineNum 座金矿能够挖出的金子数,用 peopleNeeded[mineNum] 表示挖第 mineNum 座金矿需要的人数,用函数 $f(people,mineNum)$ 表示当有 people 个人和编号为 $0,1,2,3,\cdots$,mineNum 的金矿时能够得到的最大金子数的话,$f(people,mineNum)$ 等于什么呢?

由条件可知:

当 mineNum＝0 且 people≥peopleNeeded[mineNum]时,$f(people,mineNum)=$ gold[mineNum];

当 mineNum＝0 且 people＜peopleNeeded[mineNum]时,$f(people,mineNum)=0$;

当 mineNum!＝0 时,$f(people,mineNum)=f(people\text{-}peopleNeeded[mineNum]$,mineNum－1)＋gold[mineNum]与 $f(people,mineNum-1)$ 中的较大者。

前两个式子对应动态规划的"边界",后一个式子对应动态规划的"最优子结构"。其中每个 $f(people,mineNum)$ 为一个状态,上面的每个式子叫作状态转移方程。由此看出,状态转移方程是状态和状态之间的关系式。有了状态和状态转移方程式,问题也就基本解决了。

国王首先想到的是用递归的方法对问题进行求解,但是,他发现若是用递归方法,就相当于求解一个组合问题,即对于每座金矿选择挖还是不挖,也就是要有 $2^{10}=1024$ 种情况,而用到的去求解问题的人需要 $1+2+4+8+\cdots$ 个人,这样太劳民伤财了。

于是他请教他的谋士"丙",丙说:"其实不用那么多人,因为有很多问题是相同的。"国王不解,丙继续说:"例如,若有两个人需要知道 1000 个人来挖剩下的 3 座金矿,他们只需要问同一个人即可,所以有多少种问题,用多少人就行了。在我们的问题中,共有 10 000 个人和 10 座金矿,所以一共有 10 000×10 个问题。"国王大惊:"比 1024 多多了啊!"丙说:"在这个问题中,不同的问题数的确很大,但是如果有 30 座金矿呢?"国王心想:"若有 30 座金矿,则用递归的方法就要求解 2^{30} 个问题。而用谋士丙的方法,只有 10 000×30 个问题。也就是随着问题规模的增大,递归的计算量是按指数级增长的,而丙的方法是按多项式级增长的。看来丙的方法对以后类似的问题是极好的。"

其实丙提出的方法就是动态规划方法,也就是通过计算出所有不同的子问题的最优解,计算出问题的最优值。因为在动态规划算法中,只需要对每个子问题求解一次,比递归方法的计算效率高很多。

但是国王依然有疑惑:"对于现在的问题有没有更好的方法呢?"丙看出了国王的疑惑,继续说到:"其实用不了那么多人,因为不是每个问题都会出现的,我们每座金矿都需要 1000 人左右的话,那出现的问题也就有一两百个,所以用这种方法比组合的方法好多了。"

故事讲到这里,你听明白了吗?其实谋士现在提出的这种方法叫作备忘录方法,它是动态规划算法的一种变形。在求解过程中,其实有很多子问题是不会出现的,没必要求出所有子问题的最优解。因此,可以为每个子问题建立一个记录项。初始化时,该记录项存入一个特殊的值,表示该子问题还未求解。在求解过程中,对每个待求的子问题,首先查看其相应的记录项。若记录项中存储的是初始化的特殊值,则表示该子问题是第一次遇到,此时需要计算子问题的解,并保存在相应的记录项中。若记录项中存储的不是特殊值,则表示该子问题已经被计算过,记录项中存储的是该子问题的解,此时,直接从记录项中读取该解即可,因此每一个问题仅会计算一遍,而且仅会计算需要求解的子问题。

由此发现,动态规划算法是利用自底向上的方法,递归地从子问题的最优解逐步构造出整个问题的最优解,而备忘录方法的递归方式是自顶向下的。

那什么时候用备忘录方法呢?

当一个问题的所有子问题都至少需要解一次时,则动态规划算法比备忘录方法好。因为此时用动态规划算法没有任何多余的计算。当部分子问题可以不必求解时,用备忘录方法比较好,因为该方法只解那些确实需要求解的问题。

◇6.1.2 动态规划算法的基本思想

由 6.1.1 节可以看出,动态规划算法的基本思想就是将待求解的问题,分解成若干个子问题,然后通过求得子问题的最优解,得到原问题的最优解。在计算过程中,对于重复出现的子问题,只需在第一次遇到时对它求解,并将答案保存起来,再次遇到时,直接引用答案即可,不必再次求解。

◇6.1.3 适用情况

能采用动态规划求解的问题一般要具有 3 个性质,这里以挖金矿问题为例进行说明。

(1) 最优化原理:如果问题的最优解所包含的子问题的解也是最优的,就称该问题具有最优子结构,即满足最优化原理。例如,挖金矿问题中,国王能计算出所有金矿最多能挖出多少金子,建立在大臣能正确计算出剩下的金矿最多能挖出多少金子的基础上。

(2) 无后效性:即某阶段状态一旦确定,就不受这个状态以后决策的影响。也就是说,某状态以后的过程不会影响以前的状态,只与当前状态有关。例如,若确定要对第 9 座金矿进行挖取时,第 8 座金矿是否挖取对其没有影响。

(3) 重叠子问题:即每次产生的子问题不总是新问题,有些子问题可能会反复出现多次。动态规划算法正是利用了该性质,从而获得较高的运算效率(该性质并不是动态规划适用的必要条件,但是如果没有这条性质,动态规划算法同其他算法相比就不具备优势)。例如,在挖金矿问题中,一个 people 和 mineNum 的组合,可能在不同的子问题中会出现多次。

◇6.1.4 求解基本步骤

读过挖金矿问题,可以总结出,求解一般动态规划问题可以按照以下几个步骤进行。

(1) 找出最优解的性质,并刻画其结构特征。在挖金矿问题中,国王对甲乙两个大臣分配任务的原因就是,若能知道剩余 9 座金矿最多能挖出多少金子,也就是国王发现了该问题的最优子结构性质。其中,最优解可以用 $f(people, mineNum)$ 表示,也就是在有 people 个人和 mineNum 个金矿时,最多能挖出的金矿数。

(2) 递归地定义最优值。在挖金矿问题中,状态转移方程就是对最优值的递归定义,其中,金矿标号为 0 时为边界条件。

(3) 以自底向上的方式计算出最优解。这个过程就是上述挖金矿问题中,谋士丙对国王提出的计算每个不同子问题的最优解的过程。

需要说明的是,这是一般的动态规划算法,在实际应用中,可以根据是否每个子问题都会出现来决定用动态规划方法还是备忘录方法。

（4）根据计算最优解时得到的信息，求出最优解的方案。

需要说明的是，在挖金矿问题中，没有要求求出最优解的方案，因此，步骤（4）是没有必要的。若需要给出最优解的方案，则必须执行步骤（4）。此时，在步骤（3）计算最优解时，需要记录更多的信息，如挖金矿问题中，需要记录金矿是否挖取的信息。然后根据记录的信息，求出最优解的方案。

下面来看一下挖金矿问题的代码。

```c
#include <stdio.h>
int n;                          //金矿数
int peopleTotal;                //可以用于挖金子的人数
int peopleNeed[100];            //每座金矿需要的人数
int gold[100];                  //每座金矿能够挖出来的金子数
int maxGold[10000][100];        //maxGold[i][j]保存了 i 个人挖前 j 个金矿能够得到的
                                //最大金子数,等于-1时表示未知

//初始化数据
void init_Gold()
{
    int i,j,k,m;
    printf("please enter the number of total people: \n");
    scanf_s("%d",&peopleTotal);
    printf("please enter the number of gold mine: \n");
    scanf_s("%d",&n);
    printf("please enter the number of gold each of gold mine has: \n");
    for(i = 0; i < n; i++)
    {
        scanf_s("%d",&gold[i]);
    }
    printf("please enter the number of people each of gold mine needs: \n");
    for(j = 0; j < n; j++)
    {
        scanf_s("%d", &peopleNeed[j]);
    }

    for(k = 0; k <= peopleTotal; k++)
      for(m = 0; m<n; m++)
        maxGold[k][m] = -1;     //等于-1时表示未知(对应动态规划中的"做备忘录")
}

int max_Gold(int a, int b)
{
    if(a >= b)
    {
        return a;
    }
    else
    {
        return b;
```

```
    }

}

//获得在仅有 people 个人和前 mineNum 个金矿时能够得到的最大金子数,注意"前多少个"也是
//从 0 开始编号的
int GetMaxGold(int people, int mineNum)
{
    //声明返回的最大金子数
    int retMaxGold;
    //如果这个问题曾经计算过(对应动态规划中的"做备忘录")
    if(maxGold[people][mineNum] != -1)
    {
        //获得保存起来的值
        retMaxGold = maxGold[people][mineNum];
    }
    else if(mineNum == 0)//如果仅有一个金矿时(对应动态规划中的"边界")
    {
        //当给出的人数足够开采这座金矿
        if(people >= peopleNeed[mineNum])
        {
            //得到的最大值就是这座金矿的金子数
            retMaxGold = gold[mineNum];
        }
        else//否则这唯一的一座金矿也不能开采
        {
            //得到的最大值为 0 个金子
            retMaxGold = 0;
        }
    }
    else if(people >= peopleNeed[mineNum])    //如果给出的人够开采这座金矿(对应动态
                                              //规划中的"最优子结构")
    {
        //考虑开采与不开采两种情况,取最大值
        retMaxGold = max_Gold(GetMaxGold(people - peopleNeed[mineNum], mineNum
- 1) + gold[mineNum],GetMaxGold(people, mineNum - 1));
    }
    else    //否则给出的人不够开采这座金矿(对应动态规划中的"最优子结构")
    {
        //仅考虑不开采的情况
        retMaxGold = GetMaxGold(people, mineNum - 1);
    }

    //做备忘录
    maxGold[people][mineNum] = retMaxGold;
    return retMaxGold;
}


int main()
{
```

```
//初始化数据
init_Gold();
//输出给定 peopleTotal 个人和 n 座金矿能够获得的最大金子数,再次提醒编号从 0 开始,
//所以最后一座金矿编号为 n-1
printf("the max number of gold:%d", GetMaxGold(peopleTotal, n - 1));
return 0;

}
```

【运行结果】

```
please enter the number of total people:
10000✓
please enter the number of gold mine:
10✓
please enter the number of gold each of gold mine has:
800 1500 6700 5800 5678 1200 500 900 7000 8888✓
please enter the number of people each of gold mine needs:
50 70 800 760 800 120 30 49 1000 1500✓
the max number of gold:38966
```

6.2   0-1 背包问题

小明要远行,他有一个容量为 15kg 的背包,另外有 4 个物品,物品的质量和价值如表 6-1 所示。

表 6-1   物品的质量和价值

物品	A1	A2	A3	A4
质量/kg	3	4	5	6
价值	4	5	6	7

小明希望能用他的背包带走的物品总价值最大,你能告诉他应该怎么做吗?这就是一个 0-1 背包问题。

对于这样的问题,也许你能通过列举,很轻松地得到:将 A4 和 A3 与 A2 放入背包中,这样总重量为 6+5+4=15kg,总价值为 5+6+7=18,这样总价值最大。

如果像上述所涉及的数据比较少的时候,通过列举就能算出来,但是如果条件很多,此时光靠用眼睛看是绝对不行的。这时动态规划算法就派上用场了。

例如,在这个问题中,用动态规划的方法来分析。假设 A1 不放进包中,在剩余物品中选择,包中能放的物品最大价值是 y。如果 A1 放进去,用剩余的容积可以放的剩余物品的最大价值是 x,那么此时包中物品的总价值就是 $x+4$。这时,只需取 y 和 $x+4$ 的最大值。至此,你有没有发现,这个问题和前面所讲的挖金矿例子很像,只是这里要求给出选择方案,实际上它们都是 0-1 背包问题。

来看一下一般的 0-1 背包问题:给定 n 种物品和一个背包。物品 i 的质量是 w_i,其价值是 v_i,背包的容量是 c。问:应如何选择装入背包中的物品,使得背包中物品的总价值最大?

如果把物品 i 装入背包和不装入背包分别用 $x_i=1$ 和 $x_i=0$ 表示,那么每个物品是否装入背包中可以用一个 n 元向量 $(x_1,x_2,\cdots,x_n)$ 表示,则装入背包的物品的总重量可以用 $\sum_{i=1}^{n} w_i x_i$ 表示,总价值可以用 $\sum_{i=1}^{n} v_i x_i$ 表示。那么这个问题就转换为这样一个问题:怎么在满足 $\sum_{i=1}^{n} w_i x_i \leqslant c$ 的条件下,使得 $\sum_{i=1}^{n} v_i x_i$ 达到最大,即:

$$\max \sum_{i=1}^{n} v_i x_i \begin{cases} \sum_{i=1}^{n} w_i x_i \leqslant c \\ x_i \in \{0,1\}, \quad 1 \leqslant i \leqslant n \end{cases}$$

◇6.2.1 最优性原理

由上面的例子,可以发现 0-1 背包问题具有最优子结构性质。设 $(y_1,y_2,\cdots,y_n)$ 是所给 0-1 背包问题的一个最优解,则 $(y_2,y_3,\cdots,y_n)$ 是下面子问题的一个最优解:

$$\max \sum_{i=2}^{n} v_i x_i \begin{cases} \sum_{i=2}^{n} w_i x_i \leqslant c - w_1 y_1 \\ x_i \in \{0,1\}, 2 \leqslant i \leqslant n \end{cases}$$

你能说一下这是为什么吗?

假设 $(z_2,z_3,\cdots,z_n)$ 是上面子问题的一个最优解,而 $(y_2,y_3,\cdots,y_n)$ 不是它的最优解,那么 $\sum_{i=2}^{n} v_i z_i > \sum_{i=2}^{n} v_i y_i$ 且 $w_1 y_1 + \sum_{i=2}^{n} w_i z_i \leqslant c$。因此有:

$$v_1 y_1 + \sum_{i=2}^{n} v_i z_i > \sum_{i=2}^{n} v_i y_i \quad 且 \quad w_1 y_1 + \sum_{i=2}^{n} w_i z_i \leqslant c$$

这说明 $(y_1,z_2,\cdots,z_n)$ 是 0-1 背包问题的一个更优解,而 $(y_1,y_2,\cdots,y_n)$ 不是最优解,产生矛盾。

◇6.2.2 递推关系

设所给的 0-1 背包问题的子问题:

$$\max \sum_{k=i}^{n} v_k x_k \begin{cases} \sum_{k=i}^{n} w_k x_k \leqslant j \\ x_k \in \{0,1\}, \quad i \leqslant k \leqslant n \end{cases}$$

的最优值是 $m(i,j)$,即 $m(i,j)$ 是背包容量为 j,可选择物品为 $i,i+1,\cdots,n$ 时 0-1 背包问题的最优值。由 0-1 背包问题的最优子结构性质,可以建立计算 $m(i,j)$ 的递归式如下。

$$m(i,j) = \begin{cases} \max\{m(i+1,j), m(i+1,j-w_i)+v_i\}, & j \geqslant w_i \\ m(i+1,j), & 0 \leqslant j \leqslant w_i \end{cases}$$

其中,

$$m(n,j) = \begin{cases} v_n, & j \geqslant w_n \\ 0, & 0 \leqslant j \leqslant w_n \end{cases}$$

有了这个递推关系,可以很快地计算出问题的最优值,但是这里要求给出最优方案,所以需要进行下一步,构造最优解。

◇**6.2.3　构造最优解**

如何构造最优解呢？

由上面的递推关系可知,若 $m(i,j)=m(i+1,j)$ 表示物品 i 没有装入背包时子问题最优,这时记 $x_i=0$;若 $m(i,j)=m(i+1,j-w_i)+v_i$ 表示物品 i 装入背包时子问题是最优解,这时记 $x_i=1$。最后得到一个 n 元向量 $\boldsymbol{X}(x_1,x_2,\cdots,x_n)$,这个向量就是问题的最优解。

◇**6.2.4　算法实现**

有了上面的递推关系和构造最优解的方法,下面来用程序实现 0-1 背包问题。

```c
#include<stdio.h>

int c[100][1000];    /*对应每种情况的最大价值,其中程序限定能处理的最多物品数为100,
                     /*最大价值为1000*/
int m,n;             //m表示背包可承受最大质量,n表示物品数
int w[100];          //各个物品的质量,最多物品数为100
int v[100];          //各个物品价值,最多物品数为100
int x[100];          //物品是否加入背包,是用1表示,否用0表示
/*
初始化初始条件
*/
void init()
{
    int i;
    printf("input the max capacity and the number of the goods:\n");
    scanf_s("%d%d",&m,&n);
    printf("Input each one(weight and value):\n");
    for(i=1;i<=n;i++)
    {
        scanf_s("%d%d",&w[i],&v[i]);
    }

}
int min(int a,int b)
{
    if(a<b) return a;
    else {return b;}
}
int max(int a,int b)
{
    if(a>b) return a;
    else{return b;}
}
/*
寻找每个子问题的最优解
c[i][j]表示背包容量为j,可选择物品为i,i+1,…,n时的最优值
0-1背包问题的最优值为c[1][m]
*/
```

```
void knapsack()
{
    int jMax=min(w[n]-1,m);       //背包可承受最大质量和物体 n 的质量减 1 中较小数
    int i,j;
    //初始化 c[n][j]
    //当 j<jMax 时,c[n][j]为 0;
    //假设 jMax = w[n]-1,即背包可以容纳物体 n,则在 j≤jMax 时,c[n][j]=0,w[n]≤j≤m
    //时,c[n][j]=v[n]
    for(j=0;j<=jMax;j++)
    {
        c[n][j]=0;
    }
    for(j=w[n];j<=m;j++)
    {
        c[n][j]=v[n];
    }

    for(i=n-1;i>1;i--)
    {
        jMax=min(w[i]-1,m);
        for(j=0;j<=jMax;j++) c[i][j]=c[i+1][j];
        for(j=w[i];j<=m;j++) c[i][j]=max(c[i+1][j],c[i+1][j-w[i]]+v[i]);
    }
    c[1][m]=c[2][m];
    if(m>=w[1])c[1][m]=max(c[1][m],c[2][m-w[1]]+v[1]);
}
/*
构造最优解
*/
void traceBack(int * x)
{
    int i,j;
    j=m;
    for(i=1;i<n;i++)
    {
        if(c[i][j]==c[i+1][j]) x[i]=0;
        else { x[i]=1;j-=w[i]; }
    }
    x[n]=(c[n][j])? 1:0;
}

int main()

{
    int i,j;
    init();

    knapsack();
    printf("旅行者背包能装的最大总价值为%d",c[1][m]);
    printf("\n");
```

```
        traceBack(x);
        printf("背包中存放的物品有: \n");
        for(i=1;i<=n;i++)
        {

            if(x[i]!=0)
            {
                printf("%d ",i);
            }

        }

        return 0;

}
```

【运行结果】

```
input the max capacity and the number of the goods:
15 4 ↙
Input each one(weight and value):
3 4 ↙
4 5 ↙
5 6 ↙
6 7 ↙
旅行者背包能装的最大总价值为 18
背包中存放的物品有:
2 3 4
```

6.3 最长公共子序列问题

首先什么是子序列呢？

其实子序列就是给定一个序列，删去其中的若干元素后得到的序列。例如，序列 $Z=\{B,C,D,B\}$ 是序列 $X=\{A,B,C,B,D,A,B\}$ 的子序列。注意，子序列在母序列中的下标是递增的，如序列 Z 的递增下标序列为 $\{2,3,5,7\}$。

然后看一下什么是公共子序列。

给定两个序列 X 和 Y，当另一个序列 Z 既是 X 的子序列又是 Y 的子序列时，就称 Z 是序列 X 和序列 Y 的公共子序列。

那么最长公共子序列（Longest Common Subsequence，LCS），不言而喻，就是指元素个数最多的公共子序列了。例如，若 $X=\{A,B,C,B,D,A,B\}$，$Y=\{B,D,C,A,B,A\}$，则序列 $\{B,C,A\}$ 是 X 和 Y 的公共子序列，但是它不是 X 和 Y 的最长公共子序列。序列 $\{B,C,B,A\}$ 也是 X 和 Y 的一个公共子序列，长度为 4，而且它是 X 和 Y 的一个最长公共子序列。

那怎么来求两个给定序列的最长公共子序列呢？

也许你初始想到的解最长公共子序列的方法是穷举法，如考察序列 X 的所有子序列，检查它是否也是 Y 的子序列，从而确定它是否是 X 和 Y 的公共子序列。在检查过程中，记录最长的公共子序列。将 X 的所有子序列都考察完后即可求出 X 和 Y 的最长公共子序列。若 X 有 m 个元素,那么 X 就有 2^m 个子序列,也就是说,用穷举法需要指数级的时间。有没有更高效的方法呢?

动态规划算法可以有效地来解决这个问题。下面按照动态规划算法设计的步骤来实践一下。

◇6.3.1　最长公共子序列的结构

实际上,最长公共子序列问题具有最优子结构性质,下面来看一个例子。

设序列 $X=\{x_1,x_2,\cdots,x_m\}$ 和 $Y=\{y_1,y_2,\cdots,y_n\}$ 的一个最长公共子序列为 $Z=\{z_1,z_2,\cdots,z_k\}$,不难发现有下面三条性质。

(1) 如果 $x_m=y_n$,则 $z_k=x_m=y_n$,且 Z_{k-1} 是 X_{m-1} 和 Y_{n-1} 的最长公共子序列。

(2) 如果 $x_m\neq y_n$,且 $z_k\neq x_m$,且 Z 是 X_{m-1} 和 Y 的最长公共子序列。

(3) 如果 $x_m\neq y_n$,且 $z_k\neq y_n$,且 Z 是 X 和 Y_{n-1} 的最长公共子序列。

其中,$X_{m-1}=\{x_1,x_2,\cdots,x_{m-1}\}$;$Y_{n-1}=\{y_1,y_2,\cdots,y_{n-1}\}$;$Z_{k-1}=\{z_1,z_2,\cdots,z_{k-1}\}$。

下面简单证明一下(1)。

证明:用反证法。若 $z_k\neq x_m$,则 $\{z_1,z_2,\cdots,z_k,x_m\}$ 是序列 X 和 Y 的长度为 $k+1$ 的公共子序列。这与 Z 是 X 和 Y 的最长公共子序列矛盾。因此有 $z_k=x_m=y_n$。所以 Z_{k-1} 是 X_{m-1} 和 Y_{n-1} 的一个长度为 $k-1$ 的公共子序列。若 X_{m-1} 和 Y_{n-1} 有一个长度大于 $k-1$ 的公共子序列,那么将 x_m 加入到序列尾部,则产生一个长度大于 k 的公共子序列,与 Z 是最长公共子序列矛盾。因此有 Z_{k-1} 是 X_{m-1} 和 Y_{n-1} 的最长公共子序列。

(2)和(3)的证明与(1)类似,都可用反证法证明。

通过上面三条性质发现,两个序列的最长公共子序列包含这两个序列的前缀的最长公共子序列。因此,求最长公共子序列问题,具有最优子结构性质。

◇6.3.2　子问题的递归结构

既然最长公共子序列问题具有最优子结构的性质,而且由上述已经知道了两个序列的最长公共子序列与其前缀的最长公共子序列之间的关系,不难找出子问题的递推关系。

要找出 $X=\{x_1,x_2,\cdots,x_m\}$ 和 $Y=\{y_1,y_2,\cdots,y_n\}$ 的最长公共子序列,可以按照以下方式进行。

当 $x_m=y_n$ 时,找出 X_{m-1} 和 Y_{n-1} 的最长公共子序列,然后在其尾部加上 x_m 即可得到 X 和 Y 的最长公共子序列。

当 $x_m\neq y_n$ 时,需解两个子问题,其一是找到 X_{m-1} 和 Y 的最长公共子序列,另外一个是找到 X 和 Y_{n-1} 的最长公共子序列。这两个公共子序列中较长者即为 X 和 Y 的最长公共子序列。

下面建立子问题最优值的递归关系。用 $f[i][j]$ 记录序列 X_i 和 Y_j 的最长公共子序列的长度。其中,$X_i=\{x_1,x_2,\cdots,x_i\}$,$Y_j=\{y_1,y_2,\cdots,y_j\}$。当 $i=0$ 或者 $j=0$ 时,X_i 和 Y_j 的最长公共子序列为空,所以此时 $f[i][j]=0$。所以可以建立如下的递推关系。

$$f[i][j]=\begin{cases}0, & i=0,j=0 \\ f[i-1][j-1]+1, & i,j>0;x_i=y_j \\ \max\{f[i][j-1],f[i-1][j]\}, & i,j>0;x_i\neq y_j\end{cases}$$

◇6.3.3 计算最优值

我们用数组 $f[i][j]$ 记录序列 X_i 和 Y_j 的最长公共子序列的长度,因为需要求序列的最长公共子序列,因此需要在计算最优值的同时记录最优值是由哪些子问题得到的,我们引入数组 $b[i][j]$ 用来记录 $f[i][j]$ 是通过哪个子问题的解得到的。

假设 $f[i][j]=f[i-1][j-1]+1$,即此时有 $x_i=y_j$,用 $b[i][j]=$ '↖' 来表示。

$f[i][j]=f[i-1][j]$,即此时有 $x_i\neq y_j$ 且 $f[i-1][j]>f[i][j-1]$,用 $b[i][j]=$ '↑' 来表示。

$f[i][j]=f[i][j-1]$,即此时有 $x_i\neq y_j$ 且 $f[i][j-1]>f[i-1][j]$,用 $b[i][j]=$ '←' 来表示。

那么当计算出问题的最优值,即序列 X 和序列 Y 的最长公共子序列时,即可得一个记录每一个子问题的最优解是怎样得来的二维数组 b,而问题的最优值,即最长公共子序列的长度记录在 $f[m][n]$ 中。

◇6.3.4 构造最长公共子序列

根据数组 b 可以回溯得到序列的最长公共子序列。

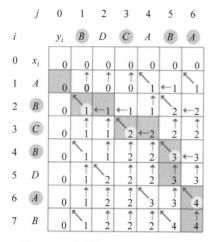

图 6-1 回溯最长公共子序列的过程

即对 $b[i][j]$ 从 $i=m,j=n$ 进行回溯,当 $b[i][j]=$ '↖'时,表示 $f[i][j]=f[i-1][j-1]+1$,此时有 $x_i=y_j$,即 x_i 是最长公共子序列中的元素,输出 x_i。

当 $b[i][j]=$ '←'时,表示 $f[i][j]=f[i-1][j]$,令 $i=i-1$,继续回溯。

当 $b[i][j]=$ '↑'时,表示 $f[i][j]=f[i][j-1]$,令 $j=j-1$,继续回溯。

例如,序列 $X=\{A,B,C,B,D,A,B\}$ 和序列 $Y=\{B,D,C,A,B,A\}$,回溯最长公共子序列的过程如图 6-1 所示。

◇6.3.5 算法实现

下面来看一个实现代码的例子。

```c
#include <stdio.h>
#include <string.h>
#define MAXLEN 100
char x[MAXLEN];
char y[MAXLEN];
int b[MAXLEN][MAXLEN];
int c[MAXLEN][MAXLEN];
int m, n;
//初始化序列 x 和 y
void initial()
{
```

```
        gets_s(x, MAXLEN);
        gets_s(y, MAXLEN);
    m = strlen(x);
    n = strlen(y);
}
//根据递推关系,求最优值,并记录相关信息
//f[i][j]记录序列 Xi 和 Yj 的最长公共子序列的长度
//b[i][j]用来记录 f[i][j]是通过哪个子问题的解得到的
void LCSLength(char * x, char * y, int m, int n, int f[][MAXLEN], int b[][MAXLEN])
{
    int i, j;

    for(i = 1; i <= m; i++)
        f[i][0] = 0;
    for(j = 1; j <= n; j++)
        f[0][j] = 0;
    for(i = 1; i <= m; i++)
    {
        for(j = 1; j <= n; j++)
        {
            if(x[i-1] == y[j-1])
            {
                f[i][j] = f[i - 1][j - 1] + 1;
                b[i][j] = 0;
            }
            else if(f[i - 1][j] >= f[i][j - 1])
            {
                f[i][j] = f[i - 1][j];
                b[i][j] = 1;
            }
            else
            {
                f[i][j] = f[i][j - 1];
                b[i][j] = -1;
            }
        }
    }
}
//根据数组 b 回溯得到序列的最长公共子序列
void PrintLCS(int b[][MAXLEN], char * x, int i, int j)
{
    if(i == 0 || j == 0)
        return;
    if(b[i][j] == 0)
    {
        PrintLCS(b, x, i - 1, j - 1);
        printf("%c ", x[i-1]);
    }
    else if(b[i][j] == 1)
        PrintLCS(b, x, i - 1, j);
```

```
    else
        PrintLCS(b, x, i, j - 1);
}

int main()
{
    initial();
    LCSLength(x, y, m, n, c, b);
    PrintLCS(b, x, m, n);

    return 0;
}
```

【运行结果】

```
输入：
ABCBDAB
BDCABA
输出：
BCBA
```

6.4* 最大流问题

为了求从一点到另外一点的最短路径，可以把交通地图模型化为有向图。同样，可以把有向图理解为一个"流网络"。

对于一个流网络，可以设想某物质从生产它的源点（source），经过一个系统，流向消耗该物质的汇点（sink）这样的一个过程。从直观上看，系统中任何一点的物质的"流"为该物质在系统中运行的速度。可以用流网络来模型化流经管道的液体、通过装配线的部件、电网中的电流或通信网络传送的信息等。

◇6.4.1 流网络

下面看一个流网络的例子。

如图 6-2 所示，在流网络 $G = (V, E)$ 中：1 为源点，标记为 s，6 为汇点，标记为 t，每条边上数字的含义是边能够允许流过的最大流量。可以将边看成管道，如图中边（4,6）上的 15/20 代表该管道每单位时间最多能通过 20 个单位的流量，我们用 $c(u, v)$ 表示边（u, v）的容量，那么有 $c(4, 6) = 20$，15 代表当前边上流量，若用 $f(u, v)$ 表示 u 到 v 的当前流量，则
$$f(4, 6) = 15。$$

对于流网络，有下面的性质。

（1）容量限制：对所有的 $u, v \in V$，要求 $f(u, v) \leqslant c(u, v)$。也就是说，对于当前的边，其流量不能超过该边的容量。

（2）反对称性：对于所有的 $u, v \in V$，要求 $f(u, v) = -f(v, u)$。

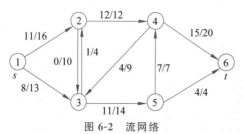

图 6-2　流网络

（3）流量守恒：对于所有的 $u\in V-\{s,t\}$，要求 $\sum_{v\in V}f(u,v)=0$。 需要说明的是，这里的 $f(u,v)$ 称为从顶点 u 到顶点 v 的流，它可以为正，为零，也可以为负。

流 f 的值定义为 $|f|=\sum_{v\in V}f(s,v)$，即从源点出发的总流，注意这里的 $|.|$ 不代表绝对值或者势，仅仅是表示流的值的一个记号。这个性质的含义是，对于除了 s 和 t 的任一结点，流入该结点的流量等于流出该结点的流量。这可以理解为流量守恒，就如同电流一样，流入一个电阻的电流必然等于流出的电流。

只要满足这三条性质，就是一个合法的网络流。

那么什么是最大流问题呢？最大流问题，就是求在满足网络流性质的情况下，源点 s 到汇点 t 的最大流量。

为了解决这个问题，需要了解几个概念：残留网络，增广路径，流网络的割，最大流最小割定理。

残留容量：设 f 为 G 中的一个流，并考察一对顶点 $u,v\in V$。在不超过容量 $c(u,v)$ 的条件下，从 u 到 v 之间可以压入的额外网络流量，就是 (u,v) 的残留容量，由下式定义：

$$c_f(u,v)=c(u,v)-f(u,v)$$

例如，若 $c(u,v)=20$ 且 $f(u,v)=15$，则在不超过边 (u,v) 的容量限制的条件下，可以再传输 $c_f(u,v)=5$ 个单位的流来增加 $f(u,v)$。当 $f(u,v)<0$ 时，残留容量 $c_f(u,v)>c(u,v)$。若 $c(u,v)=10,f(u,v)=-4$，那么 $c_f(u,v)=14$，可以这样理解：从 v 到 u 存在 4 个单位的网络流，我们可以通过从 u 到 v 压入 4 个单位的网络流来抵消它。然后在不超过边 (u,v) 的容量限制条件下，还可以从 u 到 v 压入另外 10 个单位的网络流。所以从开始时的网络流 $f(u,v)=-4$，压入额外的 14 个单位的网络流而不会超过其容量限制。

残留网络：对于一个给定的流网络 $G=(V,E)$ 和流 f，由 f 压得的 G 的残流网络是 $G_f=(V,E_f)$，其中，$E_f=\{(u,v)\in V\times V:c_f(u,v)>0\}$。也就是说，在残留网络中，每条边能容纳一个严格为正的网络流。图 6-2 的残留网络如图 6-3 所示。

增广路径：对于一个已知的流网络 $G(V,E)$ 和流 f，增广路径 p 为残留网络 G_f 中从 s 到 t 的一条简单路径。因此，在不违背容量限制的条件下，增广路径上的每条边 (u,v) 可以容纳从 u 到 v 的某额外正网络流。

如图 6-4 中，加粗路径为一条增广路径，在不违背容量限制的条件下还可以压入 4 个单位的额外网络流。为什么是 4 呢？因为在该路径的每条边上，最小的残留容量为 $c_f(3,4)=4$。我们称能够沿一条增广路径 p 的每条边传输的网络流的最大量为 p 的残留容量，记作：$c_f(p)=\min\{c_f(u,v):(u,v)$ 在 p 上$\}$。

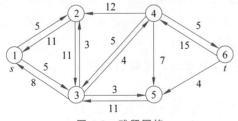

图 6-3　残留网络

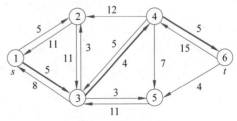

图 6-4　增广路径

流网络的割：流网络 $G=(V,E)$ 的割 (S,T) 可以将 V 划分为 S 和 $T=V-S$ 两部分，使得 s 属于 S，t 属于 T。割 (S,T) 的容量是指从集合 S 到集合 T 的所有边（有方向）的容量之和（不算反方向的，必须是 $S{\rightarrow}T$）。如果 f 是一个流，则穿过割 (S,T) 的净流量被定义为 $f(S,T)$（包括反向的，$S{\rightarrow}T$ 的为正值，$T{\rightarrow}S$ 的负值）。将上面举的例子继续拿来，随便画一个割，如图 6-5 所示。

如图 6-5 中，割的容量为 $c(4,6)+c(3,5)=34$，割的净流量为 $f(4,6)+f(4,5)+f(3,5)=15-7+11=19$。

对于流网络的任意割的净流都是相同的。为什么呢？根据流量守恒的性质可以很容易得到。我们来看一下图 6-6 的割，该割的净流量是 $f(s,2)+f(s,3)=19$。若将 s 比喻成一个水龙头，2 和 3 流向别处的水流，都是来自 s 的，其自身不可能创造水流。所以任意割的净流量都是相等的。除此之外，对任意一个割，穿过该割的净流量上界就是该割的容量，即不可能超过割的容量。所以网络的最大流必然无法超过网络的最小割。

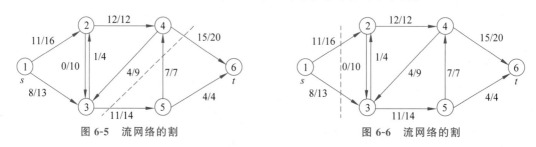

图 6-5　流网络的割　　　　图 6-6　流网络的割

最大流最小割定理：如果 f 是具有源点 s 和汇点 t 的流网络 $G=(V,E)$ 中的一个流，则下面的条件是等价的。

(1) f 是 G 的一个最大流。

(2) 残留网络 G_f 不包含增广路径。

(3) 对 G 的某个割 (S,T)，有 $|f|=c(S,T)$。

这里不再证明。

◇6.4.2　Ford-Fulkerson 方法

Ford-Fulkerson 方法依赖于三种重要思想，这三个思想就是上文中介绍的：残留网络，增广路径和流网络的割。

Ford-Fulkerson 方法是一种迭代的方法。开始时，对所有的 $u,v\in V$ 有 $f(u,v)=0$，即初始状态时流的值为 0。在每次迭代中，可通过寻找一条"增广路径"来增加流值。增广路径可以看作是从源点 s 到汇点 t 之间的一条路径，沿该路径可以压入更多的流，从而增加流的值。反复进行这一过程，直至增广路径都被找出来，根据最大流最小割定理，当不包含增广路径时，f 是 G 中的一个最大流。

下面以图 6-7 为例说明迭代过程。图中左边表示残留网络，并用加粗线标出了增广路径。右边表示将增广路径上最小残留流量加入到 f 后的新流 f。

（1）

（2）

（3）

（4）

（5）

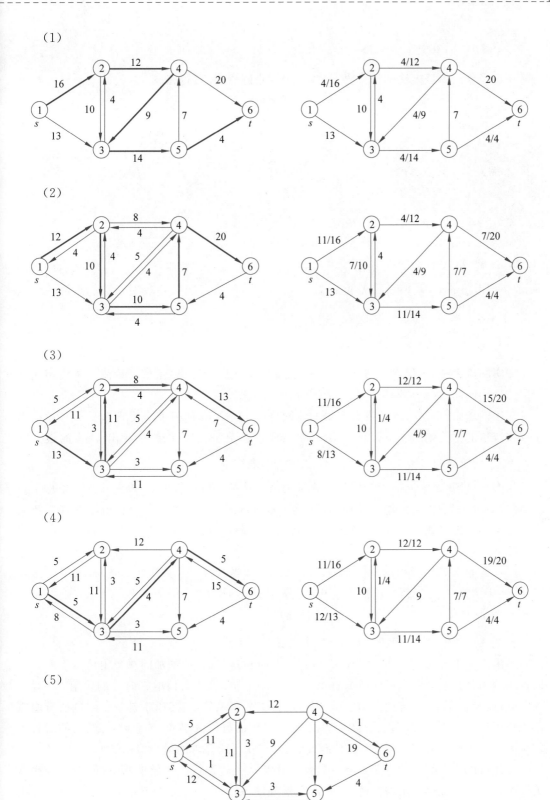

图 6-7　Ford-Fulkerson 方法迭代过程

◇6.4.3　Ford-Fulkerson 方法伪代码

在这里仅给出该方法的伪代码,具体代码请查阅资料,自行完成。

```
FORD-FULKERSON(G, t, s)
1 for each edge(u, v)属于 E(G)
2     do f[u, v]=0
3         f[v, u]=0
4 while there exists a path p from s to t in the residual network Gf
5     do cf(p)=min{cf(u, v) : (u, v) is in p}
6      for each edge(u, v) in p
7             do f[u, v]=f[u, v]+cf(p)
8                   f[v, u]=-f[u, v]
```

其中,第 1~3 行把流 f 初始化为 0,第 4~8 行的 while 循环反复找出 G_f 中的增广路径 p,并把沿 p 的流 f 加上其残留容量 $c_f(p)$。当不再有增广路径时,流 f 就是一个最大流。

◇6.4.4　最小费用最大流

在实际应用中,不仅要考虑使从 s 到 t 的流量最大,而且还要考虑可行流在网络传送过程中的费用问题,这就是网络的最小费用、最大流问题。

在该问题中,不仅给出了带有容量的流网络,对于 $G(V, E)$ 中的每条弧 (v_i, v_j),还给出了单位流量的传输费用 b_{ij},其中,$b_{ij} \geqslant 0$,然后要求在费用、容量网络中找出 $s \rightarrow t$ 的最大流 $f = \{f_{ij}\}$,且使流的总传输费用 $b(f) = \sum b_{ij} f_{ij}$ 最小。

从上文可知,最大流的求法就是在容量网络上从某个可行流出发,设法找到一条从 s 到 t 的增广路径,然后沿着此增广路径调整流量,做出新的流量增大了的可行流。在这个新的可行流基础上再寻找它的增广路径。如此反复进行,直至再找不出增广路径时,就得到了该网络的最大流。

现在要寻求最小费用的最大流,首先考察一下,当沿着一条关于可行流 f 的增广路径 μ,以 $\theta = 1$ 调整 f 得到新的可行流 f' 时,总费用 $b(f')$ 比 $b(f)$ 增加多少?

∵ 在前向弧 $\mu +$ 上 $f_{ij}' = f_{ij} + 1$,在后向弧 $\mu -$ 上 $f_{ij}' = f_{ij} - 1$

∴ $b(f') - b(f) = \sum b_{ij}(f'_{ij} - f_{ij}) + \sum b_{ij}(f'_{ij} - f_{ij})$

即沿着关于可行流 f 的增广链 μ,增加一个单位运量时,所增加的总费用是 μ 上所有前向弧的费用之和减去所有后向弧的费用之和。我们称此费用为该增广链 μ 的费用。

可以证明:若 f 是流量为 $v(f)$ 的所有可行流中费用最小者,而 μ 是关于 f 的所有增广链中费用最小的增广链,那么沿 μ 去调整 f,得到的可行流 f' 就是流量为 $v(f')$ 的所有可行流中的最小费用流。这样,当 f' 是最大流时,它就是所要求的最小费用最大流。

因此可以按照下面的思路来寻找最小费用最大流:先找一个最小费用可行流,再找出关于该可行流的最小费用增广链,沿此链调整流量,则得到一个新的流量增大了的最小费用流,然后对新的最小费用流重复上述方法,一直调整到网络的最大流出现为止,便得到了所考虑网络的最小费用最大流。

由于 $b_{ij} \geqslant 0$，所以 $f=\{0\}$ 必是流量为 0 的最小费用流。这样，总可以从 $f=\{0\}$ 开始算起。一般地，如果已知 f 是流量为 $v(f)$ 的最小费用流，余下的问题就是如何去寻找关于 f 的最小费用增广链。

为此，构造一个有向费用网络 $W(f)$，它的顶点与原网络完全相同，而把原网络中的每一条弧 (v_i, v_j) 分解成方向相反的两条弧，即 (v_i, v_j) 和 (v_j, v_i)。并按如下规则定义 $W(f)$ 中弧的权数：

当弧 $(v_i, v_j) \in G$ 时，令权系数 $w_{ij} = \begin{cases} b_{ij}, & f_{ij} < c_{ij} \\ +\infty, & f_{ij} = c_{ij} \end{cases}$。

当弧 (v_j, v_i) 是原 G 中弧 (v_i, v_j) 的反向弧时，令权系数 $w_{ij} = \begin{cases} -b_{ij}, & f_{ij} > 0 \\ +\infty, & f_{ij} = 0 \end{cases}$。

上述定义式的含义是：在增广链的前向弧上，当 $f_{ij} < c_{ij}$ 时，可以增加流量，其单位费用为 b_{ij}，当 $f_{ij} = c_{ij}$ 时不能再增加流量，否则要花费高昂的代价，因此单位费用为 $+\infty$。在增广链的后向弧上，当 $f_{ij} > 0$ 时，减少一个单位流量可节约的费用为 b_{ij}，当 $f_{ij} = 0$ 时，由于无法减少流量，因此单位费用也为 $+\infty$。

经上述处理后，在费用、容量网络中寻找关于 f 的最小费用增广链问题，就转换为在有向费用网络 $W(f)$ 中寻找从 s 到 t 以费用表示的最短路。因是求最短路，故 $w_{ij} = +\infty$ 的弧可以从网络中省略。

具体算法步骤如下。

（1）取 0 流为初始最小费用可行流 f^0，即 $v(f^0) = 0$。

（2）若在 $k-1$ 步 $(k=1,2,\cdots)$ 得最小费用流 f^{k-1}，则构造有向费用网络 $W(f^{k-1})$。

（3）在网络 $W(f^{k-1})$ 中寻找从 s 到 t 的最短路。若不存在最短路，则 f^{k-1} 已是最小费用最大流，计算停止。否则转（4）。

（4）在原网络图中与这条最短路相应的增广链上，对流量 $v(f^{k-1})$ 进行调整，调整量为 $\theta = \min\{\min(c_{ij} - f_{ij}^{k-1}), \min f_{ij}^{k-1}\}$。

调整后得新的最小费用流 f^k，其流量为 $v(f^{k-1}) + \theta$。用 f^k 代替 f^{k-1} 返回（2）。

◇6.4.5 动态规划与最大流问题

实际上，有一部分动态规划问题可以转换成最大流问题来解决。

例如，若给出有一个街道的地形可以画成如图 6-8 所示的有向无环网络图，求一个人从给定源点 s 走到汇点 t 的最长路径。

若用动态规划的方法来看该问题，则有：考虑源点 s 到其他顶点的距离，假设顶点 i，达到顶点 i 仅有的途径是经过其前驱，设 i 的前驱结点有 k 个，分别为 $i_1, i_2, \cdots, i_k$，用 $d(i,j)$ 表示顶点 i 到顶点 j 的路径长度，用 $\text{dis}(i)$ 表示

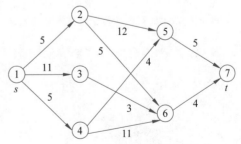

图 6-8　有向无环网络图

从源点 s 到顶点 i 的最长路径，那么有递推关系：$\text{dis}(i) = \max\{\text{dis}(i_1) + d(i, i_1), \text{dis}(i_2) + d(i, i_2), \cdots, \text{dis}(i_n) + d(i, i_n)\}$，其中，$\text{dis}(源点) = 0$。

其实还可以用解决最大流问题的方法来看该问题。

我们将一条路径看成是网络中一个流量为 1 的流,而图 6-8 网络中各个边的长度看作是流网络中边的费用,这样求解的目标就是使这个流的费用最大。但是本题又不同于一般的费用流问题,在每一条边 e 上的流费用并不是流量和边权的乘积 $f(e) \cdot w(e)$,而是用下式计算:

$$\begin{cases} w(e), & f(e) > 0 \\ 0, & f(e) = 0 \end{cases}$$

为了使经典的费用流算法适用于本题,需要将模型稍微转换一下,如图 6-9 所示。

图 6-9   模型转换方法

将每条边拆成两条。拆开后一条边上有权,但是容量限制为 1;另一条边没有容量限制,但是流过这条边就不能计算费用了。这样就把问题转换成了一个标准的最大费用固定流问题。

其实,该问题可以推广到 N 个人要从源点 s 走到点 t,求这 N 个人走过的最长路径(每段路径只计算一次),即 N 条路径所覆盖的路径的长度。此时只需将 N 条路径看成是网络中一个流量为 N 的流,其余做法与上述相同。

其实任何有向无环图中的费用流问题在理论上说,都可以用动态规划来解决。但是,随着 N 的增大,动态规划算法的复杂性指数级增长,因而在实现中的局限性很大,仅可用于一些 N 非常小的题目。

习   题

1. 对于 6.1 节中的挖金矿问题,如果要求给出挖取最多金子数时的挖掘方案,请问该怎么做呢? 请参考 6.2 节中的 0-1 背包问题,编程实现

输入:
第一行输入国王召集的人数 peopleTotal,第二行输入金矿的数目 n,第三行输入每座金矿能挖出的金子数;第四行输入每座金矿需要的人数。
输出:
第一行输出最多挖出的金子数,第二行输出挖掘方案。注:金矿从 0 开始计数。
样例输入:
10000
10
800 1500 6700 5800 5678 1200 500 900 7000 8888
500 630 3200 2300 4300 650 180 320 1000 1500
样例输出:
32488
1 2 3 5 6 7 8 9

2. 许多年前,有一个被称为"骨收藏家"的人。这个人喜欢收集不同的骨头,如狗骨头、

牛骨头,当然他也去坟墓……

集骨者有一个大袋子,体积为 V,他此行遇到 N 个骨头,不同的骨头具有不同的价值和不同的体积,现在给出每个骨头的价值和体积,你能计算出骨收藏家此行能收集到的骨头的最大的总价值吗?

> 输入:
> 输入包含三行,首先第一行包括两个数字,第一个数字 N 代表骨头数,第二个数字 V 代表袋子的容量。第二行输入 N 个数字,代表 N 个骨头的价值。第三行输入 N 个数字,代表 N 个骨头的体积。
> 输出:
> 可以收集的骨头的最大价值。
> 样例输入:
> 5 10
> 1 2 3 4 5
> 5 4 3 2 1
> 样例输出:
> 14

3. 小明很早就想出国,现在他已经考完了所有需要的考试,准备了所有要准备的材料,于是便需要去申请学校了。要申请国外的任何大学,都需要交纳一定的申请费用,这可是很惊人的。小明没有多少钱,总共只攒了 n 万美元。他将在 m 个学校中选择若干个(当然要在他的经济承受范围内)。每个学校都有不同的申请费用 a(万美元),并且小明估计了他得到这个学校 offer 的可能性 b。不同学校之间是否得到 offer 不会互相影响。"I NEED A OFFER",小明大叫一声。帮助小明计算一下,他可以收到至少一份 offer 的最大概率(如果小明选择了多个学校,得到任意一个学校的 offer 都可以)。

提示:题目要求的是至少收到一份 offer 的最大概率,我们得到一份 offer 都收不到的最小概率即可,状态转移方程为 $dp[j] = \min(dp[j], dp[j-val[i]] * p[i])$;其中,$p[i]$ 表示得不到的概率,$(1-dp[j])$ 为花费 j 元得到 offer 的最大概率。

> 输入:
> 第一行有两个正整数 n,m(0<=n<=10000,0<=m<=10000),分别代表有 n 万美元,m 所学校。
> 后面的 m 行,每行都有两个数据 ai(整型),bi(实型)分别表示第 i 个学校的申请费用和可能拿到 offer 的概率。
> 输出:
> 小明可能得到至少一份 offer 的最大概率。用百分数表示,精确到小数点后一位。
> 样例输入:
> 10 3
> 4 0.1
> 4 0.2
> 5 0.3
> 样例输出:
> 44.0%

4. 给定两个字符串,例如 abcfbc 和 abfcab,求它们最长公共子序列的长度。

> 输入:
> 第一行输入第一个字符串,第二行输入第二个字符串。
> 输出:
> 它们最长公共子序列的长度

样例输入：
ABCBDAB
BDCABA
样例输出：
4

5. 给你一个序列 $a[1],a[2],a[3],\cdots,a[n]$，计算其最大和子序列。如 $(6,-1,5,4,-7)$，它的最大和子串为 $(6,-1,5,4)$，其中，$6+(-1)+5+4=14$。注意这里是子串，在序列中是连续的元素。

输入：
首先输入一个正整数 n，代表序列的长度为 n，其中，$1 \leqslant n < \leqslant 100\ 000$。另起一行，输入 n 个整数，作为序列，每个整数大于或等于 -1000 且小于或等于 1000。
输出：
输出一行，包括三个数字，分别为：子串的最大和，子串在序列中的起始位置，子串在序列中的终止位置。
样例输入：
5
6 -1 5 4 -7
样例输出：
14 1 4

6. 我们由 6.3 节已经学到如何求两个序列的最长公共子序列。但是如果现在需要求出两句话的最长公共单词子序列，请问该如何求出呢？已知每句话长度不会超过 100 个单词，单词之间用空格分开，且不会出现标点符号，每句话用♯结束。每个单词中字符总数不超过 30。

提示：与最长公共子序列问题相似，只需要将句子存入二维数组中即可。

输入：
两个以♯结束的句子。
输出：
两个句子的最长公共单词子序列
样例输入：
die einkommen der landwirte
sind fuer die abgeordneten ein buch mit sieben siegeln
um dem abzuhelfen
muessen dringend alle subventionsgesetze verbessert werden
#
die steuern auf vermoegen und einkommen
sollten nach meinung der abgeordneten
nachdruecklich erhoben werden
dazu muessen die kontrollbefugnisse der finanzbehoerden
dringend verbessert werden
#
样例输出：
die einkommen der abgeordneten muessen dringend verbessert werden

第7章

遗传算法

7.1 遗传算法的概念

在几十亿年的演化过程中,自然界中的生物体已经形成了一种优化自身结构的内在机制,它们能够不断地从环境中学习,以适应不断变化的环境。对于大多数生物体,这个过程是通过自然选择和有性生殖来完成的。自然选择决定了群体中哪些个体能够存活并繁殖,有性生殖保证了后代基因的混合与重组。演化计算(Evolutionary Computation,EC)是在达尔文(Darwin)的进化论和孟德尔(Mendel)的遗传变异理论的基础上产生的一种在基因和种群层次上模拟自然界生物进化过程与机制,进行问题求解的自组织、自适应的随机搜索技术。它以达尔文进化论的"物竞天择、适者生存"作为算法的进化规则,并结合孟德尔的遗传变异理论,将生物进化过程中的繁殖(Reproduction)、变异(Mutation)、竞争(Competition)、选择(Selection)引入到了算法中,是一种对人类智能的演化模拟方法。演化计算主要有遗传算法、演化策略、演化规划和遗传规划四大分支。其中,遗传算法是演化计算中最初形成的一种具有普遍影响的模拟演化优化算法。

遗传算法(Genetic Algorithms,GA)由美国密执安大学霍兰德(J.Holland)教授于1962年提出,其基本思想是使用模拟生物和人类进化的方法来求解复杂问题。它从初始种群出发,采用优胜劣汰、适者生存的自然法则选择个体,并通过杂交、变异产生新一代种群,如此逐代进化,直到满足目标为止。自然界的生物进化过程是演化计算的生物学基础,它主要包括遗传(Heredity)、变异(Mutation)和演化(Evolution)理论。遗传算法具有三大优点:①群体搜索,易于并行化处理;②不是盲目穷举,而是启发式搜索;③适应度函数不受连续、可微等条件的约束,适用范围很广。

基本遗传算法又称为简单遗传算法或标准遗传算法(Simple Genetic Algorithms,SGA),是由 Goldberg 总结出的一种最基本的遗传算法,其遗传进化操作过程简单,容易理解,是其他一些遗传算法的雏形和基础。SGA 的主要组成要素为运行参数、编码(产生初始种群)、适应度函数和遗传算子(选择、交叉、变异)。运行参数主要有四个:种群规模(M)、遗传运算的终止进化代数(T)、交叉概率(P_c)和变异概率(P_m)。其算法流程图如图 7-1 所示。

遗传算法由运行参数、编码(产生初始种群)、适应度函数、遗传算子(选择、交叉、变异)四个部分组成。更为一般的计算框架如下。

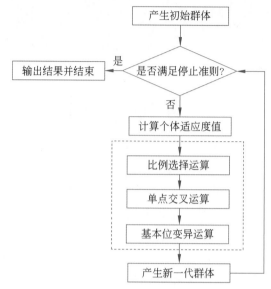

图 7-1   SGA 算法流程图

（1）初始化：设置进化代数计数器 $t=0$，设置最大进化代数 T，随机生成 M 个个体作为初始群体 $P(0)$。

（2）个体评价：计算群体 $P(t)$ 中各个个体的适应度。

（3）选择运算：将选择算子作用于群体。选择的目的是把优化的个体直接遗传到下一代或通过配对交叉产生新的个体再遗传到下一代。选择操作是建立在群体中个体的适应度评估基础上的。

（4）交叉运算：将交叉算子作用于群体。交叉是指把两个父代个体的部分结构加以替换重组而生成新个体的操作。遗传算法中起核心作用的就是交叉算子。

（5）变异运算：将变异算子作用于群体。即是对群体中的个体串的某些基因座上的基因值做变动。

群体 $P(t)$ 经过选择、交叉、变异运算之后得到下一代群体 $P(t_1)$。

（6）终止条件判断：若 $t=T$，则以进化过程中所得到的具有最大适应度的个体作为最优解输出，终止计算。

7.2   遗传算法的设计

1. 编码

研究生物遗传是从染色体着手，染色体是由基因排成的串，编码是 GA 求解问题的第一步。编码是通过某种机制把求解问题抽象为由特定符号按一定顺序排成的串，使用二进制串进行编码是常见的方法。

【例 7-1】   利用 GA 求下列一元函数的最大值，其中 $x \in [-1,1]$，求解结果精确到 6 位小数，请问如何编码？

$$f(x) = x \cdot \sin(8\pi \cdot x) + 3.0$$

解：由于区间长度为 2,求解结果精确到 6 位小数,因此可将自变量定义区间划分为 2×10^6 等份。又因为 $2^{20} < 2 \times 10^6 < 2^{21}$,所以本例的二进制编码长度至少需要 21 位,本例的编码过程实质上是将区间 $[-1,1]$ 内对应的实数值转换为一个二进制串 $(b_{20}b_{19} \cdots b_0)$。

GA 采用随机方法生成若干个个体的集合,该集合称为初始种群。初始种群中个体的数量称为种群规模。

2. 适应度函数

遗传算法对一个个体(解)的好坏用适应度函数值来评价,适应度函数值越大,解的质量越好。适应度函数是遗传算法进化过程的驱动力,也是进行自然选择的唯一标准,它的设计应结合求解问题本身的要求而定。遗传算法使用选择运算来实现对群体中的个体进行优胜劣汰操作:适应度高的个体被遗传到下一代群体中的概率大,适应度低的个体被遗传到下一代群体中的概率小。

3. 遗传算子

选择操作的任务就是按某种方法从父代群体中选取一些个体,遗传到下一代群体。SGA 中选择算子采用轮盘赌选择方法。轮盘赌选择又称比例选择算子,它的基本思想是:各个个体被选中的概率与其适应度函数值大小成正比。设群体大小为 n,个体 i 的适应度为 F_i,则个体 i 被选中遗传到下一代群体的概率为:

$$P_i = F_i \Big/ \sum_{i=1}^{n} F_i$$

轮盘赌选择方法的实现步骤如下。

(1) 计算群体中所有个体的适应度函数值(需要解码)。

(2) 利用比例选择算子的公式,计算每个个体被选中遗传到下一代群体的概率。

(3) 采用模拟赌盘操作(即生成 0～1 的随机数与每个个体遗传到下一代群体的概率进行匹配)来确定各个个体是否遗传到下一代群体中。

交叉运算,是指对两个相互配对的染色体依据交叉概率 P_c 按某种方式相互交换其部分基因,从而形成两个新的个体。交叉运算是遗传算法区别于其他进化算法的重要特征,它在遗传算法中起关键作用,是产生新个体的主要方法。SGA 中交叉算子采用单点交叉算子。

为了便于观察,人为地用 | 来表示交叉点。

交叉前:

00000|01110000000010000

11100|00000111111000101

交叉后:

00000|00000111111000101

11100|01110000000010000

所谓变异运算,是指依据变异概率 P_m 将个体编码串中的某些基因值用其他基因值来替换,从而形成一个新的个体。遗传算法中的变异运算是产生新个体的辅助方法,它决定了遗传算法的局部搜索能力,同时保持种群的多样性。交叉运算和变异运算的相互配合,共同完成对搜索空间的全局搜索和局部搜索。SGA 中变异算子采用基本位变异算子。基本位变异算子是指对个体编码串随机指定的某一位或某几位基因做变异运算。对于基本遗传算法中用二进制编码符号串所表示的个体,若需要进行变异操作的原有基因值为 0,则变异操作将其变为 1;反之,若原有基因值为 1,则变异操作将其变为 0。

变异前:

$$000001110000000010000$$

变异后:

$$000001110001000010000$$

7.3   函数最值问题求解

利用遗传算法求函数最值(极值)问题是清晰地理解遗传算法的一个较好的途径,下面通过一个例子,展示遗传算法的基本流程和操作。

【例 7-2】   求函数 $f(x_1, x_2) = x_1^2 + x_2^2$ 的最大值,其中,x_1 及 x_2 的取值范围为 $\{1, 2, 3, 4, 5, 6, 7\}$。

解:

(1)编码。

遗传算法的运算对象是表示个体的符号串,所以必须把变量 x_1, x_2 编码为一种符号串。本例用无符号二进制整数来表示,因 x_1, x_2 为 0~7 的整数,所以分别用 3 位无符号二进制整数来表示,将它们连接在一起所组成的 6 位无符号二进制数就形成了个体的基因型,表示一个可行解。例如,基因型 $X = 101110$ 所对应的表现型是 $x = [5, 6]$。个体的表现型 x 和基因型 X 之间可通过编码和解码程序相互转换。

(2)初始群体的产生。

遗传算法是对群体进行的进化操作,需要给其准备一些表示起始搜索点的初始群体数据,本例中,群体规模的大小取为 4,即群体由 4 个个体组成,每个个体可通过随机方法产生,如 011101,101011,011100,111001。

(3)适应度计算。

遗传算法中以个体适应度的大小来评定各个个体的优劣程度,从而决定其遗传机会的大小。本例中,目标函数总取非负值,并且是以求函数最大值为优化目标,故可直接利用目标函数值作为个体的适应度。

(4)选择运算。

选择运算(或称为复制运算)把当前群体中适应度较高的个体按某种规则或模型遗传到下一代群体中。一般要求适应度较高的个体将有更多的机会遗传到下一代群体中。采用与适应度成正比的概率来确定各个个体复制到下一代群体中的数量。其具体操作过程如下。

先计算出群体中所有个体的适应度的总和:

$$\sum f_i \, (i = 1, 2, \cdots, M)$$

其次计算出每个个体的相对适应度的大小 $f_i / \sum f_i$,它即为每个个体被遗传到下一代群体中的概率,每个概率值组成一个区域,全部概率值之和为 1。

最后再产生一个 0～1 的随机数,依据该随机数出现在上述哪一个概率区域内来确定各个个体被选中的次数。

以上 4 步从编码到选择运算具体可以参考表 7-1,4 个个体占总数的百分比分布见图 7-2。

表 7-1 初始群体、适应度计算及选择运算

个体编号	初始群体 $p(0)$	x_1	x_2	适值	占总数的百分比	选 择 次 数	选 择 结 果
1	011101	3	5	34	0.24	1	011101
2	101011	5	3	34	0.24	1	111001
3	011100	3	4	25	0.17	0	101011
4	111001	7	1	50	0.35	2	111001
总和				143	1		

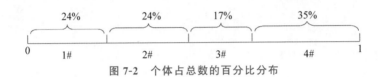

图 7-2 个体占总数的百分比分布

(5) 交叉运算。

交叉运算是遗传算法中产生新个体的主要操作过程,它以某一概率相互交换某两个个体之间的部分染色体。本例采用单点交叉的方法,其具体操作过程是:先对群体进行随机配对,其次随机设置交叉点位置,最后再相互交换配对染色体之间的部分基因。交叉运算具体过程及结果参见表 7-2。

表 7-2 交叉运算具体过程及结果

个 体 编 号	选 择 结 果	配 对 情 况	交叉点位置	交 叉 结 果
1	01:1101			011001
2	11:1001	1-2	1-2:2	111101
3	1010:11	3-4	3-4:4	101001
4	1110:01			111011

可以看出,其中新产生的个体"111101""111011"的适应度较原来两个个体的适应度都要高。

(6) 变异运算。

变异运算是对个体的某一个或某一些基因座上的基因值按某一较小的概率进行改变,它也是产生新个体的一种操作方法。本例中,采用基本位变异的方法来进行变异运算,其具体操作过程是:首先确定出各个个体的基因变异位置,表 7-3 所示为随机产生的变异点位置,其中的数字表示变异点设置在该基因座处;然后依照某一概率将变异点的原有基因值取反。具体运算过程及结果见表 7-3。

表 7-3　变异运算具体过程及结果

个 体 编 号	交 叉 结 果	变 异 点	变 异 结 果	子代群体 $p(1)$
1	011001	4	011101	011101
2	111101	5	111111	111111
3	101001	2	111001	111001
4	111011	6	111010	111010

对群体 $p(t)$ 进行一轮选择、交叉、变异运算之后可得到新一代的群体 $p(t+1)$。新一代种群参见表 7-4。

表 7-4　新一代种群

个 体 编 号	子群体 $p(1)$	x_1	x_2	适　　值	占总数的百分比
1	011101	3	5	34	0.14
2	111111	7	7	98	0.42
3	111001	7	1	50	0.21
4	111010	7	2	53	0.23
总和				235	1

从上表中可以看出,群体经过一代进化之后,其适应度的最大值、平均值都得到了明显的改进。事实上,这里已经找到了最佳个体"111111"。

需要说明的是,表中有些栏的数据是随机产生的。这里为了更好地说明问题,特意选择了一些较好的数值以便能够得到较好的结果,而在实际运算过程中有可能需要一定的循环次数才能达到这个最优结果。

7.4　函数最值问题求解程序实现

编制遗传算法程序求解以下函数的最小值:

$$f(x_1,x_2)=20+x_1^2+x_2^2-10\times(\cos(2\pi x_1)+\cos(2\pi x_2))$$

其中,x_1,x_2 的取值为 $(-10,10)$。

该问题的程序主要定义了以下函数,具体函数含义可从函数名推测,详细可参见代码及注释。

```
int RandomInteger(int low,int high);
void Initial_gen(struct unit group[N]);
void Sort(struct unit group[N]);
void Copy_unit(struct unit * p1,struct unit * p2);
void Cross(struct unit * p3,struct unit * p4);
void Varation(struct unit group[N],int i);
void Evolution(struct unit group[N]);
float Calculate_cost(struct unit * p);
void Print_optimum(struct unit group[N],int k);
```

该程序的关键数据结构为编码,编码方式与二进制方式不同,采用两个 6 位十进制整数进行编码,分别表示 x_1 和 x_2。6 位数字的具体含义是:第 1 位为符号位,表示正负,取值为 0～9,大于 5 表示正数,小于或等于 5 表示负数;第 2 位表示整数部分,取值为 0～9;第 3、4、5、6 位分别表示十分位、百分位、千分位和万分位,取值为 0～9。具体采用 struct 定义个体信息 unit,包含个体信息(编码)及个体代价值,编码为个体信息的大小为 N 的一维数组 group。

```
typedef struct unit
{
    int path[num_C];            //每个个体的信息
    double cost;                //个体代价值
};
struct unit group[N];           //种群变量 group
```

主函数代码如下,在函数 Evolution()中完成了选择、交叉、变异等遗传算法的主要操作。

```
int main()
{
    int i,j;
    srand((int)time(NULL));     //初始化随机数发生器
    Initial_gen(group);         //初始化种群
    Evolution(group);           //进化:选择、交叉、变异
    getch();
    return 0;
}
```

完整的代码清单如下。

```
#include<stdio.h>
#include "stdlib.h"
#include "conio.h"
#include<math.h>
#include "time.h"
#define num_C   12              //个体的个数,前 6 位表示 x1,后 6 位表示 x2
#define N       100             //群体规模为 100
#define pc      0.9             //交叉概率为 0.9
#define pm      0.1             //变异概率为 10%
#define ps      0.6             //进行选择时保留的比例
#define genmax 2000             //最大代数 200
int RandomInteger(int low,int high);
void Initial_gen(struct unit group[N]);
void Sort(struct unit group[N]);
void Copy_unit(struct unit * p1,struct unit * p2);
void Cross(struct unit * p3,struct unit * p4);
void Varation(struct unit group[N],int i);
void Evolution(struct unit group[N]);
float Calculate_cost(struct unit * p);
void Print_optimum(struct unit group[N],int k);
/* 定义个体信息 */
typedef struct unit
```

```
{
    int path[num_C];              //每个个体的信息
    double cost;                  //个体代价值
};
struct unit group[N];             //种群变量 group
int num_gen=0;                    //记录当前达到第几代
int main()
{
    int i,j;
    srand((int)time(NULL));       //初始化随机数发生器
    Initial_gen(group);           //初始化种群
    Evolution(group);             //进化：选择、交叉、变异
    getch();
    return 0;
}
/* 初始化种群 */
void Initial_gen(struct unit group[N])
{
    int i,j;
    struct unit *p;
    for(i=0;i<=N-1;i++)           //初始化种群里的 100 个个体
    {
        p=&group[i];              //p 指向种群的第 i 个个体
        for(j=0;j<12;j++)
        {
            p->path[j]=RandomInteger(0,9); //end
        }
        Calculate_cost(p);        //计算该种群的函数值
    }                             //end 初始化种群
}
/* 种群进化,进化代数由 genmax 决定 */
void Evolution(struct unit group[N])
{
    int i,j;
    int temp1,temp2,temp3,temp4,temp5;
    temp1=N*pc/2;
    temp2=N*(1-pc);
    temp3=N*(1-pc/2);
    temp4=N*(1-ps);
    temp5=N*ps;
    for(i=1;i<=genmax;i++)
    {
        //选择
        for(j=0;j<=temp4-1;j++)
        { Copy_unit(&group[j],&group[j+temp5]); }
        //交叉
        for(j=0;j<=temp1-1;)
        {
            Cross(&group[temp2+j],&group[temp3+j]);
            j+=2;
```

```
        }
      //变异
      Varation(group,i);
    }
  Sort(group);
  Print_optimum(group,i-1);                 //输出当代(第 i-1 代)种群
}
/* 交叉 */
void Cross(struct unit * p3,struct unit * p4)
{
  int i,j,cross_point;
  int son1[num_C],son2[num_C];
  for(i=0;i<=num_C-1;i++)                   //初始化 son1、son2
    {
      son1[i]=-1;
      son2[i]=-1;
    }
  cross_point=RandomInteger(1,num_C-1);     //交叉位随机生成
  //交叉,生成子代
  //子代 1
  //子代 1 前半部分直接从父代复制
  for(i=0;i<=cross_point-1;i++)  son1[i]=p3->path[i];
  for(i=cross_point;i<=num_C-1;i++)
      for(j=0;j<=num_C-1;j++) //补全 p1
      {
          son1[i]=p4->path[j];
      }//end 子代 1
  //子代 2
  //子代 1 后半部分直接从父代复制
  for(i=cross_point;i<=num_C-1;i++)  son2[i]=p4->path[i];
  for(i=0;i<=cross_point-1;i++)
    {
          for(j=0;j<=num_C-1;j++)          //补全 p1
      {
          son2[i]=p3->path[j];
      }
    }                                      //end 子代 2
  //end 交叉
  for(i=0;i<=num_C-1;i++)
    {
      p3->path[i]=son1[i];
      p4->path[i]=son2[i];
    }
  Calculate_cost(p3);                      //计算子代 p1 的函数值
  Calculate_cost(p4);                      //计算子代 p2 的函数值
}
/* 变异 */
void Varation(struct unit group[N],int flag_v)
{
  int flag,i,j,k,temp;
```

```
    struct unit * p;
    flag=RandomInteger(1,100);
    //在进化后期,增大变异概率
    if((!flag>(flag_v>100))?(5*100*pm):(100*pm))
      {
        i=RandomInteger(0,N-1);              //确定发生变异的个体
        j=RandomInteger(0,num_C-1);          //确定发生变异的位
        k=RandomInteger(0,num_C-1);
        p=&group[i];                         //变异
        temp=p->path[j];
        p->path[j]=p->path[k];
        p->path[k]=temp;
        Calculate_cost(p);                   //重新计算变异后的函数值
      }
}
/* 将种群中个体按函数值从小到大排序 */
void Sort(struct unit group[N])
{
  int i,j;
  struct unit temp, * p1, * p2;
  for(j=1;j<=N-1;j++)                        //排序总共需进行 N-1 轮
    {
      for(i=1;i<=N-1;i++)
        {
          p1=&group[i-1];
          p2=&group[i];
          if(p1->cost>p2->cost)              //值大的往后排
            {
              Copy_unit(p1,&temp);
              Copy_unit(p2,p1);
              Copy_unit(&temp,p2);
            }
        }                                    //end 一轮排序
    }                                        //end 排序
}
/* 计算某个个体的函数值 */
float Calculate_cost(struct unit * p)
{
    double x1,x2;
    x1=0;
    if(p->path[0]>5)
      {
          x1=p->path[1]+p->path[2]*0.1+p->path[3]*0.01+p->path[4]*
          0.001+p->path[5]*0.0001;
      }
    else if(p->path[0]<6)
      {
          x1=0-(p->path[1]+p->path[2]*0.1+p->path[3]*0.01+p->path[4]*
          0.001+p->path[5]*0.0001);
      }
```

```
         x2=0;
         if(p->path[6]>5)
             {
                 x2=p->path[7]+p->path[8]*0.1+p->path[9]*0.01+p->path[10]*
                 0.001+p->path[11]*0.0001;
             }
         else if(p->path[6]<6)
             {
                 x2=0-(p->path[7]+p->path[8]*0.1+p->path[9]*0.01+p->path[10]*
                 0.001+p->path[11]*0.0001);
             }
    p->cost=20+x1*x1+x2*x2-10*(cos(2*3.14*x1)+cos(2*3.14*x2));
    return(p->cost);
}


/* 复制种群中的 p1 到 p2 中 */
void Copy_unit(struct unit * p1,struct unit * p2)
{
    int i;
    for(i=0;i<=num_C-1;i++)
        p2->path[i]=p1->path[i];
        p2->cost=p1->cost;
}
/* 生成一个介于两整型数之间的随机整数 */
int RandomInteger(int low,int high)
{
    int k;
    double d;
    k=rand();
    k=(k!=RAND_MAX)? k:(k-1);          //RAND_MAX 是 VC 中可表示的最大整型数
    d=(double)k/((double)(RAND_MAX));
    k=(int)(d*(high-low+1));
    return(low+k);
}
/* 输出当代种群中的最优个体 */
void Print_optimum(struct unit group[N],int k)
{
    struct unit * p;
    double x1,x2;
    x1=x2=0;
    p=&group[0];
    if(p->path[0]>5)
        {
            x1=p->path[1]+p->path[2]*0.1+p->path[3]*0.01+p->path[4]*
            0.001+p->path[5]*0.0001;
        }
    else if(p->path[0]<6)
        {
            x1=0-(p->path[1]+p->path[2]*0.1+p->path[3]*0.01+p->path[4]*
            0.001+p->path[5]*0.0001);
```

```
        }
    x2=0;
    if(p->path[6]>5)
        {
            x2=p->path[7]+p->path[8] * 0.1+p->path[9] * 0.01+p->path[10] *
            0.001+p->path[11] * 0.0001;
        }
    else if(p->path[6]<6)
        {
            x2=0-(p->path[7]+p->path[8] * 0.1+p->path[9] * 0.01+p->path[10] *
            0.001+p->path[11] * 0.0001);
        }
    printf(" 当 x1=%f x2=%f\n",x1,x2);
    printf(" 函数最小值为: %f \n",p->cost);
}
```

7.5* 旅行商问题

旅行商问题可表述为：假如有一个推销员，要到 n 个城推销商品，他要找出一个包含所有 n 个城市的路径并且这条路径必须经过所有城市，不重复，且要求最短，那该如何呢？旅行商问题是最短路径问题。

1. 编码

对于一个给定的城市图，将图中各顶点（城市）序号自然排序，然后按此顺序将每个待选顶点作为染色体的一个基因，此染色体中的基因排列顺序即为各顶点在此条通路中出现的先后顺序，染色体的长度应等于该图中的顶点个数。假设旅行商问题中一共有 10 个城市，也就是在图模型中有 10 个顶点，因此一个染色体的长度为 10。

2. 适应度函数

对具有 n 个顶点的图，任意两个顶点 v_i 和 v_j 之间的边长为 $d(v_i,v_j)$，把初始顶点 v_{i1} 到终止顶点 v_{in} 间的一条通路的路径长度定义为适应度函数 $f(i)$：

$$f(i) = \sum_{r=1}^{n-1} d(v_{ir},v_{ir+1})$$

3. 交叉算子

采用部分匹配交叉策略，其基本步骤如下。

步骤 1：随机选取两个交叉点。

步骤 2：将两个交叉点中间的基因段互换。

步骤 3：将互换的基因段以外的部分中与互换后基因段中元素冲突的用另一父代的相应位置代替，直到没有冲突。

【例 7-3】 交叉算子示例。

解：有两个父代路径 A 及路径 B，随机产生两个交叉点，交叉点为 2、7。交换中间的基因段（也叫匹配段）后 A 中冲突的有 7,6,5，在 B 的匹配段中找出与 A 匹配段中对应位置的值 7-3,6-0,5-4，继续检查冲突直到没有冲突。对 B 做同样的操作，得到最后结果。

具体处理过程如图 7-3 所示。

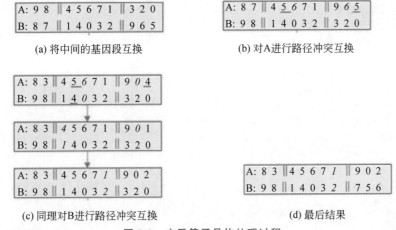

(a) 将中间的基因段互换   (b) 对A进行路径冲突互换

(c) 同理对B进行路径冲突互换   (d) 最后结果

图 7-3 交叉算子具体处理过程

完整的代码如下。

```c
#include<stdio.h>
#include<string.h>
#include<stdlib.h>
#include<math.h>
#include<time.h>
#define cities 10                      //城市的个数
#define MAXX 100                       //迭代次数
#define pc 0.8                         //交配概率
#define pm 0.05                        //变异概率
#define num 10                         //种群的大小
int bestsolution;                      //最优染色体
int distance[cities][cities];          //城市之间的距离
struct group                           //染色体的结构
{
    int city[cities];                  //城市的顺序
    int adapt;                         //适应度
    double p;                          //在种群中的幸存概率
}group[num],grouptemp[num];
//随机产生 cities 个城市之间的相互距离
void init()
{
    int i,j;
    memset(distance,0,sizeof(distance));
    srand((unsigned)time(NULL));
    for(i=0;i<cities;i++)
    {
        for(j=i+1;j<cities;j++)
        {
            distance[i][j]=rand()%100;
            distance[j][i]=distance[i][j];
```

```
            }
        }
        //打印距离矩阵
        printf("城市的距离矩阵如下\n");
        for(i=0;i<cities;i++)
        {
            for(j=0;j<cities;j++)
            printf("%4d",distance[i][j]);
            printf("\n");
        }
    }
//随机产生初试群
void groupproduce()
{
    int i,j,t,k,flag;
    for(i=0;i<num;i++)              //初始化
    for(j=0;j<cities;j++)
    group[i].city[j]=-1;
    srand((unsigned)time(NULL));
    for(i=0;i<num;i++)
    {
        //产生10个不相同的数字
        for(j=0;j<cities;)
        {
            t=rand()%cities;
            flag=1;
            for(k=0;k<j;k++)
            {
                if(group[i].city[k]==t)
                {
                    flag=0;
                    break;
                }
            }
            if(flag)
            {
                group[i].city[j]=t;
                j++;
            }
        }
    }
    //打印种群基因
    printf("初始的种群\n");
    for(i=0;i<num;i++)
    {
        for(j=0;j<cities;j++)
        printf("%4d",group[i].city[j]);
        printf("\n");
    }
}
```

```
//评价函数,找出最优染色体
void Evaluation()
{
    int i,j;
    int n1,n2;
    int sumdistance,biggestsum=0;
    double biggestp=0;
    for(i=0;i<num;i++)
    {
        sumdistance=0;
        for(j=1;j<cities;j++)
        {
            n1=group[i].city[j-1];
            n2=group[i].city[j];
            sumdistance+=distance[n1][n2];
        }
        group[i].adapt=sumdistance;                //每条染色体的路径总和
        biggestsum+=sumdistance;                   //种群的总路径
    }
    //计算染色体的幸存能力,路径越短,生存概率越大
    for(i=0;i<num;i++)
    {
        group[i].p=1-(double)group[i].adapt/(double)biggestsum;
        biggestp+=group[i].p;
    }
    for(i=0;i<num;i++)
    group[i].p=group[i].p/biggestp;                //在种群中的幸存概率,总和为1
    //求最佳路径
    bestsolution=0;
    for(i=0;i<num;i++)
    if(group[i].p>group[bestsolution].p)
    bestsolution=i;
    //打印适应度
    for(i=0;i<num;i++)
    printf("染色体%d的路径之和与生存概率分别为%4d  %.4f\n",i,group[i].adapt,
    group[i].p);
    printf("当前种群的最优染色体是%d号染色体\n",bestsolution);
}

//选择
void Select()
{
    int i,j,temp;
    double gradient[num];                          //梯度概率
    double Select[num];                            //选择染色体的随机概率
    int xuan[num];                                 //选择了的染色体
    //初始化梯度概率
    for(i=0;i<num;i++)
    {
        gradient[i]=0.0;
```

```
            Select[i]=0.0;
        }
        gradient[0]=group[0].p;
        for(i=1;i<num;i++)
        gradient[i]=gradient[i-1]+group[i].p;
        srand((unsigned)time(NULL));
        //随机产生染色体的存活概率
        for(i=0;i<num;i++)
        {
            Select[i]=(rand()%100);
            Select[i]/=100;
        }
        //选择能生存的染色体
        for(i=0;i<num;i++)
        {
            for(j=0;j<num;j++)
            {
                if(Select[i]<gradient[j])
                {
                    xuan[i]=j;              //第 i 个位置存放第 j 个染色体
                    break;
                }
            }
        }
        //复制种群
        for(i=0;i<num;i++)
        {
            grouptemp[i].adapt=group[i].adapt;
            grouptemp[i].p=group[i].p;
            for(j=0;j<cities;j++)
            grouptemp[i].city[j]=group[i].city[j];
        }
        //数据更新
        for(i=0;i<num;i++)
        {
            temp=xuan[i];
            group[i].adapt=grouptemp[temp].adapt;
            group[i].p=grouptemp[temp].p;
            for(j=0;j<cities;j++)
            group[i].city[j]=grouptemp[temp].city[j];
        }
        //用于测试
        /*
        printf("<------------------------------->\n");
        for(i=0;i<num;i++)
        {
            for(j=0;j<cities;j++)
            printf("%4d",group[i].city[j]);
            printf("\n");
```

```
        printf("染色体%d的路径之和与生存概率分别为%4d  %.4f\n",i,group[i].adapt,
        group[i].p);
    }
    */
}
//交配,对每个染色体产生交配概率,满足交配概率的染色体进行交配
void  CrossOver(){
    int i,j,k,kk;
    int t;                          //参与交配的染色体的个数
    int point1,point2,temp;         //交配断点
    int pointnum;
    int temp1,temp2;
    int map1[cities],map2[cities];
    double CrossOverp[num];         //染色体的交配概率
    int CrossOverflag[num];         //染色体的可交配情况
    for(i=0;i<num;i++)              //初始化
    CrossOverflag[i]=0;
    //随机产生交配概率
    srand((unsigned)time(NULL));
    for(i=0;i<num;i++)
    {
        CrossOverp[i]=(rand()%100);
        CrossOverp[i]/=100;
    }
    //确定可以交配的染色体
    t=0;
    for(i=0;i<num;i++)
    {
        if(CrossOverp[i]<pc)
        {
            CrossOverflag[i]=1;
            t++;
        }
    }
    t=t/2*2;                        //t必须为偶数
    //产生t/2个0~9交配断点
    srand((unsigned)time(NULL));
    temp1=0;
    //temp1号染色体和temp2号染色体交配
    for(i=0;i<t/2;i++)
    {
        point1=rand()%cities;
        point2=rand()%cities;
        for(j=temp1;j<num;j++)
        if(CrossOverflag[j]==1)
        {
            temp1=j;
            break;
        }
        for(j=temp1+1;j<num;j++)
```

```
            if(CrossOverflag[j]==1)
            {
                temp2=j;
                break;
            }
        //进行基因交配
        if(point1>point2) //保证 point1<=point2
        {
            temp=point1;
            point1=point2;
            point2=temp;
        }
        memset(map1,-1,sizeof(map1));
        memset(map2,-1,sizeof(map2));
        //断点之间的基因产生映射
        for(k=point1;k<=point2;k++)
        {
            map1[group[temp1].city[k]]=group[temp2].city[k];
            map2[group[temp2].city[k]]=group[temp1].city[k];
        }
        //断点两边的基因互换
        for(k=0;k<point1;k++)
        {
            temp=group[temp1].city[k];
            group[temp1].city[k]=group[temp2].city[k];
            group[temp2].city[k]=temp;
        }
        for(k=point2+1;k<cities;k++)
        {
            temp=group[temp1].city[k];
            group[temp1].city[k]=group[temp2].city[k];
            group[temp2].city[k]=temp;
        }
        //处理产生的冲突基因
        for(k=0;k<point1;k++)
        {
            for(kk=point1;kk<=point2;kk++)
            if(group[temp1].city[k]==group[temp1].city[kk])
            {
                group[temp1].city[k]=map1[group[temp1].city[k]];
                break;
            }
        }
        for(k=point2+1;k<cities;k++)
        {
            for(kk=point1;kk<=point2;kk++)
            if(group[temp1].city[k]==group[temp1].city[kk])
            {
                group[temp1].city[k]=map1[group[temp1].city[k]];
                break;
```

```
            }
        }
        for(k=0;k<point1;k++)
        {
            for(kk=point1;kk<=point2;kk++)
            if(group[temp2].city[k]==group[temp2].city[kk])
            {
                group[temp2].city[k]=map2[group[temp2].city[k]];
                break;
            }
        }
        for(k=point2+1;k<cities;k++)
        {
            for(kk=point1;kk<=point2;kk++)
            if(group[temp2].city[k]==group[temp2].city[kk])
            {
                group[temp2].city[k]=map2[group[temp2].city[k]];
                break;
            }
        }
        temp1=temp2+1;
    }
}
//变异
void Mutation(){
    int i,j;
    int t;
    int temp1,temp2,point;
    double Mutationp[num];          //染色体的变异概率
    int Mutationflag[num];          //染色体的变异情况
    for(i=0;i<num;i++)              //初始化
    Mutationflag[i]=0;
    //随机产生变异概率
    srand((unsigned)time(NULL));
    for(i=0;i<num;i++)
    {
        Mutationp[i]=(rand()%100);
        Mutationp[i]/=100;
    }
    //确定可以变异的染色体
    t=0;
    for(i=0;i<num;i++)
    {
        if(Mutationp[i]<pm)
        {
            Mutationflag[i]=1;
            t++;
        }
    }
    //变异操作,即交换染色体的两个结点
```

```
        srand((unsigned)time(NULL));
        for(i=0;i<num;i++)
        {
            if(Mutationflag[i]==1)
            {
                temp1=rand()%10;
                temp2=rand()%10;
                point=group[i].city[temp1];
                group[i].city[temp1]=group[i].city[temp2];
                group[i].city[temp2]=point;
            }
        }
}
int main(){
    int i,j,t;
    init();
    groupproduce();
    //初始种群评价
    Evaluation();
    t=0;
    while(t++<MAXX)
    {
        Select();
        CrossOver();
        Mutation();
        Evaluation();
    }
    //最终种群的评价
    printf("\n输出最终的种群评价\n");
    for(i=0;i<num;i++)
    {
        for(j=0;j<cities;j++)
        {
            printf("%4d",group[i].city[j]);
        }
        printf("  adapt:%4d, p:%.4f\n",group[i].adapt,group[i].p);
    }
    printf("最优解为%d号染色体\n",bestsolution);
    return 0;
}
```

习　题

1. 将 7.4 节及 7.5 节的两个程序调试通过，并运行观察运行结果。
2. 根据 7.4 节的程序，编写求解 7.3 节问题的程序。

第8章*

人工神经网络与深度学习

8.1 机器学习

机器学习(Machine Learning)是人工智能的一个分支。人工智能的研究历史有着一条从以"推理"为重点,到以"知识"为重点,再到以"学习"为重点的自然、清晰的脉络。显然,机器学习是实现人工智能的一个途径,即以机器学习为手段解决人工智能中的问题。机器学习在近三十多年已发展为一门多领域交叉学科,涉及概率论、统计学、逼近论、凸分析、计算复杂性理论等多门学科。机器学习理论主要是设计和分析一些让计算机可以自动"学习"的算法。机器学习算法是一类从数据中自动分析获得规律,并利用规律对未知数据进行预测的算法。因为学习算法中涉及大量的统计学理论,机器学习与推断统计学联系尤为密切,也被称为统计学习理论。算法设计方面,机器学习理论关注可以实现的、行之有效的学习算法。很多推论问题属于无程序可循难度,所以部分机器学习研究是开发容易处理的近似算法。

机器学习可以分成下面几种类别:①监督学习从给定的训练数据集中学习出一个函数,当新的数据到来时,可以根据这个函数预测结果;监督学习的训练集要求是包括输入和输出,也可以说是特征和目标;训练集中的目标是由人标注的;常见的监督学习算法包括回归分析和统计分类。②无监督学习与监督学习相比,训练集没有人为标注的结果;常见的无监督学习算法有生成对抗网络(GAN)、聚类。③半监督学习介于监督学习与无监督学习之间。④增强学习是为了达成目标,随着环境的变动,而逐步调整其行为,并评估每一个行动之后所得到的回馈是正向的或负向的。

机器学习已广泛应用于数据挖掘、计算机视觉、自然语言处理、生物特征识别、搜索引擎、医学诊断、检测信用卡欺诈、证券市场分析、DNA 序列测序、语音和手写识别、战略游戏和机器人等领域。

人工神经网络(Artificial Neural Network,ANN)是最重要的机器学习算法,具有极强的通用性和广泛的适应性。人工神经网络简称神经网络(Neural Network,NN)或类神经网络,在机器学习和认知科学领域,是一种模仿生物神经网络(动物的中枢神经系统,特别是大脑)的结构和功能的数学模型或计算模型,用于对函数进行估计或近似。神经网络由大量的人工神经元连接进行计算。大多数情况下,人工神经网络能在外界信息的基础上改变内部结构,是一种自适应系统,通俗地讲就是具备学习功能。

深度学习(Deep Learning)的概念源于人工神经网络的研究。含多隐层的多层感知器就是一种深度学习结构。深度学习通过组合低层特征形成更加抽象的高层表示属性类别或特征,以发现数据的分布式特征表示。

深度学习的概念由 Hinton 等人于 2006 年提出。基于深度置信网络(DBN)提出非监督贪心逐层训练算法,为解决深层结构相关的优化难题带来希望,随后提出多层自动编码器深层结构。此外,Lecun 等人提出的卷积神经网络是第一个真正多层结构学习算法,它利用空间相对关系减少参数数目以提高训练性能。

深度学习是机器学习研究中的一个新领域,其动机在于建立、模拟人脑进行分析学习的神经网络,它模仿人脑的机制来解释数据,例如,图像、声音和文本。同机器学习方法一样,深度机器学习方法也有监督学习与无监督学习之分。不同的学习框架下建立的学习模型很是不同。例如,卷积神经网络(Convolutional Neural Networks,CNNs)就是一种深度的监督学习下的机器学习模型,而深度置信网(Deep Belief Nets,DBNs)就是一种无监督学习下的机器学习模型。

本章主要以人工神经网络和卷积神经网络为主要内容来介绍机器学习和深度学习。

8.2　人工神经网络的概念

人脑是一个智能系统,它具有感知、学习、联想、推理等各种智能。要揭示人类智能的本质和人脑的工作机制,就必须弄清楚人脑的结构及其处理信息的机理。人工神经网络是在没有认识清楚人脑的工作机理的情况下,试图从模拟人脑的神经网络结构出发,人为地设计出一种信息处理机,使之具有和人类相似的信息处理能力,从而实现对人类智能的模拟。它是在现代神经科学研究成果的基础上提出来的,其基础为神经元,见图 8-1。

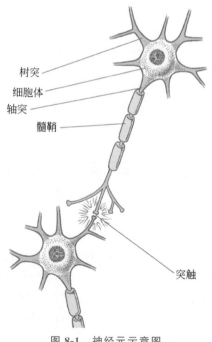

图 8-1　神经元示意图

神经元,又称神经细胞,是构成神经系统结构和功能的基本单位。神经元是具有长突起的细胞,它由细胞体和细胞突起构成。细胞体位于脑、脊髓和神经节中,细胞突起可延伸至全身各器官和组织中。细胞体是细胞含核的部分,其形状大小有很大差别,直径为 $4\sim120\mu m$。核大而圆,位于细胞中央,染色质少,核仁明显。细胞质内有斑块状的核外染色质(旧称尼尔小体),还有许多神经元纤维。细胞突起是由细胞体延伸出来的细长部分,又可分为树突和轴突。每个神经元可以有一或多个树突,可以接受刺激并将兴奋传入细胞体。每个神经元只有一个轴突,可以把兴奋从胞体传送到另一个神经元或其他组织,如肌肉或腺体。

神经元的结构如图 8-2 所示。神经元单元由多个输入 $x_i, i=1,2,\cdots,n$ 和一个输出 y 组成。中间状态由输入信号的权和表示,而输出为:

$$y_j(t) = f\left(\sum_{i=1}^{n} w_{ij}x_i - \theta_j\right)$$

式中,θ_j 为神经元单元的偏置(阈值),w_{ij} 为连接权系数(对于激发状态,取正值;对于抑制状态,取负值),n 为输入信号数目,y_j 为神经元输出,t 为时间,$f()$ 为输出变换函数。

函数 $f()$ 表达了神经元的输入输出特性。往往采用 0 和 1 二值函数或 Sigmoid 函数。一种二值函数可由下式表示:

$$y_i = \begin{cases} 1, & u_i > 0 \\ 0, & u_i \leqslant 0 \end{cases}$$

Sigmoid 函数是一个在生物学中常见的 S 形函数,也称为 S 形生长曲线,如图 8-3 所示。Sigmoid 函数定义为:

$$S(x) = \frac{1}{1+e^{-x}}$$

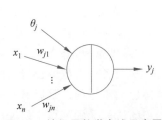

图 8-2　神经元数学表述示意图

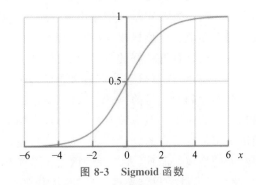

图 8-3　Sigmoid 函数

人工神经网络由神经元模型构成,这种由许多神经元组成的信息处理网络具有并行分布结构。每个神经元具有单一输出,并且能够与其他神经元连接;存在许多(多重)输出连接方法,每种连接方法对应一个连接权系数。严格地说,人工神经网络是一种具有下列特性的有向图。

(1) 对于每个结点 i 存在一个状态变量。

(2) 从结点 j 至结点 i,存在一个连接权系数。

(3) 对于每个结点 i,存在一个阈值 θ_i。

(4) 对于每个结点 i,定义一个变换函数 f_i。

人工神经网络系统是由大量简单的处理单元(即神经元)广泛地连接而形成的复杂网络系统。一个典型前馈网络的拓扑结构如图 8-4 所示,前馈网络具有递阶分层结构,由一些同层神经元间不存在互连的层级组成。从输入层至输出层的信号通过单向连接流通;在人工神经网络中,计算是通过数据在网络中的流动来完成的。在数据的流动过程中,每个神经元从与其连接的神经元处接收输入数据流,对其进行处理以后,再将结果以输出数据流的形式传送到与其连接的其他神经元中去。网络的拓扑结构和各神经元之间的连接权系数是由相应的学习算法来确定的,算法不断地调整网络的结构和神经元之间的连接权系数,一直到神经网络产生所需要的输出为止。通过这个学习过程,人工神经网络可以不断地从环境中自动地获取知识,并将这些知识以网络结构和连接权系数的形式存储于网络之中。

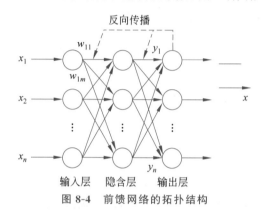

图 8-4 前馈网络的拓扑结构

神经网络主要的学习算法包括指导学习算法、无指导学习算法和强化学习算法三种。有指导学习算法能够根据期望的和实际的网络输出(对应于给定输入)间的差来调整神经元间连接的强度或权。因此,有指导学习需要有个老师或导师来提供期望或目标输出信号。无指导学习算法不需要知道期望输出。在训练过程中,只要向神经网络提供输入模式,神经网络就能够自动地适应连接权,以便按相似特征把输入模式分组聚集。

人工神经网络具有良好的自学习、自适应和自组织能力,以及大规模并行、分布式信息存储和处理等特点,这使得它非常适合于处理那些需要同时考虑多个因素的、不完整的、不准确的信息处理问题。目前,人工神经网络已经受到学术界的高度重视,并在众多领域得到了越来越广泛的应用。但应该看到,在神经网络的设计过程中,对各种参数的设置及网络结构的确定等都带有很强的经验性,无完整的理论可循,其规模也远未达到人脑所具有的上百亿个神经元的规模。而且,人工神经网络是基于脑模型的,它的研究受到脑科学研究成果的限制,在没有对人脑的思维规律和认知过程有一个清楚的了解之前,很难真正实现对人脑的模拟。

人工神经网络的应用一般分为学习(训练)和工作(计算)两个阶段。学习阶段的目的是为了从训练数据中提取隐含的知识和规律。不断地从环境中自动地获取知识,并将这些知识以网络结构和连接权系数的形式存储于网络之中,供工作阶段使用。网络的结构和各神经元之间的连接权系数是由相应的学习算法来确定的,算法不断地调整网络的结构和神经元之间的连接权系数,一直到神经网络产生所需要的输出为止。学习主要有三种形式:①有指导学习,能够根据期望的和实际的网络输出(对应于给定输入)间的差来调整神经元间连接的强度或权。因此,有指导学习需要有个老师或导师来提供期望或目标输出信号。

②无指导学习,不需要知道期望输出。在训练过程中,只要向神经网络提供输入模式,神经网络就能够自动地适应连接权,以便按相似特征把输入模式分组聚集。③强化学习,采用一个"评论员"来评价与给定输入相对应的神经网络输出的优度(质量因数)。

工作(计算)阶段是在神经网络训练稳定后进行应用,计算是通过数据在网络中的流动来完成的;每个神经元从与其连接的神经元处接收输入数据流,对其进行处理以后,再将结果以输出数据流的形式传送到与其连接的其他神经元中去。

8.3 感知器

判断一个大学生学习成绩如何,通常是根据平均成绩。但是如果问该同学学习成绩是否达到了优秀级别,考虑到每门课程的难度和重要程度不一样,如何回答该问题?通行的做法是:对每一门课程给予一个权值,当每门课程成绩与权值相乘的和大于某一个值时,那这个同学的学习成绩就是达到了优秀水平。利用感知器(perceptron)的分类功能便能很好地解决此问题。

感知器是由美国计算机科学家罗森布拉特(F.Roseblatt)于1957年提出的。感知器可谓是最早的人工神经网络。单层感知器是一个具有一层神经元、采用阈值激活函数的前向网络。通过对网络权值的训练,可以使感知器对一组输入矢量的响应达到元素为0或1的目标输出,从而实现对输入矢量分类的目的,如图8-5所示。

【例8-1】 感知器的训练及计算过程。

解:假如有一个三输入的感知器,三个输入用 x_1、x_2、x_3 表示,取值为0或1。每个输入对应的权值用 w_1、w_2、w_3 表示,取值为0~1.0。为了简化,假设三个权值一直保持一致,初始值为0.5,阈值为0.8。训练集如图8-6所示,每一行代表三个输入(Input)及一个输出(Output)。

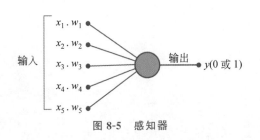

图 8-5 感知器

输入			输出
1	0	0	0
0	1	1	0
1	0	1	0
1	1	1	1

图 8-6 训练集

学习(训练)过程是根据三个输入和对应的权值计算加权和,如果加权和大于阈值则产生输出为1,否则为0;比较产生输出与训练集提供的实际输出进行权值调整,分为三种情况:①如果产生输出与实际输出一样,不调整;②如果产生输出大于实际输出,将权值减少10%;③如果产生输出小于实际输出,将权值增加10%。训练持续进行直到权值不再变化,则学习(训练)结束。训练的过程如图8-7所示。

一旦完成了训练,则可利用该感知器进行计算了,目前稳定的权值为0.4。如果有新的输入 $x_1=0$,$x_2=0$,$x_3=1$,则产生输出值为0,完成了一次计算。

	输入		权值	加权和	产生输出	实际输出	处理
1	0	0	50%	0.5	0	0	不调整
0	1	1	50%	1	1	0	减少
1	0	1	40%	0.8	0	0	不调整
1	1	1	40%	1.2	1	1	不调整

图 8-7 感知器训练的过程

8.4 感知器算法

感知器通过已知的实例(训练集)调节权值,使其能够预测出未知实例的结果。用伪代码来表示感知器如下,其中,x_1、x_2 等表示输入,w_1、w_2 等表示对应输入的权值。

```
If (w1 * x1 + w2 * x2 + ··· > b) return true
else return false
```

由于 b 是常数,可以将 b 表示为 $-w_0 \cdot x_0$,则可以表示为:

```
If (w1 · x1 + w2 · x2 + ··· + w0 · x0 > 0) return true
else return false
```

学习算法主要依据产生输出值和实际值进行比较完成权值的调整,分为以下三种情况。

情况 1:当产生输出值等于实际值,权值不调整。

情况 2:当产生输出值小于实际值,说明权值小了,应当增加权值。

情况 3:当产生输出值大于实际值,说明权值大了,应当减少权值。

归结以上情况权值调整的表达式为:

$$W_{i+1} = w_i + \alpha \cdot (y - h(x)) \cdot x_i$$

其中,α 为学习速率,y 为实际值,$h(x)$ 为产生输出值。

算法的伪代码表示如下。

```
while(循环结束条件)  {
    delta_w[ ]={0};
    for(每个样本){
        for(每个特征 i){
            delta_w[i]+=a * (y-h(x)) * wi;
        }
    }
    for(每个特征 i){
        更新 w权值
        wi+=dealta_w[i]
    }
}
```

由于要表示训练集、算法的主要参数以及计算结果,故采用文件方式表示输入和输出。输入文件主要表示算法参数和训练集,该文件是一个多行的文本文件。具体定义为:第一

行为 n、m、α 和 t。n、m、t 为正整数,α 为浮点数,分别代表特征个数、训练样本个数、迭代速率与迭代次数。随后为 m 行,每行有 $n+1$ 个整数,其中,$1 < n \leqslant 1000$,$1 < m \leqslant 1000$,$1 < t \leqslant 1000$。m 行中每行代表一个样本中的 n 个特征值 $(x_1, x_2, \cdots, x_n)$ 与样本的实际观测结果 y (0 或 1)。最后为 $n+1$ 个浮点数 $w_0, w_1, w_2, \cdots, w_n$ 代表感知器模型 $n+1$ 个参数的初始值。以下是符合输入文件定义的一个例子:

```
2        4        0.25      5
0        0        0
0        1        1
1        0        1
1        1        1
0.06230   0.01123   -0.07335
```

输出文件是一个 t 行的文本文件,每一行有 $n+1$ 个浮点数,代表每一次迭代后计算出的 $w_0, w_1, w_2, \cdots, w_n$。

实现代码如下。

```cpp
#include<iostream>
#include <stdio.h>
using namespace std;
double hypothose(double w[],int feature_num,double * training_set){
    double sum=0;
    for(int i=0;i<feature_num;i++){
        sum+=w[i] * training_set[i];
    }
    if(sum>0) return 1;
    else return 0;
}
//以下函数为感知器算法函数,参数分别是特征个数 feature_num,训练样本数 training_num,
//学习速率 a,迭代次数 times,训练样本 training_set,初始数组 w
void perception(int feature_num, int training_num, double a, int times, double**
training_set,double w[]){
    int dimentions=feature_num+1;
    while(times--){
        double * delta_w=new double[feature_num];
        for(int i=0;i<feature_num;i++){
            delta_w[i]=0;
        }
        for(int i=0;i<training_num;i++){
            for(int j=0;j<feature_num;j++){
                delta_w[j]+=(training_set[i][feature_num]-hypothose(w,
                feature_num,training_set[i])) * training_set[i][j] * a;
            }
        }
        for(int i=0;i<feature_num;i++){
            w[i]+=delta_w[i];
        }
        delete[] delta_w;
```

```
        }
    }
    int main(){
        int feature_num,training_num,times;
        double a;
        freopen("in.txt","r",stdin);
        while(cin>>feature_num>>training_num>>a>>times){
            double** training_set=new double*[ training_num];
            for(int i=0;i<training_num;i++){
                training_set[i]=new double[training_num+2];
            }
            double* w=new double[feature_num+1];
            for(int i=0;i<training_num;i++){
                training_set[i][0]=1;
            }
            for(int i=0;i<training_num;i++){
                for(int j=1;j<=feature_num+1;j++){
                    cin>>training_set[i][j];
                }
            }
            for(int i=0;i<=feature_num;i++){
                cin>>w[i];
            }
            perception(feature_num+1,training_num,a,times,training_set,w);
            for(int i=0;i<feature_num;i++){
                cout<<w[i]<<' ';
            }
            cout<<w[feature_num]<<endl;
            delete[] w;
            for(int i=0;i<training_num;i++){
                delete[] training_set[i];
            }
            delete[] training_set;
        }
        return 0;
    }
```

8.5 BP 算 法

感知器自身结构的限制,使其应用被限制在一定的范围内。由于感知器的激活函数采用的是二值函数,输出矢量只能取 0 或 1,所以只能用它来解决简单的分类问题。如果用一条直线或一个平面把一组输入矢量正确地划分为期望的类别,则称该输入/输出矢量是对线性可分的,否则为线性不可分。感知器仅能完成线性可分。

含有隐含层的多层前馈网络能大大提高神经网络的分类能力,但长期以来没有提出解决权值调整问题的有效算法。1986 年,Rumelhart 和 McCelland 领导的研究小组提出了对具有非线性连续转移函数的多层前馈网络的误差反向传播(Error Back Propagation)算法,简称 BP 算法,解决了权值调整问题。

　　BP算法的基本思想是,学习过程由信号的正向传播与误差的反向传播两个过程组成。正向传播时,输入样本从输入层传入,经各隐含层逐层处理后,传向输出层。若输出层的实际输出与期望的输出不符,则转入误差的反向传播阶段。误差反传是将输出误差以某种形式通过隐含层向输入层逐层反传,并将误差分摊给各层的所有单元,从而获得各层单元的误差信号,此误差信号即作为修正各单元权值的依据。这种信号正向传播与误差反向传播的各层权值调整过程,是周而复始地进行的。权值不断调整的过程,也就是网络的学习训练过程。此过程一直进行到网络输出的误差减少到可接受的程度,或进行到预先设定的学习次数为止。

　　根据BP算法的基本思想,BP算法实现的主要步骤如下。

（1）初始化。

（2）输入训练样本对,计算各层输出。

（3）计算网络输出误差。

（4）计算各层误差信号。

（5）调整各层权值。

（6）检查总误差是否达到精度要求,如果满足,则训练结束;否则,返回(2)。

　　由于BP算法中的反向传播过程涉及许多神经网络的理论和数学知识,比较复杂并且有一定的难度,有兴趣的同学可以通过自学8.7节完成其内容。

8.6　BP算法中正向传播过程及代价函数的编程实现

　　本节以一个典型的三层前馈网络为例来设计及实现BP算法中的正向传播过程。该三层前馈网络结构如图8-8所示,为了分析和设计算法需要对其进行符号化描述。该网络共有三层,分别为输入层、隐含层和输出层;输入层有3个神经元,它们的输出用X_0、X_1和X_2表示;隐含层有5个神经元,它们的输出用$a_0^{(2)}$、$a_1^{(2)}$、$a_2^{(2)}$、$a_3^{(2)}$和$a_4^{(2)}$表示;输出层有2个神经元,它们的输出用Y_0和Y_1表示。并且假定该网络中的每一个训练模型用的都是逻辑回归模型即$g(h)$是Sigmoid函数。

　　更一般地,用$a_i^{(j)}$代表第j层的第i个神经元的输出,$\boldsymbol{W}^{(j)}$代表神经网络的第j层与第$j+1$层之间的特征权值矩阵。对于上述三层网络,隐含层特征权值为$\boldsymbol{W}^{(1)}$,输出层特征权值为$\boldsymbol{W}^{(2)}$。

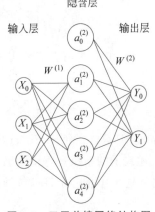

图 8-8　三层前馈网络结构图

$$\boldsymbol{W}^{(1)} = \begin{bmatrix} w_{10} & w_{11} & w_{12} \\ w_{20} & w_{21} & w_{22} \\ w_{30} & w_{31} & w_{32} \\ w_{40} & w_{41} & w_{42} \end{bmatrix} \quad \boldsymbol{W}^{(2)} = \begin{bmatrix} w_{00} & w_{01} & w_{02} & w_{03} & w_{04} \\ w_{10} & w_{11} & w_{12} & w_{13} & w_{14} \end{bmatrix}$$

　　前馈多层网络的正向传播过程逻辑比较清楚,可按照网络结构向前计算,在程序中定义函数 forward_propagation 来完成,比如上例的第二层输出的$\boldsymbol{Z}^{(2)}$可按照以下公式计算。

$$Z^{(2)} = W^{(1)} \times a^{(1)} = \begin{bmatrix} w_{10} & w_{11} & w_{12} \\ w_{20} & w_{21} & w_{22} \\ w_{30} & w_{31} & w_{32} \\ w_{40} & w_{41} & w_{42} \end{bmatrix} \times \begin{bmatrix} X_0 \\ X_1 \\ X_2 \end{bmatrix} = \begin{bmatrix} w_{10}X_0 + w_{11}X_1 + w_{12}X_2 \\ w_{20}X_0 + w_{21}X_1 + w_{22}X_2 \\ w_{30}X_0 + w_{31}X_1 + w_{32}X_2 \\ w_{40}X_0 + w_{41}X_1 + w_{42}X_2 \end{bmatrix}$$

增添偏移 a_0，并取 Sigmoid，可以计算 $a^{(2)}$：

$$a^{(2)} = \begin{bmatrix} 1 \\ g(w_{10}X_0 + w_{11}X_1 + w_{12}X_2) \\ g(w_{20}X_0 + w_{21}X_1 + w_{22}X_2) \\ g(w_{30}X_0 + w_{31}X_1 + w_{32}X_2) \\ g(w_{40}X_0 + w_{41}X_1 + w_{42}X_2) \end{bmatrix} = \begin{bmatrix} a_0^{(2)} \\ a_1^{(2)} \\ a_2^{(2)} \\ a_3^{(2)} \\ a_4^{(2)} \end{bmatrix}$$

其中，$g()$ 为 Sigmoid 函数。

第三层的输出 $Z^{(3)}$ 按照以下公式计算。

$$Z^{(3)} = W^{(2)} \times a^{(2)} = \begin{bmatrix} w_{00} & w_{01} & w_{02} & w_{03} & w_{04} \\ w_{10} & w_{11} & w_{12} & w_{13} & w_{14} \end{bmatrix} \times \begin{bmatrix} a_0^{(2)} \\ a_1^{(2)} \\ a_2^{(2)} \\ a_3^{(2)} \\ a_4^{(2)} \end{bmatrix}$$

$$= \begin{bmatrix} w_{00}a_0^{(2)} + w_{01}a_1^{(2)} + w_{02}a_2^{(2)} + w_{03}a_3^{(2)} + w_{04}a_4^{(2)} \\ w_{10}a_0^{(2)} + w_{11}a_1^{(2)} + w_{12}a_2^{(2)} + w_{13}a_3^{(2)} + w_{14}a_4^{(2)} \end{bmatrix}$$

对 $Z^{(3)}$ 取 Sigmoid，可以计算 $a^{(3)}$，$a^{(3)}$ 便是输出 Y_0 与 Y_1：

$$a^{(3)} = \begin{bmatrix} g(w_{00}a_0^{(2)} + w_{01}a_1^{(2)} + w_{02}a_2^{(2)} + w_{03}a_3^{(2)} + w_{04}a_4^{(2)}) \\ g(w_{10}a_0^{(2)} + w_{11}a_1^{(2)} + w_{12}a_2^{(2)} + w_{13}a_3^{(2)} + w_{14}a_4^{(2)}) \end{bmatrix}$$

BP 的误差估算需要定义代价函数（CostFunction）。CostFunction 可以采用逻辑回归的定义：

$$J(W) = \frac{1}{m} \sum_{i=1}^{m} [-y^{(i)} \log(h_w(x^{(i)})) - (1 - y^{(i)}) \log(1 - h_w(x^{(i)}))]$$

那么 BP 算法的 CostFunction 的计算又和逻辑回归的 CostFunction 计算有什么区别呢？上述式子的本质是将预测结果和实际标注的误差用某一种函数估算，但是神经网络模型有时候输出不止一个，所以，神经网络的误差估算需要将输出层所有的 CostFunction 相加：

$$J(W) = \frac{1}{m} \sum_{i=1}^{m} \sum_{k}^{K} [-y_k^{(i)} \log(h_w(x^{(i)})_k) - (1 - y_k^{(i)}) \log(1 - h_w(x^{(i)})_k)]$$

其中，k 代表第几个输出。BP 算法的 CostFunction 计算在程序中定义函数 compute_cost 来完成。

以上讨论了程序中定义的主要函数的计算依据，下面讨论程序所用到的主要数据结构和主流程（main 函数）。

根据图 8-8 的结构，采用全局数组的形式定义了表示输入层、输出层、权重和隐含层的数据结构，具体定义如下。

```
double X[MAX_SAMPLE_NUMBER][MAX_FEATURE_DIMENSION];
int y[MAX_SAMPLE_NUMBER];
double W1[MAX_FEATURE_DIMENSION][MAX_FEATURE_DIMENSION];
double W2[MAX_FEATURE_DIMENSION][MAX_FEATURE_DIMENSION];
double a2[MAX_SAMPLE_NUMBER][MAX_FEATURE_DIMENSION];
double a3[MAX_SAMPLE_NUMBER][MAX_FEATURE_DIMENSION];
```

本程序主要流程(main 函数)较为简单：首先进行参数及训练集的输入，接着进行正向传播计算和代价函数计算，最后输出结果。

由于要表示训练集、算法的主要参数以及计算结果，故需要对输入及输出进行定义，当然实用的话可采用文件方式表示输入和输出。

输入定义为：

(1) 首先为正整数 n、m、p、t，分别代表特征个数、训练样本个数、隐含层神经元个数、输出层神经元个数。其中，$1 < n \leqslant 100$，$1 < m \leqslant 1000$，$1 < p \leqslant 100$，$1 < t \leqslant 10$。

(2) 随后为 m 行，每行有 $n+1$ 个数。每行代表一个样本中的 n 个特征值$(x_1, x_2, \cdots, x_n)$与样本的实际观测结果 y。特征值的取值范围是实数范围，实际观测结果为 $1 \sim t$ 的正整数。

(3) 最后为两组特征权值矩阵初始化值。第一组为输入层与隐含层特征权值矩阵，矩阵大小为 $p \cdot (n+1)$。第二组为隐含层与输出层特征权值矩阵，矩阵大小为 $t \cdot (p+1)$。

输出包括三部分：

(1) 第一行为 1 个浮点数，是神经网络使用初始特征权值矩阵计算出的代价值 J。

(2) 然后是 m 行，每行为 p 个浮点数，神经网络隐含层的输出(不算偏移 bias)。

(3) 最后是 m 行，每行为 t 个浮点数，神经网络输出层的输出(不算偏移 bias)。

下面给出输入和输出的样例。

输入样例：

```
3 3 5 3
0.084147 0.090930 0.014112 3
0.090930 0.065699 -0.053657 2
2 3 4 1
0.084147 -0.027942 -0.099999 -0.028790
0.090930 0.065699 -0.053657 -0.096140
0.014112 0.098936 0.042017 -0.075099
-0.075680 0.041212 0.099061 0.014988
-0.095892 -0.054402 0.065029 0.091295
0.084147 -0.075680 0.065699 -0.054402 0.042017 -0.028790
0.090930 -0.095892 0.098936 -0.099999 0.099061 -0.096140
0.014112 -0.027942 0.041212 -0.053657 0.065029 -0.075099
```

输出样例：

```
2.094661
0.518066 0.522540 0.506299 0.484257 0.476700
0.519136 0.524614 0.507474 0.483449 0.474655
0.404465 0.419895 0.509409 0.589979 0.587968
```

```
0.514583 0.511113 0.497424
0.514587 0.511139 0.497447
0.515313 0.511164 0.496748
```

此处需要补充说明的是,这里计算的只是单层神经网络并且原本的值 3,2,1,代表的是第一次输出第三个输出单元输出为 1,第二次输出第二个输出单元输出为 1……

程序清单如下。

```c
#include <stdio.h>
#include <math.h>

#define MAX_SAMPLE_NUMBER 1024
#define MAX_FEATURE_DIMENSION 128
#define MAX_LABEL_NUMBER 12

double sigmoid(double z){
    return 1 /(1 + exp(-z));
}

double hypothesis(double x[], double theta[], int feature_number){
//此处的 hypothesis 计算的是某个神经元的输出
    double h = 0;
    for(int i = 0; i <= feature_number; i++){
        h += x[i] * theta[i];
    }
    return sigmoid(h);
}

void forward_propagation(double a[],
                    int feature_number,
                    double W[][MAX_FEATURE_DIMENSION],
                    int neuron_num,
                    double output[]){

    for(int i = 0; i < neuron_num; i++){
        output[i+1] = hypothesis(a, W[i], feature_number);
        //W[i]对应着第 i 个输出神经元的上一层权值
    }
}

double compute_cost(double X[][MAX_FEATURE_DIMENSION],
                    int y[],
                    int feature_number,
                    int sample_number,
                    double W1[][MAX_FEATURE_DIMENSION],
                    int hidden_layer_size,
                    double W2[][MAX_FEATURE_DIMENSION],
                    int label_num,
                    double a2[][MAX_FEATURE_DIMENSION],
                    double a3[][MAX_FEATURE_DIMENSION]){
```

```
                    //a2 为隐含层输出, a3 为输出层输出, w1, w2 相同
    double sum = 0;
    for(int i = 0; i < sample_number; i++){
        X[i][0] = 1;
        forward_propagation(X[i], feature_number, W1, hidden_layer_size, a2[i]);
        a2[i][0] = 1;
        forward_propagation(a2[i], hidden_layer_size, W2, label_num, a3[i]);
        double yy[MAX_LABEL_NUMBER] = {0};
        yy[y[i]] = 1;
        for(int j = 1; j <= label_num; j++){
            sum += -yy[j] * log(a3[i][j]) -(1 - yy[j]) * log(1 - a3[i][j]);
        }
    }
    return sum / sample_number;
}

double X[MAX_SAMPLE_NUMBER][MAX_FEATURE_DIMENSION];
int y[MAX_SAMPLE_NUMBER];
double W1[MAX_FEATURE_DIMENSION][MAX_FEATURE_DIMENSION];
double W2[MAX_FEATURE_DIMENSION][MAX_FEATURE_DIMENSION];
double a2[MAX_SAMPLE_NUMBER][MAX_FEATURE_DIMENSION];
double a3[MAX_SAMPLE_NUMBER][MAX_FEATURE_DIMENSION];

int main(){
    int feature_number;
    int sample_number;
    int hidden_layer_size;
    int label_num;
    scanf("%d %d %d %d", &feature_number, &sample_number, &hidden_layer_size,
    &label_num);
    for(int i = 0; i < sample_number; i++){
        for(int j = 1; j <= feature_number; j++){
            scanf("%lf", &X[i][j]);
        }
        scanf("%d", &y[i]);
    }
    for(int i = 0; i < hidden_layer_size; i++){
        for(int j = 0; j <= feature_number; j++){
            scanf("%lf", &W1[i][j]);
        }
    }
    for(int i = 0; i < label_num; i++){
        for(int j = 0; j <= hidden_layer_size; j++){
            scanf("%lf", &W2[i][j]);
        }
    }
    double J = compute_cost(X, y, feature_number, sample_number,
        W1, hidden_layer_size, W2, label_num, a2, a3);
    printf("%lf\n", J);
    for(int i = 0; i < sample_number; i++){
```

```
        for(int j = 1; j < hidden_layer_size; j++){
            printf("%lf ", a2[i][j]);
        }
        printf("%lf\n", a2[i][hidden_layer_size]);
    }
    for(int i = 0; i < sample_number; i++){
        for(int j = 1; j < label_num; j++){
            printf("%lf ", a3[i][j]);
        }
        printf("%lf\n", a3[i][label_num]);
    }
    return 0;
}
```

8.7 BP 算法示例

本节为自学内容。

利用神经网络计算(逼近)函数 f,要求误差<0.0001。f 定义如下:
$$f(x_1,x_2) = (x_1-1)^4 + 2x_2^2$$
其中,x_1,x_2 的取值范围为[0,1]。

拟采用 5 层前馈网络完成计算。结构为 2-4-4-2-1,即第 1 层(输入层)有 2 个神经元,第 2 层有 4 个神经元,第 3 层有 4 个神经元,第 4 层有 2 个神经元,第 5 层(输出层)有 1 个神经元。网络各神经元的激发函数为 Sigmoid 函数。输入层的神经元不是真正的神经元,它们的输出等于输入。取 20 个样本值作为训练用。

求解过程:

(1) 对要逼近的函数 f 进行分析。x_1,x_2 的取值范围为[0,1]。那么,输入不用归一化(若 x_1,x_2 的取值范围为[0,1]的值域不再为 0~1,那就要输入归一化了,因为从神经网络的激发函数可以看出,输入在 0~1 时,变化率是很大的,所以网络对输出很敏感)。求该函数的值域,很显然该函数的值域为 0~3,这就需要归一化了,因为神经网络输出的值只能为 0~1。设 Out_Exp[i]为第 i 个输入样本的期望值,那么归一化后的期望输出为 Out_Exp[i]/3,用这个值和网络的输出进行比较,来进行训练。最后在网络输出时要反归一化,即把网络的输出乘以 3。

(2) BP 算法的关键是如何把数学公式转换为有数据结构支持的程序。首先,如何在计算机程序设计中表示权系数和阈值,在这里定义了三维数组 W[Layer_Max][Node_Max][Node_Max+1],用来表示神经网络的全部权系数和阈值,约定 $W[i][j][k]$ 存储网络的权系数,其中,i 表示神经网络的第 i 层,j 表示第 i 层网络的第 j 个神经元,k 表示为第 $i-1$ 层的第 j 个神经网络。那么,$W[i][j][k]$ 表示为第 i 层的第 j 个神经元和第 $i-1$ 层的第 k 个神经元的权系数。$W[i][j][\text{Layer}[i-1]+1]$ 表示第 i 层第 j 个神经元的阈值。Layer_Max 表示网络结构的层数、Node_Max 表示整个神经网络中各层含有神经元的最大数目的个数、Layer[i]数组表示网络中第 i 层的神经元的个数。

然后,定义网络输入的和期望输出数组。定义二维数组 Input_Net[2][21]作为网络输入数组,在这里为了方便取 21 个样本,其中,x_1 取值从 0 开始,以每次加 0.05 的步长作为下一个样本取值。而 x_2 的取值则与之相反。那么,由于 x_1 和 x_2 各有 21 个值,由排列组合得出网络训练样本一共有 $21 \times 21 = 421$ 个样本。再定义一个二维数组 Out_Exp[21][21] 表示期望输出。定义二维数组 Layer_Node[i][j]存储各层神经元的输出,表示第 i 层的第 j 个神经元的输出。定义二维数组 D[i][j]存储各层神经元的误差微分,表示第 i 层的第 j 个神经元的误差微分。

(3) 代价函数为(NetOut(i,j)−Out_Exp[i][j])^2/2。其中,NetOut(i,j)表示输入 x_1 的第 i 个值和 x_2 的第 j 个值所组成的样本时,网络的实际输出。

(4) 确定 BP 算法的关键的子程序。

① F(double x)函数是该神经网络的唯一激发函数,它的数学表达式为:

$F(x) = 1/(1 + \exp(-x))$。它的输入为样本值 NetIn[i]。输出值的范围为 0~1。

② Initialize()函数是网络初始化子程序,它初始化权系数和阈值,学习速率、误差精度等。

③ NetWorkOut(int i,int j)函数表示输入 x_1 的第 i 个值和 x_2 的第 j 个值所组成的样本时,在计算网络输出的时候,同时计算各层神经元的输出,并保存在 Layer_Node[][]数组里。输出为神经网络的实际输出。

④ AllLayer_D(int i,int j)函数输入 x_1 的第 i 个值和 x_2 的第 j 个值所组成的样本的数组下标,目的是计算各层神经元的误差微分,并把它们保存在 D[][]数组里。

⑤ Change_W()函数是用于根据 AllLayer_D()计算出来的误差微分改变权系数,根据经典的 BP 算法可以写出改变权系数和阈值的式子:

$W[i][j][k] = W[i][j][k] - \text{Study\_Speed} * D[i][j] * \text{Layer\_Node}[i-1][k]$

$W[i][j][\text{Layer}[i-1]+1] = W[i][j][\text{Layer}[i-1]+1] + \text{Study\_Speed} * D[i][j] *$ Layer_Node[$i-1$][[Layer[$i-1$]+1]

其中,Study_Speed 为学习速率,取值为(0,1),如果太大了,网络将会出现振荡,而不能收敛。

⑥ Train()函数是用于神经网络训练的。它调用了上面几个函数来完成网络训练。当训练完(即网络对于该问题是可以收敛的)时,网络就可以在特定的误差范围内逼近函数。

程序清单如下。

```
//BP 算法例子:用一个五层的神经网络去逼近函数
//f(x1,x2)=pow(x1-1,4)+2*pow(x2,2)
//调通,运行于 VC++6.0

#include<iostream>
#include<math.h>
#include<stdlib.h>
#include<time.h>
#include<fstream>
using namespace std;
//-------------------------------------------------------

#define RANDOM rand()/32767.0              //0~1 随机数生成函数

const int Layer_Max = 5;                   //神经网络的层数
```

```cpp
const double PI = 3.1415927;                          //圆周率
const int Layer_number[Layer_Max] = { 2, 4, 4, 2, 1 }; //神经网络各层的神经元个数
const int Neural_Max = 4;                             //神经网络各层最大神经元个数
const int InMax = 21;                                 //样本输入的个数
ofstream Out_W_File("All_W.txt", ios::out);
ofstream Out_Error("Error.txt", ios::out);
//定义类 BP
class BP
{
public:
    BP();                                 //BP 类的构造函数
    void BP_Print();                      //打印权系数
    double F(double x);                   //神经元的激发函数
    double Y(double x1, double x2);       //要逼近的函数
    double NetWorkOut(int x1, int x2);    //网络输出,它的输入为第 input 个样本
    void AllLayer_D(int x1, int x2);      //求所有神经元的输出误差微分

    void Change_W();                      //改变权系数

    void Train();                         //训练函数
    void After_Train_Out();               //经过训练后,21 个样本的神经网络输出
    double Cost(double out, double Exp);  //代价函数
private:
    double W[Layer_Max][Neural_Max][Neural_Max];  //保存权系数
    //规定 W[i][j][k]表示网络第 i 层的第 j 个神经元连接到
    //第 i-1 层第 k 个神经元的权系数
    double Input_Net[2][InMax];//21 个样本输入,约定 Input_Net[0][i]
    //表示第 i 个样本的输入 x1
    //而 Input_Net[1][i]表示第 i 个样本的输入 x2
    double Out_Exp[InMax][InMax];          //期望输出

    double Layer_Node[Layer_Max][Neural_Max];  //保存各神经元的输出
    //规定 Layer_Node[i][j]表示第 i 层的第 j 个神经元的输出
    double D[Layer_Max][Neural_Max];       //保存各神经元的误差微分
    //规定 D[i][j]表示第 i 层第 j 个神经元的误差微分
    double Study_Speed;                    //学习速度

    double e;                              //误差
};
//构造函数,用来初始化权系数、输入、期望输出和学习速度
BP::BP()
{
    srand(time(NULL));                        //播种,以便产生随机数
    for(int i = 1; i < Layer_Max; i++)
    {
        for(int j = 0; j < Layer_number[i]; j++)
        {
            for(int k = 0; k < Layer_number[i - 1] + 1; k++)
            {
                W[i][j][k] = RANDOM;          //随机初始化权系数
```

```
        }
            //Q[i][j] = RANDOM ;                           //初始化各神经元的阈值
        }
    }
    //输入和输出归一化
    for(int l = 0; l < InMax; l++)
    {
        Input_Net[0][l] = l * 0.05;                    //把 0~1 分成 20 等份,表示 x1
        Input_Net[1][l] = 1 - l * 0.05;                //表示 x2
    }
    for(int i = 0; i < InMax; i++)
    {
        for(int j = 0; j < InMax; j++)
        {
            Out_Exp[i][j] = Y(Input_Net[0][i], Input_Net[1][j]);        //期望输出
            Out_Exp[i][j] = Out_Exp[i][j] / 3.000000;  //期望输出归一化
        }
    }

    Study_Speed = 0.5;                                 //初始化学习速度

    e = 0.0001;                                        //误差精度


}//end
//激发函数 F()
double BP::F(double x)
{
    return(1.0 /(1 + exp(-x)));
}//end
//要逼近的函数 Y()
//输入: 两个浮点数
//输出: 一个浮点数
double BP::Y(double x1, double x2)
{
    double temp;
    temp = pow(x1 - 1, 4) + 2 * pow(x2, 2);
    return temp;
}//end
//---------------------------------------------------------------
//代价函数
double BP::Cost(double Out, double Exp)
{
    return(pow(Out - Exp, 2));
}//end
//网络输出函数
//输入为: 第 input 个样本
double BP::NetWorkOut(int x1, int x2)
{
    int i, j, k;
```

```
double N_node[Layer_Max][Neural_Max];
//约定 N_node[i][j]表示网络第 i 层的第 j 个神经元的总输入
//第 0 层的神经元为输入,不用权系数和阈值,即输入什么即输出什么
N_node[0][0] = Input_Net[0][x1];
Layer_Node[0][0] = Input_Net[0][x1];
N_node[0][1] = Input_Net[1][x2];
Layer_Node[0][1] = Input_Net[1][x2];
for(i = 1; i < Layer_Max; i++)              //神经网络的第 i 层
{
    for(j = 0; j < Layer_number[i]; j++) //Layer_number[i]为第 i 层的神经元个数
    {
        N_node[i][j] = 0.0;
        for(k = 0; k < Layer_number[i - 1]; k++) //Layer_number[i-1]
        {   //表示与第 i 层第 j 个神经元连接的上一层的神经元个数

            //求上一层神经元对第 i 层第 j 个神经元的输入之和
            N_node[i][j] += Layer_Node[i - 1][k] * W[i][j][k];

        }
        N_node[i][j] = N_node[i][j] - W[i][j][k];   //减去阈值
        //求 Layer_Node[i][j],即第 i 层第 j 个神经元的输出
        Layer_Node[i][j] = F(N_node[i][j]);
    }
}
    return Layer_Node[Layer_Max - 1][0];                //最后一层的输出
}//end
//求所有神经元的输出误差微分函数
//输入为: 第 input 个样本
//计算误差微分并保存在 D[][]数组中
void BP::AllLayer_D(int x1, int x2)
{
    int i, j, k;
    double temp;
    D[Layer_Max - 1][0] = Layer_Node[Layer_Max - 1][0] *
        (1 - Layer_Node[Layer_Max - 1][0]) *
        (Layer_Node[Layer_Max - 1][0] - Out_Exp[x1][x2]);
    for(i = Layer_Max - 1; i > 0; i--)
    {
        for(j = 0; j < Layer_number[i - 1]; j++)
        {
            temp = 0;
            for(k = 0; k < Layer_number[i]; k++)
            {
                temp = temp + W[i][k][j] * D[i][k];
            }
            D[i - 1][j] = Layer_Node[i - 1][j] * (1 - Layer_Node[i - 1][j])
                * temp;
        }
    }
}//end
```

```cpp
//修改权系数和阈值
void BP::Change_W()
{
    int i, j, k;
    for(i = 1; i < Layer_Max; i++)
    {
        for(j = 0; j < Layer_number[i]; j++)
        {
            for(k = 0; k < Layer_number[i - 1]; k++)
            {
                //修改权系数
                W[i][j][k] = W[i][j][k] - Study_Speed *
                    D[i][j] * Layer_Node[i - 1][k];

            }
            W[i][j][k] = W[i][j][k] + Study_Speed * D[i][j];        //修改阈值
        }
    }
}//end
//训练函数
void BP::Train()
{
    int i, j;
    int ok = 0;
    double Out;
    long int count = 0;
    double err;
    ofstream Out_count("Out_count.txt", ios::out);
    //把其中的 5 个权系数的变化保存到文件里
    ofstream outWFile1("W[2][0][0].txt", ios::out);
    ofstream outWFile2("W[2][1][1].txt", ios::out);
    ofstream outWFile3("W[1][0][0].txt", ios::out);
    ofstream outWFile4("W[1][1][0].txt", ios::out);
    ofstream outWFile5("W[3][0][1].txt", ios::out);
    while(ok < 441)
    {
        count++;
        //20个样本输入
        for(i = 0, ok = 0; i < InMax; i++)
        {
            for(j = 0; j < InMax; j++)
            {
                Out = NetWorkOut(i, j);
                AllLayer_D(i, j);

                err = Cost(Out, Out_Exp[i][j]);        //计算误差

                if(err < e) ok++;                      //是否满足误差精度

                else Change_W();                       //是否修改权系数和阈值
```

```
                }

            }
        if((count %1000) == 0)                //每1000次,保存权系数
        {
            cout << count << " " << err << endl;
            Out_count << count << ",";
            Out_Error << err << ",";
            outWFile1 << W[2][0][0] << ",";
            outWFile2 << W[2][1][1]<< ",";
            outWFile3 << W[1][0][0] << ",";
            outWFile4 << W[1][1][0] << ",";
            outWFile5 << W[3][0][1] << ",";
            for(int p = 1; p < Layer_Max; p++)
            {
                for(int j = 0; j < Layer_number[p]; j++)
                {
                    for(int k = 0; k < Layer_number[p - 1] + 1; k++)
                    {
                        Out_W_File << 'W' << '[' << p << ']'
                            << '[' << j << ']'
                            << '[' << k << ']'
                            << '=' << W[p][j][k] << ' ' << ' ';
                    }
                }
            }
            Out_W_File << '\n' << '\n';
        }
    }
    cout << err << endl;
}//end
//打印权系数
void BP::BP_Print()
{
    //打印权系数
    cout << "训练后的权系数" << endl;
    for(int i = 1; i < Layer_Max; i++)
    {
        for(int j = 0; j < Layer_number[i]; j++)
        {
            for(int k = 0; k < Layer_number[i - 1] + 1; k++)
            {
                cout << W[i][j][k] << " ";
            }
            cout << endl;
        }
    }
    cout << endl << endl;
}//end
//把结果保存到文件
```

```cpp
void BP::After_Train_Out()
{
    int i, j;
    ofstream Out_x1("Out_x1.txt", ios::out);
    ofstream Out_x2("Out_x2.txt", ios::out);
    ofstream Out_Net("Out_Net.txt", ios::out);
    ofstream Out_Exp("Out_Exp.txt", ios::out);
    ofstream W_End("W_End.txt", ios::out);
    ofstream Q_End("Q_End.txt", ios::out);
    ofstream Array("Array.txt", ios::out);
    ofstream Out_x11("x1.txt", ios::out);
    ofstream Out_x22("x2.txt", ios::out);
    ofstream Result1("result1.txt", ios::out);
    ofstream Out_x111("x11.txt", ios::out);
    ofstream Out_x222("x22.txt", ios::out);
    ofstream Result2("result2.txt", ios::out);
    for(i = 0; i < InMax; i++)
    {
        for(j = 0; j < InMax; j++)
        {
            Out_x11 << Input_Net[0][i] << ',';
            Out_x22 << Input_Net[1][j] << ",";
            Result1 << 3 * NetWorkOut(i, j) << ",";
            Out_x1 << Input_Net[0][i] << ",";
            Array << Input_Net[0][i] << " ";
            Out_x2 << Input_Net[1][j] << ",";
            Array << Input_Net[1][j] << " ";
            Out_Net << 3 * NetWorkOut(i, j) << ",";
            Array << Y(Input_Net[0][i], Input_Net[1][j]) << " ";
            Out_Exp << Y(Input_Net[0][i], Input_Net[1][j]) << ",";
            Array << 3 * NetWorkOut(i, j) << " ";
            Array << '\n';
        }
        Out_x1 << '\n';
        Out_x2 << '\n';
        Out_x11 << '\n';
        Out_x22 << '\n';
        Result1 << '\n';

    }
    for(j = 0; j < InMax; j++)
    {
        for(i = 0; i < InMax; i++)
        {
            Out_x111 << Input_Net[0][i] << ',';
            Out_x222 << Input_Net[1][j] << ",";
            Result2 << 3 * NetWorkOut(i, j) << ",";
        }
        Out_x111 << '\n';
        Out_x222 << '\n';
```

```
        Result2 << '\n';
    }

    //把经过训练后的权系数和阈值保存到文件里
    for(i = 1; i < Layer_Max; i++)
    {
        for(int j = 0; j < Layer_number[i]; j++)
        {
            for(int k = 0; k < Layer_number[i - 1] + 1; k++)
            {

                W_End << W[i][j][k] << ",";        //保存权系数
            }
        }
    }//end for

}//end
void main(void)
{
    BP B;                                    //生成一个 BP 类对象 B
    B.Train();                               //开始训练
    B.BP_Print();                            //把结果打印出来
    B.After_Train_Out();                     //把结果保存到文件
}//end
```

8.8　深度学习

　　深度学习是机器学习的分支，是一种以人工神经网络为架构，对数据进行表征学习的算法。所谓“深度”是指神经网络的隐含层比较多，通常是大于 2 的，现在实用的网络可到十几、几十、上百层。深度学习就是使用深层架构的机器学习方法。随着网络层数的增加、参数更多，训练深度网络需要更好的算法(如梯度下降算法)和巨大的计算能力，由于 2000 年以来计算能力的巨大提升，尤其是以 GPU 为代表的廉价的计算加速技术，使得深度网络的训练成为可能，引发了深度学习的革命，使得神经网络重获新生。

　　前面介绍的神经网络，对待处理数据的特征几乎没有关注。实际情况是，如果对处理对象已经有了一些了解，比如它是一张图片或者是某种结构，则设计的神经网络没有必要从零开始学习结构，这样会表现得更好。例如，尝试对字母的照片进行识别，问题可转换为对这些照片按字母进行分类，即典型的分类问题。显然颜色并不是让字母 A 成为 A 的重要因素，那么怎样会使该分类器更容易地学习呢？是否可以用照片中的其他特征，例如边缘、形状等，而不仅是颜色特征。显然带有边缘轮廓特征的灰度照片比彩色照片更能表示字母的特征。

　　根据以上的分析基础，深度学习除了使用深层网络之外，它是机器学习中一种基于对数据进行表征学习的算法。待处理的原始数据称为观测值，例如，一幅图像，可以使用多种方

式来表示，如每个像素强度值的向量，或者更抽象地表示成一系列边、特定形状的区域等。使用某些特定的表示方法更容易、更好地完成学习任务（例如，人脸识别或面部表情识别）。表征学习的目标是寻求更好的表示方法和创建更好的模型，并且能从大规模未标记数据中学习这些表示方法。因此，深度学习可以用无监督式或半监督式的特征学习和分层特征提取算法来替代手工获取特征。

至今已有多种深度学习网络，如深度神经网络、卷积神经网络和深度置信网络和循环神经网络已被应用在计算机视觉、语音识别、自然语言处理、音频识别与生物信息学等领域并获取了极好的效果。

下面以卷积神经网络为例来开始讨论深度学习。

1. 权重共享

这里的照片中有一只猫，想让网络表示出照片中有一只猫，如图 8-9 所示。猫在图片的哪里不重要，它仍然是一张有猫的照片，如果要你的网络必须分别学习出猫是在左下角还是右上角，这会有非常多的工作要做。而不管猫在图片的左边还是右边，拥有猫的图像都是一样的分类，不同的位置，相同的猫咪，这就是所谓的平移不变性。网络学习到猫是可以被重复使用的，而不是每次见到猫咪都要重新学习它，实现这种网络的方法叫作权重共享。当知道两种输入可以获得同样的信息时，则应该共享权重且利用这些输入共同训练权重。这是一种非常重要的思想，事物的平均值并不随时间或者空间发生变化。对于图片，研究卷积神经网络的主体思想就是权重共享。

图 8-9　权重共享（w 是权重）

2. 卷积

卷积（Convolution）是卷积神经网络的核心基石。在图像识别里提到的卷积是二维卷积，即离散二维滤波器（也称作卷积核）与二维图像做卷积操作，简单地讲是二维滤波器滑动到二维图像上所有位置，并在每个位置上与该像素点及其领域像素点做内积。卷积操作被广泛应用于图像处理领域，不同卷积核可以提取不同的特征，例如，边沿、线性、角等特征。在深层卷积神经网络中，通过卷积操作可以提取出图像低级到复杂的特征。假设拿出图片的一小块，运行具有 k 个输出的小神经网络，像这样把输出表示为垂直的一小列，如图 8-10 所示。

在不改变权重的情况下，把那个小神经网络滑遍整个图片，就像拿着刷子刷墙一样水平垂直地滑动，在输出端画出了另外一幅图像，它跟之前的宽度和高度不同，主要是跟之前的深度不同，不只有红绿蓝三个通道，现在得到了 k 个颜色通道，这种操作就叫作卷积。而用来移动的那个块就叫作卷积核，也叫作滤波器。

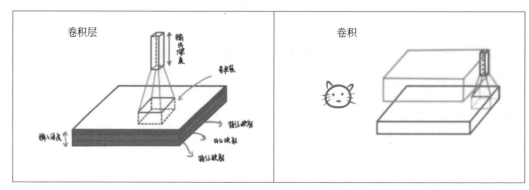

图 8-10　卷积

3. 步长和填充

另一个需要知道的是步长（Stride），它是当移动滤波器时平移的像素的数量，步长为 1 时，得到的尺寸基本与输入相同；步长为 2，意味着变为一半的尺寸。这里说的是可能，因为它还取决于在边界上怎么做。当不超过边界时，被称为有效填充（Padding），当超过边界并使用 0 填充时，会得到与输入大小相同的输出，这被称为相同填充。

假设有一个 28×28 的图片，上面运行一个 3×3 的卷积操作，输出深度为 8，当以相同填充步长为 1，有效填充步长为 1 和 2 时，输出特征图的维度是多少？如图 8-11 所示。

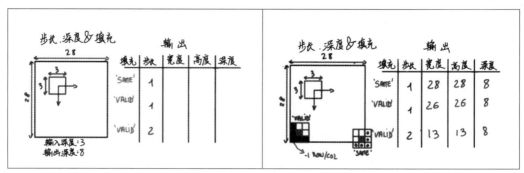

图 8-11　步长和填充

Padding valid 和 Padding same 是指在卷积神经网络中两种不同的 padding（填充）方式。Padding valid 表示不进行任何填充，也就是不在输入的边缘进行补零操作，这会导致卷积后的输出尺寸比输入尺寸小。Padding same 表示在输入的边缘进行补零操作，使得卷积后的输出尺寸与输入尺寸相同。具体来说，如果卷积核的大小为 k，那么在输入边缘进行补零的大小为 $(k-1)/2$。

下面给出一个卷积计算过程的示例图，输入图像大小为 $H=5$，$W=5$，$D=3$，即 5×5 大小的 3 通道（RGB，也称作深度）彩色图像，如图 8-12 所示。

这个示例图中包含两组卷积核，即图中的 Filter W_0 和 Filter W_1。在卷积计算中，通常对不同的输入通道采用不同的卷积核，如图示例中每组卷积核包含（$D=3$）个 3×3（用 $F \times F$ 表示）大小的卷积核。另外，这个示例中卷积核在图像的水平方向（W 方向）和垂直方向（H 方向）的滑动步长为 2（用 S 表示）；对输入图像周围各填充 1（用 P 表示）个 0，即图中输入层原始数据为深色部分，浅色部分是进行了大小为 1 的扩展，用 0 来进行扩展。经过卷积

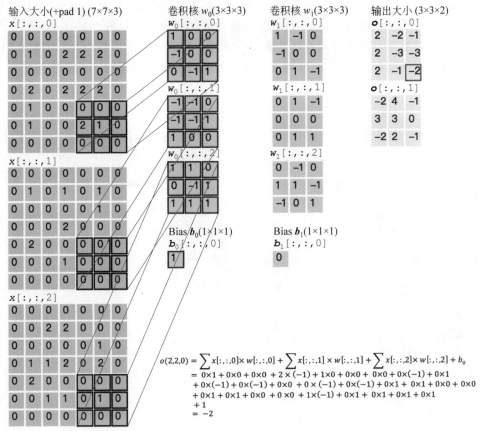

图 8-12　卷积计算过程

操作得到输出为 $3×3×2$(用 $H_0×W_0×K$ 表示)大小的特征图,即 $3×3$ 大小的 2 通道特征图,其中,H_0 计算公式为 $H_0=(H-F+2×P)/S+1$,W_0 同理。而输出特征图中的每个像素,是每组滤波器与输入图像每个特征图的内积再求和,再加上偏置 b_0,偏置通常对于每个输出特征图是共享的。输出特征图 $o[:,:,0]$ 中的最后一个 -2,计算如图中右下角公式所示。

　　在卷积操作中,卷积核是可学习的参数,经过上面示例的介绍,每层卷积的参数大小为 $D×F×F×K$。在多层感知器模型中,神经元通常是全部连接,参数较多。而卷积层的参数较少,这也是由卷积层的主要特性即共享权重和局部连接所决定的。

　　这里的权重共享是指:计算同一个深度切片的神经元时采用的滤波器是共享的。例如,图 8-12 中计算 $o[:,:,0]$ 的每个神经元的滤波器均相同,都为 W_0,这样可以很大程度上减少参数。共享权重在一定程度上讲是有意义的,例如,图片的底层边缘特征与特征在图中的具体位置无关。但是在一些场景中是无意的,比如输入的图片是人脸,眼睛和头发位于不同的位置,希望在不同的位置学到不同的特征。请注意,权重只是对于同一深度切片的神经元是共享的,在卷积层,通常采用多组卷积核提取不同特征,即对应不同深度切片的特征,不同深度切片的神经元权重是不共享的。另外,偏重对同一深度切片的所有神经元都是共享的。

4. 局部连接

　　每个神经元仅与输入神经元的一块区域连接,这块局部区域称作感受野。在图像卷积操作中,即神经元在空间维度(即图 8-12 中 H 和 W 所在的平面)是局部连接,但在深度上是全部连接。对于二维图像本身而言,也是局部像素关联较强。这种局部连接保证了学习后的过滤器能够对于局部的输入特征有最强的响应。局部连接的思想,也是受启发于生物学里面的视觉系统结构,视觉皮层的神经元就是局部接收信息的。卷积核和图像进行卷积计算的时候,每次卷积核只覆盖图像的一部分,称为局部感知,结合全连通层,实现从局部到整体,如图 8-13 所示。

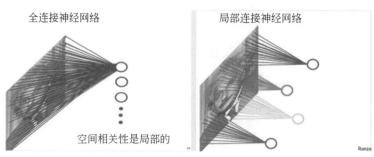

图 8-13 卷积层与全连通层的区别

假设图片为 1000×1000 大小,对于全连接神经网络,其隐藏层单元数量为 $1M(10^6)$,则其需要的参数为 10^{12} 个;对于局部连接神经网络(卷积神经网络)而言,则只需要 10^8 个。

通过介绍卷积计算过程及其特性,可以看出卷积是线性操作,并具有平移不变性。平移不变性即在图像每个位置执行相同的操作。卷积层的局部连接和权重共享使得需要学习的参数大大减小,这样也有利于训练较大的卷积神经网络。

5. 池化

目前,已经使用调整的步长来平移滤波器,从而降低特征图的尺寸,这是对图像降低采样率的一种非常有效的方法。它移除了很多信息,如果不在两个卷积之间采用步长调整,而依然执行一个非常小的步长,例如 1,在这种情况下,可以通过某种方法把相近的卷积结合在一起,这种操作就叫作池化。有几种方法可以实现它,如图 8-14 所示。

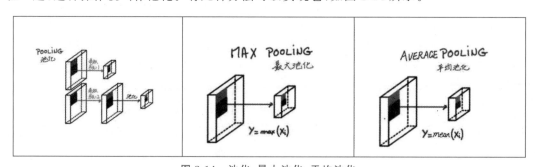

图 8-14 池化、最大池化、平均池化

最常用的是最大池化,在特征图的每个点,查看它周围小范围内的点,计算附近所有点的最大值。使用最大池化有很多优点:首先,它没有增加参数数量,因此不必担心容易过拟合;其次,它可以产生更精确的模型;然后,由于在非常小的步长下进行了卷积,模型必然需要很多的计算量,而且会有更多的超参数需要调整,例如,池化区域尺寸、池化步长。一种典型的神经网络结构为几层卷积和池化的交替,然后在最末端连接几层全连接层。第一个使用这种网络结构的是 LeNet-5。

另外一种值得注意的是平均池化。相比较于最大值池化,它是使用了窗口附近一片区域的平均值,这种方式得到的特征信息对背景信息更加敏感。

6. 卷积神经网络

在多层感知器模型中,将图像展开成一维向量输入到网络中,忽略了图像的位置和结构信息,而卷积神经网络能够更好地利用图像的结构信息。LeNet-5 是一个较简单的卷积神经网络。图 8-15 显示了其结构:输入的二维图像,先经过两次卷积层到池化层,再经过全连接层,最后使用 Softmax 分类作为输出层。

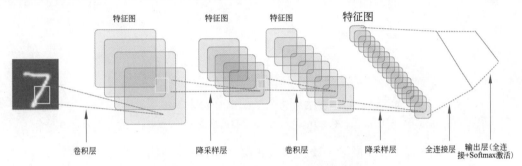

图 8-15 卷积神经网络 LeNet-5 的网络结构

7. Softmax 回归

最简单的 Softmax 回归模型是先将输入层经过一个全连接层得到特征,然后直接通过 Softmax 函数计算多个类别的概率并输出。输入层的数据 X 传到输出层,在激活操作之前,会乘以相应的权重 W,并加上偏置变量 b,具体如下。

$$y_i = \text{Softmax}\Big(\sum_j W_{i,j} x_j + b_i \Big)$$

其中,

$$\text{Softmax}(x_i) = \frac{e^{x_i}}{\sum_j e^{x_j}}$$

图 8-16 为 Softmax 回归的网络图,图中权重用实线表示、偏置用虚线表示,+1 代表偏置参数的系数为 1。

对于有 N 个类别的多分类问题,指定 N 个输出结点,N 维结果向量经过 Softmax 将归一化为 N 个 $[0,1]$ 范围内的实数值,分别表示该样本属于这 N 个类别的概率。此处的 y_i 即对应该图片为数字 i 的预测概率。在分类问题中,一般采用交叉熵代价损失函数,公式如下。

$$L_{\text{cross-entropy}}(\text{label}, y) = - \sum_i \text{label}_i \log(y_i)$$

8. 激活层

卷积之后,附加偏置,并引入非线性激活函数,得到结果如下。

$$Z_{x,y} = h\Big(\sum_i^{p \cdot q} w_i v_i + b \Big)$$

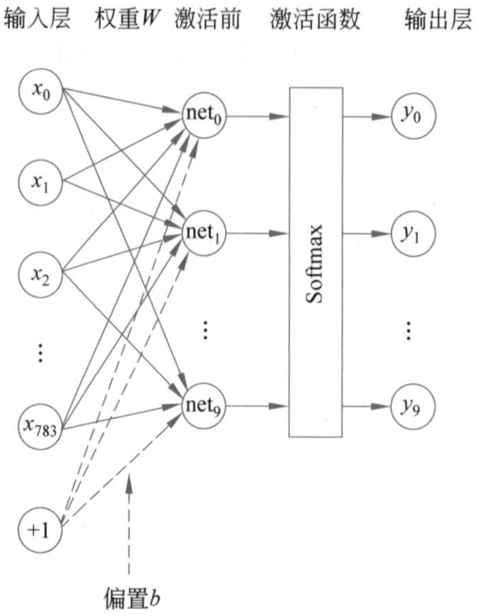

输入层　权重W　激活前　激活函数　　输出层

偏置b

图 8-16　Softmax 回归的网络图

其中,b 为偏置,$h(x)$为激活函数。有以下几种常用的激活函数。

(1) 线性整流单元(ReLU):$h(z) = \max(0, z)$。

(2) Sigmoid 函数:$h(z) = \dfrac{1}{1 + \mathrm{e}^{-z}}$。

(3) Tanh 函数:$h(z) = \tanh(z)$。

9. 全连通层

CNN 中的全连通层一般是为了对图像进行分类,函数如下。

$$z_i(l) = \sum_{j=i}^{n_l-1} w_{ij}(l) a_j(l-1) + b_i(l)$$

$$a_i(l) = h(z_i(l))$$

其中,l 为层数。

8.9　MNIST 数据集上的手写识别问题

手写识别属于典型的图像分类问题,同时 MNIST 数据集也很完备。MNIST 数据集作为一个简单的计算机视觉数据集,包含一系列如图 8-17 所示的手写数字图片和对应的标签。图片是 28×28 的像素矩阵,标签则对应着 $0 \sim 9$ 的 10 个数字。每张图片都经过了大小归一化和居中处理。

图 8-17　MNIST 图片示例

MNIST 数据集是从 NIST 的 Special Database 3(SD-3)和 Special Database 1(SD-1) 构建而来。由于 SD-3 是由美国人口调查局的员工进行标注,SD-1 是由美国高中生进行标注,因此,SD-3 比 SD-1 更干净也更容易识别。Yann LeCun 等人从 SD-1 和 SD-3 中各取一半作为 MNIST 的训练集(60 000 条数据)和测试集(10 000 条数据),其中,训练集来自 250 位不同的标注员,此外还保证了训练集和测试集的标注员是不完全相同的。

MNIST 吸引了大量的科学家基于此数据集训练模型。1998 年,LeCun 分别用单层线性分类器、多层感知器(Multilayer Perceptron,MLP)和多层卷积神经网络 LeNet 进行实验,使得测试集上的误差不断下降(从 12% 下降到 0.7%)。在研究过程中,LeCun 提出了卷积神经网络(Convolutional Neural Network,CNN),大幅度地提高了手写字符的识别能力,也因此成为深度学习领域的奠基人之一。此后,科学家们又基于 K 近邻(K-Nearest Neighbors)算法、支持向量机(SVM)、神经网络和 Boosting 方法等做了大量实验,并采用多种预处理方法(如去除歪曲、去噪、模糊等)来提高识别的准确率。

如今的深度学习领域,卷积神经网络占据了至关重要的地位,从最早 Yann LeCun 提出的简单 LeNet,到如今 ImageNet 大赛上的优胜模型 VGGNet、GoogLeNet、ResNet 等(请参见图像分类教程),人们在图像分类领域利用卷积神经网络得到了一系列惊人的结果。

本例从简单的 Softmax 回归模型开始,了解手写字符识别,介绍如何改进模型,利用多层感知机(MLP)和卷积神经网络(CNN)优化识别效果。

该问题是个分类问题,即基于 MNIST 数据集训练一个分类器,再用该分类器进行识别。可将该分类器进行以下数学描述。

- X 是输入:MNIST 图片是 28×28 的二维图像,为了进行计算,将其转换为 784 维向量,即 $X = (x_0, x_1, \cdots, x_{783})$。
- Y 是输出:分类器的输出是 10 类数字(0~9),即 $Y = (y^0, y^1, \cdots, y^9)$,每一维 y^i 代表图片分类为第 i 类数字的概率。
- Label 是图片的真实标签:Label $= (l_0, l_1, \cdots, l_9)$ 也是 10 维,但只有一维为 1,其他都为 0。例如,某张图片上的数字为 2,则它的标签为 $(0, 0, 1, 0, \cdots, 0)$。

根据 8.8 节的概念和思想,可以参考 LeNet-5 的网络结构(见图 8-15)构建一个手写数字的深度神经网络。这个网络从 28×28 个输入神经元开始,这些神经元用于对 MNIST 图像的像素进行编码。接着的是一个卷积层,使用一个 5×5 卷积核和 3 个特征映射。其结果是一个 $3 \times 24 \times 24$ 隐藏特征神经元层。下一步是一个最大值池化层,应用于 2×2 区域,遍及 3 个特征映射。结果是一个 $3 \times 12 \times 12$ 隐藏特征神经元层。其一个简化的示意图如图 8-18 所示。

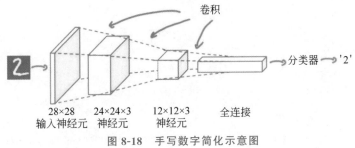

图 8-18　手写数字简化示意图

网络中最后连接的层是一个全连接层。更确切地说,这一层将最大值池化层的每一个神经元连接到每一个输出神经元。一个由很多简单的单元构成的网络,这些单元的行为为由它们的权重和偏置确定。总体的目标仍然是一样的：用训练数据来训练网络的权重和偏置，使得网络可以分类输入数字。

8.10　MNIST 数据集上的手写识别问题实验

本节是自学内容，要求学生有一定的 Python 程序设计基础。

1. 环境配置

1）Python 环境安装

打开网址 www.python.org，根据计算机型号下载并安装 Python 3.6。

2）Anaconda 安装

打开网址 www.anaconda.com，下载安装包后直接安装，按照提示一直下一步即可。

3）Tensorflow 环境安装

打开 Anaconda Prompt，输入"conda create -n tensorflow python＝3.6"，会出现提示，输入"y"继续进行安装，安装完成后输入"activate tensorflow"激活 Tensorflow。激活后，输入"pip install -i https://pypi. tuna. tsinghua. edu. cn/simple/ https://mirrors. tuna. tsinghua. edu. cn/tensorflow/windows/cpu/tensorflow-1. 1. 0-cp35-cp35m-win _ amd64. whl,"在清华镜像站中下载相对应的版本。下载结束后，安装完成。

2. 实验过程

（1）新建后缀名为.py 的文件并编写代码。

（2）下载并读入 MNIST 数据。

（3）设置权重和偏置的初始化函数。

（4）设置卷积函数、最大池函数。

（5）将训练集高维化。

（6）依次添加卷积层 1、池化层 1、卷积层 2、池化层 2，进行训练。

（7）将训练集降维。

（8）设置两层全连通层，并在之间进行 dropout 处理以防止过拟合。

（9）添加激活层，使用 Softmax 作为激活函数。

（10）计算交叉熵和 train_step。

（11）运行程序并显示结果。

3. 示例代码

```
# coding=utf-8

import tensorflow as tf
from tensorflow.examples.tutorials.mnist import input_data

# 下载并读入 MNIST 数据
mnist=input_data.read_data_sets("MNIST data/", one_hot=True,source_url=
"http://yann.lecun.com/exdb/mnist/")

# 权重初始化函数
```

```
def weight(shape):
    initial = tf.truncated_normal(shape, stddev=0.1)
    return tf.Variable(initial)

#偏置值初始化函数
def bias(shape):
    initial = tf.constant(0.1, shape=shape)
    return tf.Variable(initial)

#卷积函数
def conv2d(x, W):
    #步长: strides = [1, x_movement, y_movement, 1]
    return tf.nn.conv2d(x, W, strides=[1, 1, 1, 1], padding='SAME')

#最大池函数
def max_pool_2x2(x):
    #步长: strides = [1, x_movement, y_movement, 1]
    #池化算子尺寸: ksize = [1,pool_op_length,pool_op_width,1], 其中,ksize[1]==
ksize[3]
    return tf.nn.max_pool(x, ksize=[1, 2, 2, 1], strides=[1, 2, 2, 1], padding=
'SAME')

xs = tf.placeholder(tf.float32, [None, 28 * 28])       #图片集
ys = tf.placeholder(tf.float32, [None, 10])            #标签集
keep_prob = tf.placeholder(tf.float32)

#对 xs 进行 reshape
x_image = tf.reshape(xs, [-1, 28, 28, 1])  #[n_samples, 28,28,1]

#第一层卷积层
W_conv1 = weight([5, 5, 1, 32])   #patch 5x5, in size 1, out size 32
b_conv1 = bias([32])
h_conv1 = tf.nn.relu(conv2d(x_image, W_conv1) + b_conv1)  #output size 28×28×32
#第一层池化层
h_pool1 = max_pool_2x2(h_conv1)   #output size 14×14×32

#第二层卷积层
W_conv2 = weight([5, 5, 32, 64])   #patch 5x5, in size 32, out size 64
b_conv2 = bias([64])
h_conv2 = tf.nn.relu(conv2d(h_pool1, W_conv2) + b_conv2)  #output size 14×14×64
#第二层池化层
h_pool2 = max_pool_2x2(h_conv2)   #output size 7×7×64

#池化后将四维张量 reshape 为二维张量
h_pool2_flat = tf.reshape(h_pool2, [-1, 7 * 7 * 64])  #[n_samples, 7, 7, 64]->>
[n_samples, 7 * 7 * 64]

#第一层全连通层
W_fc1 = weight([7 * 7 * 64, 1024])
b_fc1 = bias([1024])
```

```
h_fc1 = tf.nn.relu(tf.matmul(h_pool2_flat, W_fc1) + b_fc1)
#为防止过拟合(overfitting),用 dropout 进行处理
h_fc1_drop = tf.nn.dropout(h_fc1, keep_prob)

#第二层全连通层
W_fc2 = weight([1024, 10])
b_fc2 = bias([10])
#添加激活层,使用 Softmax 函数
prediction = tf.nn.softmax(tf.matmul(h_fc1_drop, W_fc2) + b_fc2)

#计算交叉熵
cross_entropy = tf.reduce_mean(-tf.reduce_sum(ys * tf.log(prediction),
reduction_indices=[1]))   #loss
#计算 train_step
train_step = tf.train.AdamOptimizer(1e-4).minimize(cross_entropy)

init = tf.global_variables_initializer()
sess = tf.Session()
sess.run(init)

#返回 test set 的精确度
def compute_accuracy(v_xs, v_ys):
    global prediction
    y_pre = sess.run(prediction, feed_dict={xs: v_xs, keep_prob: 1})
    correct_prediction = tf.equal(tf.argmax(y_pre, 1), tf.argmax(v_ys, 1))
    accuracy = tf.reduce_mean(tf.cast(correct_prediction, tf.float32))
    result = sess.run(accuracy, feed_dict={xs: v_xs, ys: v_ys, keep_prob: 1})
    return result

#执行,并每隔 interval 次输出结果
for i in range(1000):
    interval = 50
    batch_xs, batch_ys = mnist.train.next_batch(100)
    sess.run(train_step, feed_dict={xs: batch_xs, ys: batch_ys, keep_prob: 0.5})
    if i %interval == 0:
        print("第%2d 次训练的精度: %f" %(i / interval + 1, compute_accuracy(mnist.
test.images, mnist.test.labels)))
```

本实验除了可以利用 Google 的 TensorFlow 完成之外,也可以利用百度的飞桨 (PaddlePaddle)来完成,具体可以参考飞桨官网。飞桨(Parallel Distributed Deep Learning) 是一个易用、高效、灵活、可扩展的深度学习框架。

习　题

1. 将 8.4 节及 8.6 节的两个程序调试通过,并运行观察运行结果。

2. 将 8.6 节的程序改造为以文件方式表示输入和输出,输入文件名约定为 input.txt,输出文件名约定为 output.txt。

第9章

群体智能算法

大自然是神奇而伟大的,人类通过模仿大自然的各种行为进行了很多科学创新,如飞机的发明就是受到了鸟类飞行的启发,声呐则是利用海豚仿生学原理发明的,这种利用对生物结构和功能原理进行的发明创新,称为仿生。仿生不仅能用来研制各种机械和新技术,在计算机领域,人们也利用仿生来设计算法进行分布式问题的求解。科学家通过对动物群体行为的观察和研究,对群体行为进行建模,从而产生了群体智能,相应的算法,称为群体智能算法。

7.5节介绍的旅行商问题已被数学家证明是一个NP难题,利用传统的方法很难解决。在第7章中利用学到的遗传算法给出了该问题的一个求解过程,并进行了编程实现。在本章中,将学习群体智能算法,通过对其定义、特点、计算模式及常见算法等的学习,掌握群体智能算法的编程实现方法,并试图利用该算法去解决旅行商问题。

9.1 群体智能算法概述

美国Michigan大学的John Holland教授在1975年发表了一篇名为 *Adaptation in Natural and Artificial System* 的著作,该著作被认为是群体智能(Swarm Intelligence)算法的开山之作。在该著作中,作者对智能系统及自然界中的自适应变化机制进行了详细阐述,并提出了计算机程序的自适应变化机制。随后,John Holland教授及其学生对该算法机制进行了推广,并将该算法正式命名为遗传算法(Genetic Algorithm,GA)。

遗传算法的提出和取得的成功,极大地激发了科学界探索大自然和向大自然现象学习的热情。经过多年的研究,目前已诞生了大量的群体智能算法,如遗传算法、蚁群优化(Ant Colony Optimization,ACO)算法、差异演化(Differential Evolution,DE)算法、粒子群优化(Particle Swarm Optimization,PSO)算法等。

目前,群体智能算法已广泛应用在诸如机器学习、过程控制、经济预测、工程预测等多个领域并取得了前所未有的成功,这引起了包括数学、物理学、计算机科学、社会科学、经济学及工程应用等领域的科学家们的极大兴趣。目前,关于群体智能计算的国际会议在全世界各地定期召开,各种关于信息技术或计算机技术的国际会议也都将智能进化技术作为主要研讨课题之一。甚至有专家指出,群体智能计算技术、混沌分析技术、分形几何、神经网络等将会成为研究非线性现象和复杂系统的主要工具,也将会成为人们研究认知过程的主要方法和工具。

9.2　群体智能算法的定义和特点

在弄清楚群体智能算法的定义之前有必要先理解什么叫作群体智能。

通常，对于一个由众多简单个体组成的群体，如果其个体具有能通过彼此间的简单合作来完成一个整体任务的能力，则称该群体具有"群体智能"。其中，"群体"指的是一组相互之间通过改变局部环境信息可以进行直接或间接通信的主体，这些主体能够合作进行分布式问题的求解；"个体"则仅具有较为简单的能力，这种能力可用某一简单的功能函数来表示。"简单合作"就是指个体只能与其邻近的个体进行某种简单的通信和协同动作或通过环境间接地与其他个体通信的能力。因此可以给群体智能进行如下定义。

定义 9.1　群体智能（Swarm Intelligence）就是指具有简单智能的个体通过相互协作和组织表现出群体智能行为的特性，它具有天然的分布式和自组织特征。

群体智能主要具有以下几个特点。

（1）灵活性：群体具有很强的适应性，能够随时适应系统或网络环境的变化。

（2）稳健性：群体的能力不会因某一个或者某几个个体的故障而受到影响。

（3）自组织性：不受集中控制，也不受局部监管。

在群体智能概念的基础上，产生了群体智能算法。

定义 9.2　群体智能算法　即指通过对具有群体智能的动物群体行为的研究，抽象出一种算法或分布式解决问题的策略。

群体智能算法本质上是一种概率搜索，它不需要问题的梯度信息，具有以下不同于传统优化算法的特点。

1. 智能性

群体智能算法通过向大自然界中的某些生命现象或自然现象学习，实现对于问题的求解，这一类算法中包含自然界生命现象所具有的自组织、自学习和自适应性等特性。在运算过程中，通过获得的计算信息自行组织种群对解空间进行搜索。种群在搜索过程中依据事先设定的适应度函数值，采用适者生存、优胜劣汰的方式进化，所以算法具有一定的智能性。由于群体智能算法具有这种优点，应用群体智能算法求解问题时，不需要事先对待求解问题进行详细的求解思路描述。对于某些复杂性高的问题，高效求解成为可能。

2. 隐含本质并行性

群体智能算法通过设定相应的种群进化机制完成计算，而种群内的个体则具有一定的独立性，个体之间或需要，或不需要进行信息交流，而个体的进化方式则完全取决于自身的状态。所以，对于群体智能算法而言，其个体之间完全是一种本质上的并行机制。如果使用分布式多处理机来完成群体智能算法，可以将算法设置为多个种群并分别放置于不同的处理机实现进化，迭代期间完成一定的信息交流即可（注：信息交流并不是必要的），迭代完成之后，根据适应度值优胜劣汰。所以，群体智能算法这种隐含的本质并行性，能够更充分地利用多处理器机制，实现并行编程，提高算法的求解能力。更加适合目前云计算等分布式计算技术迅速发展的背景。

3. 解的近似性

群体智能算法通常来自于对大自然中某种生命或其他事物的智能协作进化现象的模拟,利用某种进化机制指导种群对解空间进行搜索。由于该类算法缺乏严格的数学理论支持,对于问题的解空间采用反复迭代的概率性搜索,所以群体智能算法会存在早熟或解精度较低等问题,而这也是所有群体智能算法几乎都存在的弱点。所以,很多时候对求解的问题来说,群体智能算法得到的仅是一种最佳解的近似解。

9.3　群体智能算法的计算模式

通过前面的学习,我们对群体智能算法已有了一个初步的认识。为了更好地理解群体智能算法的相关概念,也为后续具体算法的学习打下良好的基础,本节给出群体智能算法的通用计算模式。

为了体现群体智能的特点,其算法的设计主要遵循以下几个原则。

(1) 邻近原则:群体能够进行简单的空间和时间计算。

(2) 品质原则:群体能够响应环境中的品质因子。

(3) 多样性反应原则:群体的行动范围不应该太窄。

(4) 稳定性原则:群体不应在每次环境变化时都改变自身的行为。

(5) 适应性原则:在所需代价不太高的情况下,群体能够在适当的时候改变自身的行为。

不失一般性,我们考虑以最小化$(\min\{f(x)\} \mid x \in X)$问题进行探讨。式中,$X$称为问题的解空间,即问题的所有可能解。$X$既可以是连续域$R^n$的一个子集,也可以是离散域内一个有限集合。群体智能算法的优化求解就是从多个随机初始解开始,通过一定的规则不断迭代和进化产生新解的过程。

在群体智能算法中,将多个解的集合称为种群,记为$P(t)$,t表示种群进化的代数,种群的大小称为种群规模,一般记为POP或N。以$X_1(t),X_2(t),\cdots,X_n(t)$表示种群中各个解,即种群的个体或称染色体。种群中新个体通常由父个体以某种交配组合方式产生,这种交配方式称为进化模式。进化计算的迭代过程可以归纳为社会协作、自我适应和竞争进化三个基本环节。

(1) 社会协作。

在本过程中,将通过一定的选择机制挑选部分个体进行信息交换和相互学习。所涉及的信息包括:个体选择的方法(schoi)、个体规模(snum)、新实验个体的产生机制(sway)、种群历史信息的使用方式(shis)等,可以用如下公式进行形式化描述。

$$S(\mathrm{POP}(t),[\mathrm{schoi},\mathrm{snum},\mathrm{sway},\mathrm{shis}]^t)$$

(2) 自我适应。

自我适应机制是指个体通过主动或被动机制不断调整自身的状态,以适应其所处的生存环境。个体通过两种搜索机制来调整自身的状态:全局搜索和局部搜索。全局搜索机制保证了个体在更加广泛的范围内探索新解的能力,能够更好地保证种群多样性,避免出现早熟收敛现象;局部搜索机制则与之相反,容易使算法提前收敛于局部最佳,但是能够较快地提高个体的质量,加快算法的收敛速度。种群中个体的自我适应通常就是处理好两种搜索机制之间的平衡。

通过上述两种过程,可以生成新的实验个体,新实验个体生成机制的形式化描述如下。

$$\text{new}(t) = A(S(\text{POP}(t), [\text{schoi}, \text{snum}, \text{sway}, \text{shis}]^t), \beta^t)$$

(3)竞争进化。

群体智能算法通过竞争进化从 POP 个父个体和 m 个临时子个体中挑选个体进入下一代种群中。在大部分群体智能算法中,种群的规模 POP 一般选择固定不变,个体替换策略分为整代替换策略 $r(\text{POP}, m)$ 和部分替换策略 $r(\text{POP} + m)$;前者指 POP 个父个体完全被 m 个子代个体所替换,后者指 POP 个父个体中只有部分个体被替换。当然,如果为了保存精英个体,可以选择精英保留策略,即父代个体中的优秀个体不被替换而进入下一代个体。

产生子种群的形式化描述如下。

$$\text{POP}(t+1) = C(\text{POP}(t), \text{New}(t), [p, r, \text{elitist}]^t)$$

其中,p 代表种群个体,r 代表替换模式,elitist 代表精英个体。

群体智能算法的整体框架可以描述如下。

输入:解空间内的初始种群。

输出:最佳个体 $X_{\text{gbest}}(t)$。

步骤 1:初始化种群规模、迭代次数等参数。

步骤 2:在解空间内随机初始化种群 $P(t) = \{X_1(t), X_2(t), \cdots, X_n(t)\}$,$t = 0$。

步骤 3:while(终止条件不满足)do。

步骤 4:计算 $P(t)$ 中个体的适应值。

步骤 5:挑选部分个体进行社会协作操作。

步骤 6:自我适应。

步骤 7:竞争操作,生成新一代种群。

步骤 8:endwhile。

步骤 9:输出最终解。

通过以上计算框架可知,群体智能算法通过对附加于种群内个体的三种操作引导个体向最佳解靠近,从而达到寻优的目的,其形式化模式如下。

$$\text{PIO} = \{\text{POP}(u), S(\alpha), A(\beta), C(\gamma); t\}$$

其中,POP(u)代表种群,u 表示其规模;S、A、C 分别代表社会协作、自我适应和竞争进化,括号内表示该操作所需的相应信息;t 表示算法迭代代数。

9.4 常见的群体智能算法

目前,群体智能算法的研究还处于初级阶段,并且存在许多困难,如图 9-1 所示,为主要算法的提出时间和提出者,从图中可以看出大多数算法诞生于 2000—2010 年这十年左右,随着计算机计算能力的提升,人们开始依赖于这种既能得到较优的结果又不会消耗太多计算时间的元启发式算法。

常见的群体智能算法主要有以下几个。

(1)蚁群算法(Ant Colony Optimization,ACO)[1992 年提出]。

(2)粒子群优化算法(Particle Swarm Optimization,PSO)[1995 年提出](简单易于实

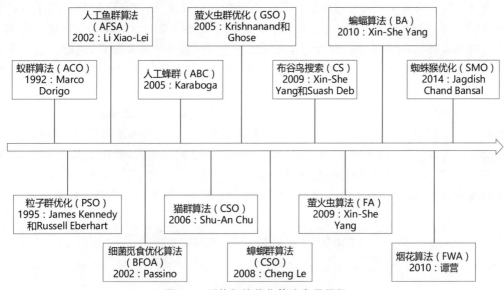

图 9-1　群体智能优化算法发展历程

现,也是目前应用最为广泛的群体智能优化算法)。

(3) 菌群优化算法(Bacterial Foraging Optimization,BFO)[2002 年提出]。

(4) 蛙跳算法(Shuffled Frog Leading Algorithm,SFLA)[2003 年提出]

(5) 人工蜂群算法(Artificial Bee Colony Algorithm,ABC)[2005 年提出]。

除了上述几种常见的群体智能算法以外,还有一些并不是广泛应用的群体智能算法,比如萤火虫算法、布谷鸟算法、蝙蝠算法以及烟花算法等。

群体智能算法通常都具有以下几个共同点。

(1) 都有多个粒子,代表每种智能体。

(2) 每个个体通过一定的机制进行位置的变化或者移动,来对解的空间进行搜索。

(3) 个体之间具有一定的独立性,利用局部信息和全局信息进行交互。

(4) 群体在演变过程中都引入了随机数,以便进行充分的探索。

后续章节将对蚁群算法、粒子群算法以及人工蜂群算法进行详细的阐述和学习。

9.5　蚁群算法

蚁群算法(Ant Colony Optimization,ACO)是一种仿生物学的种群进化算法,常应用于求解最优化问题。该算法是受到蚂蚁在觅食过程中发现路径的行为的启发,由意大利学者 Marco Dorigo 等人在 1992 年首次提出用于解决旅行商(也称货担郎)问题,取得了很好的效果。随后其理论研究迅速发展并得到了广泛的应用。

◇9.5.1　蚁群算法的生物背景

自然界的蚂蚁是一种群居动物。生物学家发现了蚂蚁觅食过程的一个有趣现象:蚁巢的食物源总是随机分散在其周围,虽然每只蚂蚁单独行动寻找食物,但是最终整个蚁群能够通过分工、协作,找到一条从蚁巢到食物源的最短路径。这究竟是什么原因呢?

图 9-2 简单地描述了蚁群的觅食过程。假设左端是蚁巢、右端是食物源。图 9-2(a)中蚁群开始觅食,观察一段时间后能够发现:大量蚂蚁将会沿着一条从蚁巢到食物源之间近乎直线的路径移动。图 9-2(b)中当在这条路径上突然设置一个障碍物后,蚂蚁需要在遇到障碍物时决定是向上移动还是向下移动。一开始各只蚂蚁向上和向下移动的概率是相同的,即无论路径长短,障碍物向上路径上和向下路径上的蚂蚁数量近似均匀分布。图 9-2(c)中由于蚂蚁在移动过程中,会在其经过的路上留下信息素并且能够感知信息素的强弱,因此蚂蚁在移动过程中会根据路径上已有的信息素量来选择朝着信息素浓度高的方向移动。由于向上方向上的路径长度短于向下方向的路径长度,在相同时间内,前者会累积更多的信息素。渐渐地,蚂蚁在遇到障碍物时会选择向上移动。图 9-2(d)中,到了最后,经过一段时间的觅食搜索过程,就会在蚁巢和食物源之间出现一条最短的路径被大多数蚂蚁重复着。

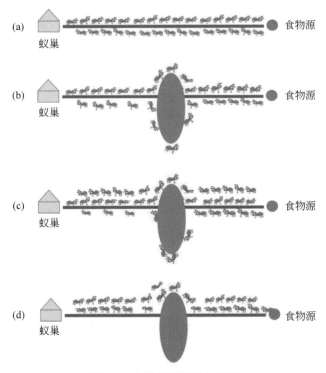

图 9-2 自然界蚂蚁觅食过程

不难看出,在蚂蚁觅食的过程中,有一种关键物质——信息素。它被个体蚂蚁用来标识走过的路,蚂蚁个体之间通过交流"信息素"的相关信息,能够让蚁群寻找从蚁巢到食物源的最短路径。

◇**9.5.2 蚁群算法的原理**

蚁群算法就是对蚂蚁通过信息素浓度寻找优化路径的过程的模拟。蚁群算法本质上是进化算法中的一种新型随机性优化算法。该算法通过构造人工蚂蚁来模拟真实蚂蚁的行为,进行优化运算。在构建蚁群算法解决群体组合优化问题时,蚁群算法和自然蚂蚁的对应关系如表 9-1 所示。

表 9-1 蚁群算法和自然蚂蚁的对应关系

蚁群算法	自然界的蚂蚁	蚁群算法	自然界的蚂蚁
可行解	蚂蚁行走的路径	信息素矩阵	某条路径上的信息素浓度
最优解	最短路径	轮盘赌选择路径	根据信息素浓度来选择路径
解空间	所有可能的路径		

因此,蚁群算法通常应包括以下几个核心部分。

(1)信息素的更新机制。蚁群算法的核心之一就是信息素量的计算,它是蚁群算法对蚂蚁个体间交流协作现象的体现。首先,信息素的更新应该包括两部分:一是每当蚂蚁找到一条源结点到食物源的路径时完成信息素的释放。二是对所经过的路径上已有的信息素的挥发。其次,要考虑信息素的更新方法会有不同。例如,常用的信息素释放方法是根据路径的长短来增加相应比例的信息质数量。而信息素的挥发机制也很重要,挥发过慢会影响算法收敛速度;挥发过快可能会无法得到最有值。

(2)结点遍历序列。设计一个数据结构记录群体中每个个体当前所遍历结点的序列。蚁群算法的结点不具有跳跃性,在寻找一个从源结点到食物源的最短路径时,必须从相邻结点开始单步移动直到所有结点遍历完成。

(3)单个蚂蚁的"下一步"转移选择策略。蚁群算法中的每只蚂蚁在从当前结点移动到下一个结点时的选择策略一般是利用概率选择实现。

蚁群算法数学模型的构建过程。设 m 表示蚁群中蚂蚁的数量。d_{ij} 表示结点 i 与结点 j 之间的距离 $(i,j=1,2,\cdots,n)$。$\tau_{ij}(t)$ 表示 t 时刻结点 i 与结点 j 连接路径上的信息素浓度。在初始时刻,各路径上信息素浓度相同,即 $\tau_{ij}(0)=\tau_0$。

(1)转移概率原则:蚂蚁 $k(k=1,2,\cdots,m)$ 在运动过程中,根据与当前结点相邻的各条路径上信息素的含量来决定转移的方向。在 t 时刻蚂蚁 k 由结点 i 转移到结点 j 的转移概率 $p_{ij}^k(t)$ 按照公式(9-1)计算。

$$p_{ij}^k(t)=\begin{cases}\dfrac{[\tau_{ij}(t)]^\alpha[\eta_{ik}(t)]^\beta}{\sum[\tau_{ij}(t)]^\alpha[\eta_{ik}(t)]^\beta}, & j\notin \text{tabu}_k\\0, & j\in\text{tabu}_k\end{cases} \tag{9-1}$$

其中:

α——信息启发式因子,表示在路径 ij 上残留信息素的相对重要性。

β——期望启发式因子,表示启发信息的相对重要性。

$n_j(t)$ 为启发函数,即 $n_j(t)=1/d_{ij}$。表示蚂蚁从结点 i 移动到结点 j 的启发程度。

蚁群算法采用禁忌表 $\text{tabu}_k(k=1,2,\cdots,m)$ 用来记录蚂蚁 k 当前已经走过的结点序列,禁忌表中的结点也是蚂蚁在下一步不能走的结点。对于蚂蚁 k,当它的禁忌表 tabu_k 满时,环游结束,准备下一次环游。

(2)信息素更新原则:经过 n 个时刻,所有蚂蚁都完成了一次环游(即从源结点出发,遍历其他所有结点后回到源结点),在进行下一次环游之前,计算每一只蚂蚁所走过的路径长度,并保存最短路径 $L_{k_{\min}}(L_{k_{\min}}=\min L_k(k=1,2,\cdots,m))$。找到全局最短路径的蚂蚁

k，进行信息素的全路径调整。

开始信息素更新。所有路径上信息素的含量都按照一个统一的比例减少，按照公式(9-2)以模拟信息素的挥发。

$$\tau_{ij}(t+n)=(1-\rho)\tau_{ij}(t)+\sum_{k=1}^{m}\Delta\tau_{ij}^{k} \tag{9-2}$$

其中，ρ 为信息素挥发因子。ρ 服从$[0,1]$上的均匀分布。$\tau_{ij}(t)$ 是本次迭代之前路径 ij 上的信息素总量。$\Delta\tau_{ij}^{k}$ 是信息素释放函数，表示第 k 只蚂蚁在本次迭代中释放在路径 ij 上的信息量。$\sum_{k=1}^{m}\Delta\tau_{ij}^{k}$ 表示本次迭代中路径 ij 上的信息素数量的增量，也就是所有蚂蚁在该段路径上释放的信息素浓度总和。

根据信息素释放函数模型的不同，有以下三种计算方法。

(1) 蚁周模型：释放总量一定，利用路径整体信息计算：

$$\Delta\tau_{ij}^{k}=\frac{Q}{L_{k}} \tag{9-3}$$

其中，L_{k} 表示蚂蚁 k 在本次环游终所走过的路径的长度；Q 为常数。当环游次数达到设定的值 NC 时，算法结束。最短路径 $L_{\min}=\min L_{k_{\min l}}(l=1,2,\cdots,\text{NC})$。

(2) 蚁量模型：释放总量一定，利用路径局部信息计算：

$$\Delta\tau_{ij}^{k}=\frac{Q}{d_{ij}}$$

(3) 蚁密模型：每段路释放信息一定：

$$\Delta\tau_{ij}^{k}=Q$$

其中最常用的是第一种方法，它是利用的整体信息的更新，而后两种利用局部路径信息进行更新。

◇9.5.3 蚁群算法的流程

蚁群算法的基本流程如图9-3所示，其主要包括以下几步。

步骤1：初始化蚁群算法的参数。包括：蚂蚁数量 m、信息启发式因子 α、期望启发式因子 β、信息素挥发系数 ρ、Q 控制参数、最大迭代次数 NC。初始每条路径上的信息素浓度。

步骤2：把 m 只蚂蚁随机地放置于若干个结点上，让每只蚂蚁执行步骤3。

步骤3：蚂蚁个体根据转移概率公式完成环游。设蚂蚁 k 当前正处在结点 i，计算转移概率选定下一步要到达的结点 j。重复本步骤直到蚂蚁个体遍历完所有结点回到起点。

步骤4：如果 m 只蚂蚁都完成了所有结点的遍历，找出本轮迭代 m 只蚂蚁中的最短路径并计算其长度。否则，跳转到步骤3。

步骤5：根据信息素更新公式完成全路径的信息素更新。

步骤6：如果迭代次数达到NC，算法结束并输出最短路径。否则，清空禁忌表跳转到步骤2。

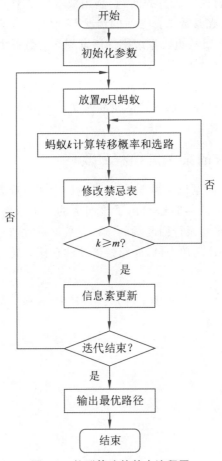

图 9-3 蚁群算法的基本流程图

◇9.5.4 蚁群算法的应用

蚁群算法是一种随机启发式搜索方法,它具有较强的鲁棒性、优良的分布式计算机制并易于与其他方法相结合等优点。目前,对蚁群算法的研究已经渗透到众多的领域,如通信、交通及人工智能等应用领域。最突出的是求解 NP 难的组合优化问题。主要应用领域如下。

(1)二次分配问题。二次分配问题是指分配 n 个设备给 n 个地点,从而使得分配的代价最小,其中,代价是设备被分配到位置上方式的函数。实际上二次分配问题是一般化的旅行商问题。

(2)车间任务调度问题。已知一组 m 台机器和一组 t 个任务,任务由一组指定的将在这些机器上执行的操作序列组成。车间任务调度问题就是给机器分配操作和时间间隔,从而使所有操作完成的时间最短,并且规定两个工作不能在同一时间在同一台机器上进行。

(3)车辆路线问题。该问题来源于交通运输。已知 m 辆车,每辆车的容量为 d,目的是找出最佳行车路线在满足某些约束条件下使得运输成本最小。

(4)机构同构判定问题。在机械设计领域普遍存在的机构同构判定问题,将该类问题转换为求解其邻接矩阵的特征编码值的问题,利用蚁群算法对 NP 完全问题所具有的抵御组合爆炸的能力进行求解,在参数选择合适的情况下,取得了令人满意的结果。

(5)学习模糊规则问题。从组成系统模糊语言规则的数据中自动地学习问题。蚁群算法被用来研究如何学习模糊规则。

由解决一维、静态优化问题发展到解决多维、动态优化问题,由离散求解空间逐渐拓展到连续求解空间,使得该群智能算法在科学研究及实际问题求解中表现出了巨大的潜力和优势。

◇9.5.5 蚁群算法的某实例编程实现

7.5 节中介绍的旅行商问题已被数学家证明是一个 NP 难题,利用传统的方法很难解决。在第 7 章中利用学到的遗传算法给出了该问题的一个求解过程,并进行了编程实现。本节将介绍使用蚁群算法求解旅行商问题的过程。蚁群觅食与旅行商问题之间有极大的相似性,下面以 30 个城市 TSP 问题为例,介绍蚁群算法在该问题上的实现。

1. 城市坐标

30 个城市在二维平面上的坐标用 (x, y) 表示,其中,x 和 y 均在 $[0, 100]$ 中。

01：(47,2)

02：(79,24)

03：(5,86)

04：(94,9)

05：(89,97)

06：(44,1)

07：(82,91)

08：(59,15)

09：(83,98)

10：(26,31)

11：(97,49)

12：(19,79)

13：(72,94)

14：(13,96)

15：(45,60)

16：(74,47)

17：(63,8)

18：(64,4)

19：(33,5)

20：(55,47)

21：(43,53)

22：(98,2)

23：(51,22)

24：(59,22)

25：(93,88)

26：(24,77)

27：(58,65)

28：(27,52)

29：(94,35)

30：(48,64)

2. 问题分析

一般地,将蚁群算法应用于 TSP 问题时初始化蚂蚁的数量等于城市的数量。主要过程根据 9.5.3 节中的流程图包括以下几个步骤。

1) 初始化函数 init() 完成以下功能

(1) 读入城市坐标。从城市坐标文件中读入所有的城市坐标 (x,y),城市坐标定义为 struct：

```
struct cityType{
    int x,y;
};
```

(2) 计算城市间距离。城市间距离的计算转换为二维平面上两点 (x_1,y_1) 和 (x_2,y_2) 之间距离的计算,本例中采用了欧氏距离,距离计算公式如下。

$$\sqrt{(x_1-x_2)^2+(y_1-y_2)^2}$$

(3) 初始化种群。将所有蚂蚁的参数进行初始化。蚂蚁的所有参数定义为一个 struct,包括当前城市、下一个城市、tabu 禁忌表、路径等。

```
struct antType{
    int curCity, nextCity, pathIndex;
    int tabu[MAX_CITIES];
    int path[MAX_CITIES];
    double tourLength;
};
```

2) 蚂蚁寻路函数 simulateAnts()

蚂蚁寻路函数是对每一个城市,更新所有蚂蚁的参数,最主要的就是寻找下一个城市。这里通过概率来寻找下一个城市,根据公式(9-1)计算当前蚂蚁对剩余所有城市的概率,并使用轮盘赌的方式选择一个概率较大的城市作为下一个城市。

3) 信息素更新函数 updateTrails()

在一轮投放蚂蚁爬完所有城市后,要对信息素进行更新,这里主要包含两种处理：

(1) 计算任意两个城市的信息素挥发。

(2) 针对每一只蚂蚁,根据走过的城市计算总的信息素累积量。

信息素使用二维数组来保存,保存任意两个城市之间的信息素,定义如下。

```
double phero[MAX_CITIES][MAX_CITIES];
```

4) 重新放置蚂蚁函数 restartAnts()

重新放置蚂蚁过程和初始化蚂蚁种群过程是比较相似的,不同之处是在重新放置蚂蚁的时候首先要将上一轮蚂蚁的最短距离记录下来。

每一轮的蚂蚁更新当前全局的最短距离,定义如下:

```
double best=(double)MAX_TOUR;
```

对于任意一只蚂蚁,如果行进距离小于(优于)当前的最短距离,则更新全局最短距离:

```
if(ants[ant].tourLength < best)
{
    best = ants[ant].tourLength;
    bestIndex = ant;
}
```

3. 程序清单

```cpp
#include <iostream>
#include <stdlib.h>
#include <math.h>
#include <assert.h>
#include <stdio.h>
#include <fstream>
#include <ctime>
#define MAX_CITIES 30                          //30个城市
#define MAX_DIST 100
#define MAX_TOUR(MAX_CITIES * MAX_DIST)        //起始最优距离
#define MAX_ANTS 30                            //30只蚂蚁

//蚁群算法相关参数
#define ALPHA 1.0                              //α信息素重要程度因子
#define BETA 5.0                               //β启发函数重要程度因子
#define RHO 0.5                                //ρ信息素挥发因子
#define QVAL 100                               //Q常数
#define ITER_TOUR 10                           //最大迭代次数
#define INIT_PHER(1.0/MAX_CITIES)              //初始信息素

using namespace std;

struct cityType{
    int x,y;
};

struct antType{
    int curCity, nextCity, pathIndex;
    int tabu[MAX_CITIES];
    int path[MAX_CITIES];
    double tourLength;
};

//全局变量
cityType cities[MAX_CITIES];
```

```cpp
antType ants[MAX_ANTS];
double dist[MAX_CITIES][MAX_CITIES];
double phero[MAX_CITIES][MAX_CITIES];
double best=(double)MAX_TOUR;
int bestIndex;

void init()
{
    int from,to,ant;
    ifstream f1;
    f1.open("city_data.txt");       //新建 city_data.txt 保存城市坐标信息

    //读入城市坐标,并初始化城市距离、信息素
    for(from = 0; from < MAX_CITIES; from++)
    {
        f1>>cities[from].x;
        f1>>cities[from].y;
        for(to=0;to<MAX_CITIES;to++)
        {
            dist[from][to] = 0.0;
            phero[from][to] = INIT_PHER;
        }
    }

    //计算城市间距离
    for(from = 0; from < MAX_CITIES; from++)
    {
        for(to =0; to < MAX_CITIES; to++)
        {
            if(to!=from && dist[from][to]==0.0)
            {
                int xd = pow(abs(cities[from].x - cities[to].x), 2);
                int yd = pow(abs(cities[from].y - cities[to].y), 2);

                dist[from][to] = sqrt(xd + yd);
                dist[to][from] = dist[from][to];
            }
        }
    }

    //初始化种群
    to = 0;
    for(ant = 0; ant < MAX_ANTS; ant++)
    {
        if(to == MAX_CITIES)
            to=0;
        ants[ant].curCity = to++;
        for(from = 0; from < MAX_CITIES; from++)
        {
            ants[ant].tabu[from] = 0;
```

```
            ants[ant].path[from] = -1;
        }
        ants[ant].pathIndex = 1;
        ants[ant].path[0] = ants[ant].curCity;
        ants[ant].nextCity = -1;
        ants[ant].tourLength = 0;

        //把第一个城市放入 tabu 禁忌表中
        ants[ant].tabu[ants[ant].curCity] =1;
    }
}


//重新放置 30 只蚂蚁
void restartAnts()
{
    int ant,i,to=0;
    for(ant = 0; ant<MAX_ANTS; ant++)
    {
        if(ants[ant].tourLength < best)
        {
            best = ants[ant].tourLength;
            bestIndex = ant;
        }
        ants[ant].nextCity = -1;
        ants[ant].tourLength = 0.0;
        for(i=0;i<MAX_CITIES;i++)
        {
            ants[ant].tabu[i] = 0;
            ants[ant].path[i] = -1;
        }
        if(to == MAX_CITIES)
            to=0;
        ants[ant].curCity = to++;
        ants[ant].pathIndex = 1;
        ants[ant].path[0] = ants[ant].curCity;
        ants[ant].tabu[ants[ant].curCity] = 1;
    }
}


double antProduct(int from, int to)
{
    return((pow(phero[from][to], ALPHA) * pow((1.0/ dist[from][to]), BETA)));
}

//根据概率选择下一个城市
int selectNextCity(int ant)
{
    int from, to;
    double denom = 0.0;
    from=ants[ant].curCity;
```

```
    for(to=0;to<MAX_CITIES;to++)
    {
        if(ants[ant].tabu[to] == 0)
        {
            denom += antProduct(from, to);
        }
    }
    assert(denom != 0.0);
    do
    {
        double p;
        to++;

        if(to >= MAX_CITIES)
            to=0;
        if(ants[ant].tabu[to] == 0)
        {
            p = antProduct(from,to)/denom;

            double x = ((double)rand()/RAND_MAX);
            if(x < p)
            {
                break;
            }
        }
    }while(1);
    return to;
}

//m只蚂蚁选路、遍历城市
int simulateAnts()
{
    int k;
    int flag = 0;

    //选择城市、修改禁忌表
    for(k=0; k<MAX_ANTS; k++)
    {
        if(ants[k].pathIndex < MAX_CITIES)
        {
            ants[k].nextCity = selectNextCity(k);
            ants[k].tabu[ants[k].nextCity] = 1;
            ants[k].path[ants[k].pathIndex++] = ants[k].nextCity;
            ants[k].tourLength += dist[ants[k].curCity][ants[k].nextCity];

            //处理最后一个城市 ->最后一个城市连回第一个城市
            if(ants[k].pathIndex == MAX_CITIES)
            {
                ants[k].tourLength += dist[ants[k].path[MAX_CITIES - 1]][ants
                [k].path[0]];
```

```
            }
            ants[k].curCity = ants[k].nextCity;
            flag++;
        }
    }
    return flag;
}


//信息素更新函数
void updateTrails()
{
    int from,to,i,ant;

    //路径 ij 上的信息素挥发
    for(from=0; from<MAX_CITIES;from++)
    {
        for(to=0;to<MAX_CITIES;to++)
        {
            if(from!=to)
            {
                phero[from][to] *=(1.0 - RHO);

                if(phero[from][to]<0.0)
                {
                    phero[from][to] = INIT_PHER;
                }
            }
        }
    }


    //路径 ij 上的信息素增量
    for(ant=0;ant<MAX_ANTS;ant++)
    {
        for(i=0;i<MAX_CITIES;i++)
        {
            if(i < MAX_CITIES-1)
            {
                from = ants[ant].path[i];
                to = ants[ant].path[i+1];
            }
            else
            {
                from = ants[ant].path[i];
                to = ants[ant].path[0];
            }
            phero[from][to] +=(QVAL/ ants[ant].tourLength);
            phero[to][from] = phero[from][to];
        }
    }
}
```

```
//主函数
int main()
{
    int curLoop = 0;
    int curCity = 0;
    cout<<"ACO:";
    cout<<"MaxLoop="<<ITER_TOUR<<endl;
    srand(time(NULL));
    //初始化函数
    init();
    //迭代开始
    while(curLoop++ < ITER_TOUR)
    {
        while(curCity++ < MAX_CITIES)
        {
            simulateAnts();
        }
        curCity = 0;
        //信息素更新
        updateTrails();
        //重新放置 m 只蚂蚁
        restartAnts();
        cout<<"\nLoop "<<curLoop<<"("<<best<<")";
    }
    cout<<"\nACO: Best ITER = "<<best<<endl<<endl<<endl;
    return 0;
}
```

4. 运行结果

代码运行结果如下。

```
ACO:MaxLoop=10
Loop 1(539.142)
Loop 2(505.393)
Loop 3(494.926)
Loop 4(494.926)
Loop 5(494.926)
Loop 6(483.338)
Loop 7(483.338)
Loop 8(483.338)
Loop 9(483.338)
Loop 10(483.338)
ACO: Best ITER = 483.338
```

十次迭代后得到最短距离是 483.338。

9.6 粒子群算法

本节将从算法的概述、模型、流程、应用等几个方面具体学习粒子群算法的相关知识,并通过一个具体的实例展示如何用 C 语言实现粒子群算法。

◇9.6.1 算法概述

Eberhart 和 Kennedy 于 1995 年提出了粒子群优化算法(Particlse Swarm Optimization,PSO),并将其应用于求解最优化问题。它的基本核心是利用群体中的个体对信息的共享从而使得整个群体的运动在问题求解空间中产生从无序到有序的演化过程,从而获得问题的最优解。我们可以利用一个有关 PSO 的经典描述来对 PSO 算法进行一个直观的描述。设想这么一个场景:一群鸟进行觅食,而远处有一片玉米地,所有的鸟都不知道玉米地到底在哪里,但是它们知道自己当前的位置距离玉米地有多远。那么找到玉米地的最佳策略,也是最简单有效的策略,就是搜寻目前距离玉米地最近的鸟群的周围区域。PSO 就是从这种群体觅食的行为中得到了启示,从而构建的一种优化模型。

在 PSO 算法中,将优化问题的每个可能解都类比为捕食过程中的一只鸟,称之为"粒子",同每只鸟一样,每个粒子都拥有一个坐标和速度信息,坐标用来表示粒子当前所处的位置,速度则用来决定粒子的运动方向和距离。鸟类的捕食行为是通过搜寻当前离食物最近的鸟的周围区域,逐渐缩短离食物所在地的距离,从而最终找到食物。基于同样原理的启发,PSO 算法就是让每个粒子都追随当前的最优粒子在解空间中搜索,通过计算解空间中的个体的适应值,然后对其适应度进行评估,最后将结果较好的个体移动到好的区域,从而找到问题的最优解。PSO 算法的特点主要表现在以下几个方面。

(1)同其他进化技术相比,PSO 算法的计算相对简单。

(2)PSO 算法在进化过程中需要调整的参数较少,实现过程相对简单。

(3)对初始解的要求不高,在开始其优化求解的迭代过程前,不一定需要找到一个最好的初始解。

(4)易于与其他技术相结合,从而形成新的优化算法。

基于"物竞天择,适者生存"的自然法则,适应度较强的个体存活下来,而适应度较弱的个体只能通过"优胜劣汰"的法则被淘汰掉,或者通过与较强个体交配产生新的个体从而存活下来。PSO 算法的寻优过程就是基于这样的进化过程实现的,它首先在搜索空间中找到一个由适应函数决定的粒子的位置,该位置越满足适应值则其就越接近最优解,然后其他的粒子就追随当前最优粒子在空间里继续搜索,直到找到问题的最优解。

◇9.6.2 算法的模型

在 PSO 算法的研究中,首先对生物种群行为特性进行了抽象,将自然场景中的鸟抽象为没有质量和体积的粒子,并将其拓展到 N 维空间中。在 N 维空间中,粒子 X 的速度信息可以表示为向量 $\boldsymbol{V}_i = (v_1, v_2, \cdots, v_N)$,位置信息可以表示为向量 $\boldsymbol{X}_i = (x_1, x_2, \cdots, x_N)$。每个粒子记录自己的当前位置 x_i 和到目前为止发现的最好位置 p_{best},这个作为该粒子自己的寻优历史经验;同时,找出目前为止整个群体中所有粒子发现的最好位置 g_{best},它是 p_{best}

中的最佳值,这个作为粒子同伴的寻优历史经验;然后就可以通过 p_{best} 和 g_{best} 这两个经验值去计算由目标函数决定的适应值,从而确定下一步的运动。

标准的粒子群优化算法的优化问题模型可以表示为:

设 $f(x)$ 为定义在 M 维欧式空间 E^M 的某一个区域 Y 上的实函数,其中,$\boldsymbol{X} = (x_1, x_2, \cdots, x_M)^{\mathrm{T}}$。令种群的规模为 N,$\boldsymbol{x}_i = (x_{i1}, x_{i2}, \cdots, x_{iM})^{\mathrm{T}} \in Y$ 表示第 i 个粒子在区域 Y 上的位置,$\boldsymbol{v}_i = (v_{i1}, v_{i2}, \cdots, v_{iM})^{\mathrm{T}}$ 表示第 i 个粒子在区域 Y 中的速度,$\text{fitness}_i = f(x_i)$ 表示第 i 个粒子在区域 Y 中的适应度值,其中,$i = 1, 2, \cdots, N$。p_{best} 表示第 i 个粒子到目前为止得到的最好的适应度值,$\boldsymbol{P}_i = (P_{i1}, P_{i2}, \cdots, P_{iM})^{\mathrm{T}}$ 表示第 i 个粒子得到最好适应度值时的位置;g_{best} 表示第 i 个粒子的邻近粒子到目前为止得到过的最好的适应度值,$\boldsymbol{P}_g = (P_{g1}, P_{g2}, \cdots, P_{gM})^{\mathrm{T}}$ 表示其对应的位置。同时,PSO 算法还满足以下 3 个约束条件。

约束条件 1:PSO 算法的搜索区域约束如下。

$$P = \{e = (e_1, e_2, \cdots, e_n)^{\mathrm{T}} \in Y, -X_m^{\max} \leqslant e_m \leqslant X_m^{\max}, m = 1, 2, \cdots, M\}$$

约束条件 2:粒子的坐标变换范围约束如下。

$$\boldsymbol{X}^{\max} = (X_1^{\max}, X_2^{\max}, \cdots, X_M^{\max})^{\mathrm{T}}$$

约束条件 3:粒子的最大速度约束如下。

$$\boldsymbol{V}^{\max} = (V_1^{\max}, V_2^{\max}, \cdots, V_M^{\max})^{\mathrm{T}}$$

◇9.6.3 算法的基本流程

标准 PSO 算法的基本流程如图 9-4 所示,其主要包括以下几步。

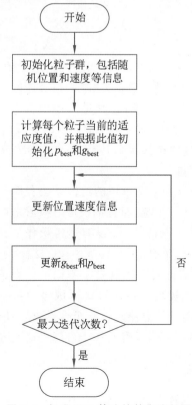

图 9-4 标准 PSO 算法的基本流程图

（1）初始化粒子群，包括初始化整个粒子群的随机位置和速度，其初始值范围满足上述约束条件 2 和约束条件 3。

（2）计算每个粒子在当前位置的适应度值 $\text{fitness}_i = f(x_i)$，并根据适应度值的大小初始化局部最优 p_{best} 和整体最优 g_{best}。

（3）在每次循环迭代的过程中，各粒子采用的速度更新策略如下所示。

$$v_{im} = v_{im} + c_1 r_1 (p_{id} - x_{id}) + c_2 r_2 (p_{gd} - x_{id})$$

$$v_{im} = \left\{ \begin{array}{l} V_m^{\max} v_{im} > V_m^{\max} \\ -V_m^{\max} v_{im} < -V_m^{\max} \end{array} \right\}$$

其中：

v_{im}——代表个体的多样化，即个体能够保持自己的运动特性，针对其运动状态的变化必须符合其自身运动情况。

$c_1 r_1 (p_{id} - x_{id})$——表示个体粒子的经验学习，主要用来保证进化的成功进行，即个体能够不断地积累经验从而使自身行为得到增强。

$c_2 r_2 (p_{gd} - x_{id})$——表示个体与个体之间是有联系的，当个体的行为发生增强的时候，其邻居个体能够感知到，从而发生整个群体行为的增强，主要用来保证算法的群体性。

$c_1 r_1 (p_{id} - x_{id})$ 保持了粒子间的有效竞争，$c_2 r_2 (p_{gd} - x_{id})$ 促进了粒子间的相互合作，算法就是通过竞争与合作的多次反复迭代，从而使得整个种群朝着最优解的方向逼近，最终得到算法的最优化解。

位置更新可以通过下式来完成：

$$x_{im} = x_{im} + v_{im}$$

$$x_{im} = \left\{ \begin{array}{l} X_m^{\max} v_{im} > X_m^{\max} \\ -X_m^{\max} v_{im} < -X_m^{\max} \end{array} \right\}$$

（4）更新 p_{best} 的值。针对每个粒子，将其当前的适应度值与其所经过的最好位置的适应度值 p_{best} 做比较，并对 p_{best} 的值进行更新，同时记录最佳值的位置信息。

（5）更新 g_{best} 的值。针对每个粒子，将其适应度值与其经过的最好位置的适应度值 g_{best} 做比较，并对 g_{best} 的值进行更新，同时记录最佳值的位置信息。

（6）若已经满足停止条件，如迭代次数达到最大迭代次数、g_{best} 达到极限阈值等，即可中止计算；否则跳转到（3）继续进行。

从以上步骤，可以看到 PSO 和第 7 章中的遗传算法有很多共同之处。两者都随机初始化种群，而且都使用适应值来评价系统，而且都根据适应值来进行一定的随机搜索。两个系统都不是保证一定找到最优解。但是，PSO 没有遗传操作如交叉和变异，而是根据自己的速度来决定搜索。粒子还有一个重要的特点，就是有记忆。

与遗传算法比较，PSO 的信息共享机制是很不同的。在遗传算法中，染色体互相共享信息，所以整个种群的移动是比较均匀地向最优区域移动。在 PSO 中，只有 g_{best}（p_{best}）给出信息给其他的粒子，这是单向的信息流动。整个搜索更新过程是跟随当前最优解的过程。与遗传算法比较，在大多数的情况下，所有的粒子可能更快地收敛于最优解。

◇9.6.4　算法的应用

通过前面几节的介绍，可以看出 PSO 算法具有以下几个特点。

（1）它是一类不确定算法。不确定性体现了自然界生物的生物机制，并且在求解某些特定问题方面优于确定性算法。

（2）是一类概率型的全局优化算法。非确定算法的优点在于算法能有更多机会求解全局最优解。

（3）不依赖于优化问题本身的严格数学性质。

（4）是一种基于多个智能体的仿生优化算法。粒子群算法中的各个智能体之间通过相互协作来更好地适应环境，表现出与环境交互的能力。

（5）具有本质并行性。包括内在并行性和内含并行性。

（6）具有突出性。粒子群算法总目标的完成是在多个智能体个体行为的运动过程中突现出来的。

（7）具有自组织和进化性以及记忆功能，所有粒子都保存最优解的相关知识。

（8）具有稳健性。稳健性是指在不同条件和环境下算法的实用性和有效性。

PSO算法具有很大的发展价值和发展空间，能够用于多个领域并创造价值，在群智能算法中具有重要的地位，同时也能够在相关产业创造价值，发挥作用。可以应用在如模式识别和图像处理、神经网络训练、电力系统设计以及半导体器件综合等领域。

◇9.6.5　算法的实例分析

本节用一个具体的实例来说明粒子群算法具体的编程实现步骤。

用粒子群算法程序求解以下函数的最大值。

$$f(x,y)=\sin(\sqrt{x^2+y^2})/\sqrt{x^2+y^2}+\exp((\cos(2\pi x)+\cos(2\pi y))/2)-2.71289$$

根据9.6.3节中介绍的算法的基本流程，程序需要完成以下几步。

（1）初始化数据。

（2）计算每个粒子当前的极值和初始化g_{best}和p_{best}的值。

（3）更新。

（4）迭代。

（5）满足条件后停止。

在程序中，定义了如下几个变量。

```
double pop[sizepop][dim];          //定义种群数组
double V[sizepop][dim];            //定义种群速度数组
double fitness[sizepop];           //定义种群的适应度数组
double result[maxgen];             //定义存放每次迭代种群最优值的数组
double pbest[sizepop][dim];        //个体极值的位置
double gbest[dim];                 //群体极值的位置
double fitnesspbest[sizepop];      //个体极值适应度的值
double fitnessgbest;               //群体极值适应度值
double genbest[maxgen][dim];       //每一代最优值取值粒子
```

该问题的程序主要定义了以下函数，具体函数含义可从函数名推测，详细可参见代码及注释。

（1）适应度函数：

double func(double * arr)

完成程序寻优的目标函数的定义，本例可以进行如下定义。

```
double fitness = sin(sqrt(x * x+y * y))/(sqrt(x * x+y * y)) + exp((cos(2 * PI * x)+
cos(2 * PI * y))/2) - 2.71289;
```

（2）种群初始化函数：

void pop_init(void)

完成对种群规模、粒子初始速度以及粒子初始适应度的初始化。

```
pop[i][j] = (((double)rand())/RAND_MAX-0.5) * 4;      //pop[i][j] 种群数组
  V[i][j] = ((double)rand())/RAND_MAX-0.5;            //V[i][j] 种群速度数组
       fitness[i] = func(pop[i]);                     //计算适应度函数值
```

（3）寻找数组内的最大值和最大值所处的位置函数：

double * max(double * fit,int size)

找最大值的函数，不是本节介绍的重点内容，参见详细代码即可。

（4）粒子群算法，迭代寻优函数：

void PSO_func(void)

该函数的核心是对粒子速度和位置进行更新，本例中定义两个随机数：

```
double rand1 = (double)rand()/RAND_MAX;
double rand2 = (double)rand()/RAND_MAX;
```

然后利用随机数，完成对粒子速度和种群的更新：

```
V[j][k] = V[j][k] + c1 * rand1 * (pbest[j][k]-pop[j][k]) + c2 * rand2 * (gbest[k]-
pop[j][k]);
pop[j][k] = pop[j][k] + V[j][k];
```

然后，通过迭代找到最优解，从而完成问题的求解。

主函数代码如下，在函数 PSO_func()中完成速度更新、迭代等粒子群算法的主要操作。

```
int main(void)
{
    clock_t start,finish;                    //程序开始和结束时间
    start = clock();                         //开始计时
    srand((unsigned)time(NULL));             //初始化随机数种子
    PSO_func();
    double * best_arr;
    best_arr = max(result,maxgen);
    int best_gen_number = * best_arr;        //最优值所处的代数
    double best = * (best_arr+1);            //最优值
```

```
    printf("迭代了%d次,在第%d次取到最优值,最优值为:%lf.\n",maxgen,best_gen_
number+1,best);
    printf("取到最优值的位置为(%lf,%lf).\n",genbest[best_gen_number][0],genbest
[best_gen_number][1]);
    finish = clock();                                //结束时间
    double duration =(double)(finish - start)/CLOCKS_PER_SEC;   //程序运行时间
    printf("程序运行耗时:%lf\n",duration);
    return 0;
}
```

程序清单如下。

```
/*
 * 使用C语言实现粒子群算法(PSO)
 * 本例的寻优非线性函数为
 * f(x,y) = sin(sqrt(x^2+y^2))/(sqrt(x^2+y^2)) + exp((cos(2 * PI * x)+cos(2 * PI
 * y))/2) - 2.71289
 * 该函数有很多局部极大值点,而极限位置为(0,0),在(0,0)附近取得极大值
 */
#include<stdio.h>
#include<stdlib.h>
#include<math.h>
#include<time.h>
#define c1 1.49445                      //加速度因子一般是根据大量实验所得
#define c2 1.49445
#define maxgen 300                      //迭代次数
#define sizepop 20                      //种群规模
#define popmax 2                        //个体最大取值
#define popmin -2                       //个体最小取值
#define Vmax 0.5                        //速度最大值
#define Vmin -0.5                       //速度最小值
#define dim 2                           //粒子的维数
#define PI 3.1415926                    //圆周率

double pop[sizepop][dim];               //定义种群数组
double V[sizepop][dim];                 //定义种群速度数组
double fitness[sizepop];                //定义种群的适应度数组
double result[maxgen];                  //定义存放每次迭代种群最优值的数组
double pbest[sizepop][dim];             //个体极值的位置
double gbest[dim];                      //群体极值的位置
double fitnesspbest[sizepop];           //个体极值适应度的值
double fitnessgbest;                    //群体极值适应度值
double genbest[maxgen][dim];            //每一代最优值取值粒子

//适应度函数
double func(double * arr)
{
    double x = * arr;                   //x的值
    double y = * (arr+1);               //y的值
```

```
        double fitness = sin(sqrt(x*x+y*y))/(sqrt(x*x+y*y)) + exp((cos(2*PI*
        x)+cos(2*
        PI*y))/2) - 2.71289;
        return fitness;


}
//种群初始化
void pop_init(void)
{
    for(int i=0;i<sizepop;i++)
    {
        for(int j=0;j<dim;j++)
        {
            pop[i][j]=(((double)rand())/RAND_MAX-0.5)*4;      //-2~2的随机数
            V[i][j]=((double)rand())/RAND_MAX-0.5; //-0.5~0.5
        }
        fitness[i] = func(pop[i]);               //计算适应度函数值
    }
}
//max()函数定义
double * max(double * fit,int size)
{
    int index = 0;                                //初始化序号
    double max = * fit;                           //初始化最大值为数组第一个元素
    static double best_fit_index[2];
    for(int i=1;i<size;i++)
    {
        if(*(fit+i) > max)
            max = *(fit+i);
            index = i;
    }
    best_fit_index[0] = index;
    best_fit_index[1] = max;
    return best_fit_index;


}
//迭代寻优
void PSO_func(void)
{
    pop_init();
    double * best_fit_index;                      //用于存放群体极值和其位置(序号)
    best_fit_index = max(fitness,sizepop); //求群体极值
    int index =(int)(* best_fit_index);
    //群体极值位置
    for(int i=0;i<dim;i++)
    {
        gbest[i] = pop[index][i];
    }
    //个体极值位置
    for(int i=0;i<sizepop;i++)
```

```
{
    for(int j=0;j<dim;j++)
    {
        pbest[i][j] = pop[i][j];
    }
}
//个体极值适应度值
for(int i=0;i<sizepop;i++)
{
    fitnesspbest[i] = fitness[i];
}
//群体极值适应度值
double bestfitness = * (best_fit_index+1);
fitnessgbest = bestfitness;

//迭代寻优
for(int i=0;i<maxgen;i++)
{
    for(int j=0;j<sizepop;j++)
    {
        //速度更新及粒子更新
        for(int k=0;k<dim;k++)
        {
            //速度更新
            double rand1 =(double)rand()/RAND_MAX; //0~1的随机数
            double rand2 =(double)rand()/RAND_MAX;
            V[j][k] = V[j][k] + c1 * rand1 * (pbest[j][k]-pop[j][k]) + c2 *
            rand2 * (gbest[k]-pop[j][k]);
            if(V[j][k] > Vmax)
                V[j][k] = Vmax;
            if(V[j][k] < Vmin)
                V[j][k] = Vmin;
            //粒子更新
            pop[j][k] = pop[j][k] + V[j][k];
            if(pop[j][k] > popmax)
                pop[j][k] = popmax;
            if(pop[j][k] < popmin)
                pop[j][k] = popmin;
        }
        fitness[j] = func(pop[j]);          //新粒子的适应度值
    }
    for(int j=0;j<sizepop;j++)
    {
        //个体极值更新
        if(fitness[j] > fitnesspbest[j])
        {
            for(int k=0;k<dim;k++)
            {
                pbest[j][k] = pop[j][k];
            }
```

```
                fitnesspbest[j] = fitness[j];
            }
            //群体极值更新
            if(fitness[j] > fitnessgbest)
            {
                for(int k=0;k<dim;k++)
                    gbest[k] = pop[j][k];
                fitnessgbest = fitness[j];
            }
        }
        for(int k=0;k<dim;k++)
        {
            genbest[i][k] = gbest[k];        //每一代最优值取值粒子位置记录
        }
        result[i] = fitnessgbest;            //每代的最优值记录到数组
    }
}

//主函数
int main(void)
{
    clock_t start,finish;                    //程序开始和结束时间
    start = clock();                         //开始计时
    srand((unsigned)time(NULL));             //初始化随机数种子
    PSO_func();
    double * best_arr;
    best_arr = max(result,maxgen);
    int best_gen_number = * best_arr;        //最优值所处的代数
    double best = * (best_arr+1);            //最优值
    printf("迭代了%d次,在第%d次取到最优值,最优值为:%lf.\n",maxgen,best_gen_
    number+1,best);
    printf("取到最优值的位置为(%lf,%lf).\n",genbest[best_gen_number][0],genbest
    [best_gen_number][1]);
    finish = clock();                        //结束时间
    double duration =(double)(finish - start)/CLOCKS_PER_SEC;    //程序运行时间
    printf("程序运行耗时:%lf\n",duration);
    return 0;
}
```

9.7 　人工蜂群算法

人工蜂群算法(Artificial Bee Colony,ABC)是由土耳其学者 Karaboga 于 2005 年提出的一种仿生物学的群体智能优化方法,其灵感来源于蜜蜂采蜜行为。蜂群通过个体分工、交流协作发现优质蜜源并完成采蜜的过程。

◇9.7.1　人工蜂群算法的生物背景

蜜蜂是一种群居昆虫,虽然单个蜜蜂的行为非常简单,但是由个体所组成的群体通过协

作表现出的智能行为可以完成极其复杂的任务。自然界中的蜜蜂总能够快速地找到蜜源,采集到花蜜,无论周围环境如何改变。在蜂群的觅食过程中有四个重要的部分:蜜源、引领蜂、跟随蜂和侦察蜂。

- 蜜源:也称为食物源,即蜜蜂寻找的目标。
- 引领蜂:也称为雇佣蜂,与蜜源一一对应。引领蜂能够在找到某一蜜源后,通过自身的能力记忆该蜜源的价值信息,并在返回蜂巢时以一定的方式将这些信息分享给其他蜜蜂。
- 跟随蜂:在蜂巢里等待并观察引领蜂分享的蜜源信息,然后选择一个引领蜂跟随。
- 侦察蜂:搜索蜂巢附近的新蜜源。

在蜂群内部,蜜蜂通过跳舞的方式来交换蜜源信息。蜂巢里有一块专门的跳舞区,就是蜂巢中最为重要的信息交换地。蜜蜂的舞蹈叫作摇摆舞(也有称为"8"字舞)。采蜜开始时,蜂巢中的所有的蜜蜂作为侦察蜂,不断并随机地在蜂巢附近寻找蜜源。如果某侦察蜂发现了蜜源,此时它变为引领蜂开始采蜜。它需要记住能够衡量蜜源价值的信息,包括:蜜源相对蜂巢的距离、方向,蜜量的丰富程度等。然后飞回蜂巢去舞蹈招募愿意跟随它一起采蜜的跟随蜂。通常,引领蜂跳舞的持续时间越长,蜜源的质量越好;而蜜源质量越好,跟随蜂选择该蜜源的概率越大。当然,并不是所有的引领蜂发现的蜜源都会有跟随蜂选择,往往会有以下几种情况发生。

(1)招募跟随蜂成功。跟随蜂将跟随引领蜂飞出蜂巢采蜜。

(2)变为侦察蜂重新寻找蜜源。在跳舞区的竞舞过程中发现自己找到的蜜源价值远低于其他蜜源价值,放弃自己的蜜源重新成为侦察蜂。

(3)不招募其他蜜源,独自采蜜。

就这样,蜂群中的蜜蜂以这种方式分工协作、完成觅食行为,保证了蜂群快速、有效地找到花蜜量最高的蜜源。

◇9.7.2　人工蜂群算法的原理

人工蜂群算法主要模拟的是自然界中蜂群的觅食过程。蜂群将蜜蜂个体分工为三类不同的角色:引领蜂、跟随蜂和侦察蜂。引领蜂决定了搜索方向,跟随蜂调整算法的收敛速度,侦察蜂可以避免搜索陷入局部最优。在一定条件下,蜜蜂可以在整个觅食过程中转换角色(见图9-5)。与其他群体智能算法相比,角色互换是人工蜂群算法的独有特点。该机制在进行全局搜索的同时,也可以进行局部搜索,显著提升了算法的应用性能。

人工蜂群算法已经广泛应用于优化问题的求解。其中,采蜜行为与解决优化问题算法的具体对应关系可用表9-2描述。

表9-2　采蜜行为与解决优化问题算法的具体对应关系

蜂群采蜜行为	具体优化问题	蜂群采蜜行为	具体优化问题
蜜源	优化问题的可行解	寻找和采蜜过程	问题求解过程
蜜源的位置	解的位置	最优蜜源	问题的最优解
蜜源的花蜜量	优化问题中的适应度值		

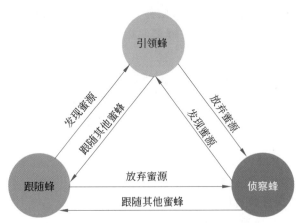

图 9-5   蜜蜂的三种角色转换

人工蜂群算法的数学模型。将蜂群分为引领蜂、跟随蜂和侦察蜂 3 种类型，初始化引领蜂的数量等于蜜源的数量，并且每个蜜源同一时间对应只有一只引领蜂采蜜。

设置搜索空间，将蜜源的位置抽象成解空间中的点对应问题的潜在解。蜜源 $i(i=1,2,\cdots,\mathrm{NP})$ 的质量（丰富程度）对应于解的适应度值 fit_i，NP 为蜜源的数量。设求解问题的维数为 D，在 t 次迭代时蜜源 i 的位置表示为 $X_i^t=[x_{i1}^t,x_{i2}^t,\cdots,x_{iD}^t]$，其中，$t$ 表示当前的迭代次数。$x_{id}\in(L_d,U_d)$，L_d 和 U_d 分别表示搜索空间的下限和上限，$d=1,2,\cdots,D$。

(1) 蜜源 i 的位置初始化。算法开始，将根据公式(9-4)随机生成 NP 个蜜源的位置。

$$x_{id}=L_d+\mathrm{rand}(0,1)(U_d-L_d) \tag{9-4}$$

(2) 新蜜源更新搜索公式。搜索开始后在引领蜂(蜜源 i)的周围，根据公式(9-5)搜索一个新的蜜源 j。

$$v_{id}=x_{id}+\varphi(x_{id}-x_{jd}),\quad j\neq i \tag{9-5}$$

其中，φ 是$[-1,1]$上均匀分布的随机数，决定扰动程度。计算并比较新蜜源 v_i 和 x_i 的适应度值，如果 v_i 优于 x_i，则采用贪婪选择方法用新蜜源替代原来的蜜源，否则保留 x_i。

(3) 跟随蜂选择引领蜂的概率。跟随蜂根据引领蜂分享的蜜源信息，按照公式(9-6)计算蜜源的选择概率。fit_i 为第 i 个蜜源的适应值，适应值越大，蜜源就越丰富，被选择的概率越大。

$$p_i=\frac{\mathrm{fit}_i}{\sum\limits_{i=1}^{\mathrm{NP}}\mathrm{fit}_i} \tag{9-6}$$

在人工蜂群算法中，解的适应度值根据公式(9-7)来计算。

$$\mathrm{fit}_i=\begin{cases}\dfrac{1}{1+f_i}, & f_i\geqslant 0\\[2mm] 1+\mathrm{abs}(f_i), & f_i<0\end{cases} \tag{9-7}$$

其中，f_i 表示解的函数值。

(4) 产生侦察蜂。

在搜索过程中，如果蜜源 x_i 在经过 trial 次迭代后，迭代次数达到最大阈值 limit 蜜源没有更新，则该蜜源 x_i 就会被放弃，与之对应的采蜜蜂的角色转变为侦察蜂。侦察蜂将根据公式(9-8)在搜索空间随机产生一个新蜜源代替 x_i。

$$x_i^{t+1} = \begin{cases} L_d + \mathrm{rand}(0.1)(U_d - L_d), & \mathrm{trial} \geqslant \mathrm{limit} \\ x_i^t, & \mathrm{trial} < \mathrm{limit} \end{cases} \tag{9-8}$$

◇9.7.3 人工蜂群算法的流程

人工蜂群算法的基本流程如图 9-6 所示,其主要包括以下几步。

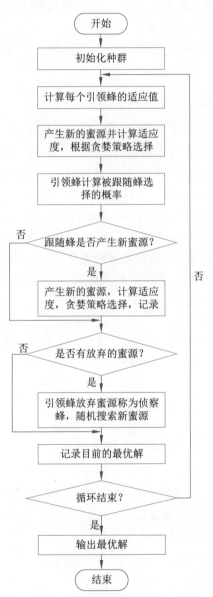

图 9-6 人工蜂群算法的基本流程图

步骤 1:初始化种群。初始化的参数包括:蜜源数 NP、循环次数、控制参数 limit、确定问题搜索范围,并且在搜索范围内按照公式(9-4)随机产生初始解 x_i。

步骤 2:计算每个初始解 x_i 的适应度。

步骤 3：设定循环条件并开始循环。

步骤 4：引领蜂对解 x_i 按照公式(9-5)进行邻域搜索产生新解(蜜源)v_i，并计算其适应度值；如果 v_i 的适应度值优于 x_i，则用 v_i 替换 x_i，将 v_i 作为当前最好的解，否则保留 x_i。

步骤 5：根据公式(9-6)计算蜜源的概率 p_i。

步骤 6：跟随蜂依照概率 p_i 选择解源，按照公式(9-5)搜索产生新解 v_i，并计算其适应度值。如果 v_i 的适应度值优于 x_i，则用 v_i 替换 x_i，将 v_i 作为当前最好的解；否则保留 x_i。

步骤 7：判断是否有要放弃的解。若有，则侦察蜂按公式(9-4)随机产生新解将其替换。

步骤 8：记录到目前为止的最优解。

步骤 9：判断是否满足循环终止条件，若满足，循环结束，输出最优解；否则返回步骤 4 继续搜索。

◇9.7.4 人工蜂群算法的应用

人工蜂群算法起初是为了解决数值问题而提出的，因此在该算法提出的几年内，研究目标是该算法与其他群智能算法在应用领域中性能的比较。之后该算法在处理连续搜索空间上的研究和应用得到了极大的推广，包括整数规划问题、二进制优化、车辆路径问题等。目前，人工蜂群算法已经用来解决离散和连续类型问题，在不同领域开发了众多的应用。

具体来说，包括训练神经网络、解决电气工程中的优化问题、机械和土木工程领域、数据挖掘领域，尤其是采集、特征选择和规则的发现、图像处理领域等。

目前，人工蜂群算法多被用于与其他方法相结合，如将粒子群算法、分布式思想、局部搜索算子和保持种群多样性策略等与人工蜂群算法相结合，以此提高算法的整体优化性能。

◇9.7.5 人工蜂群算法的编程实现

本节用一个具体的实例来说明人工蜂群算法用于求解函数优化问题的具体实现。要求：求解以下函数的最小值。

$$f(x,y)=0.5+\frac{\sin^2(\sqrt{x^2+y^2})-0.5}{[1+0.001(x^2+y^2)]^2}$$

其中，$x,y\in[-1,1]$。

根据 9.7.3 节中介绍的算法的基本流程如下。

1. 算法参数初始化

初始化的参数包括：蜜源数 NP＝40、循环次数＝20、控制参数 limit＝20、确定问题搜索范围[−100,100]，根据公式(9-4)随机产生初始解 x_i，均由 initialize()函数实现。

蜜蜂的参数由一个结构体 struct 定义：

```
struct BeeGroup
{
    double code[D];              //函数的维数
    double trueFit;             //记录真实的最小值
    double fitness;
    double rfitness;            //相对适应值比例
    int trail;                  //表示实验的次数,用于与 limit 做比较
}
```

2. 引领蜂阶段

sendEmployedBees()函数实现了引领蜂的更新过程,其中最重要的就是贪婪的选择过程,如果采蜜蜂的真实 fit 值比蜜源的更好,则更新蜜源信息;否则,蜜源实验次数加 1,代码如下。

```
if(EmployedBee[i].trueFit<NectarSource[i].trueFit)
{
    for(j=0;j<D;j++)
    {
        NectarSource[i].code[j]=EmployedBee[i].code[j];
    }
    NectarSource[i].trail=0;
    NectarSource[i].trueFit=EmployedBee[i].trueFit;
    NectarSource[i].fitness=EmployedBee[i].fitness;
}else
{
    NectarSource[i].trail++;
}
```

3. 跟随蜂阶段

sendOnlookerBees()函数实现了跟随蜂的选择过程,跟随蜂的选择主要是通过概率选择一个蜜源,并针对地计算 trueFit 和 fitness,之后更新蜜源。trueFit 和 fitness 的计算结果保存到跟随蜂的数据结构中:

```
OnLooker[i].trueFit=calculationTruefit(OnLooker[i]);
OnLooker[i].fitness=calculationFitness(OnLooker[i].trueFit);
```

4. 侦察蜂阶段

sendScoutBees()函数实现了检测侦察蜂的过程,如果某个蜜源没有更新,并且测试次数到达 limit,则侦察蜂更新蜜源,测试次数通过蜜源的 trail 来获得:

```
if(NectarSource[i].trail>=limit)
```

蜜源更新如下:

```
NectarSource[maxtrialindex].code[j]=lb+R*(ub-lb);
```

该问题的代码实现程序清单如下。

```
#include<iostream>
#include<time.h>
#include<stdlib.h>
#include<cmath>
#include<fstream>
#include<iomanip>
using namespace std;

const int NP=40;          //种群的规模
```

```cpp
const int FoodNumber=NP/2;                    //食物的数量,为引领蜂的数量
const int limit=20;                           //超过这个阈值没有更新引领蜂变成侦察蜂
const int maxCycle=20;                        //循环终止条件

//函数的特定参数
const int D=2;                                //函数的参数个数
const double lb=-100;                         //函数的下界
const double ub=100;                          //函数的上界

double result[maxCycle]={0};

//种群的定义
struct BeeGroup
{
    double code[D];                           //函数的维数
    double trueFit;                           //记录真实的最小值
    double fitness;
    double rfitness;                          //相对适应值比例
    int trail;                                //表示实验的次数,用于与limit做比较
}Bee[FoodNumber];

BeeGroup NectarSource[FoodNumber];            //蜜源
BeeGroup EmployedBee[FoodNumber];             //引领蜂
BeeGroup OnLooker[FoodNumber];                //跟随蜂
BeeGroup BestSource;                          //记录最好的蜜源

//函数的声明
double random(double, double);                //产生区间上的随机数
void initilize();                             //初始化参数
double calculationTruefit(BeeGroup);          //计算真实的函数值
double calculationFitness(double);            //计算适应值
void CalculateProbabilities();                //计算轮盘赌的概率
void evalueSource();                          //评价蜜源
void sendEmployedBees();
void sendOnlookerBees();
void sendScoutBees();
void MemorizeBestSource();

//主函数
int main()
{
    ofstream output;                          //输出定义
    output.open("resultABC.txt");

    srand((unsigned)time(NULL));              //根据时间产生随机种子
    initilize();                              //初始化
    MemorizeBestSource();                     //保存最好的蜜源

    //主要的循环
    int gen=0;
```

```
    while(gen<maxCycle)
    {
        sendEmployedBees();            //修改引领蜂的函数
        CalculateProbabilities();      //计算轮盘赌的选择概率
        sendOnlookerBees();            //引领蜂与跟随蜂交流信息,跟随蜂更改信息
        MemorizeBestSource();          //保存最优的蜜源
        sendScoutBees();               //判断是否有侦察蜂出现,有则重新生成蜜源
        MemorizeBestSource();
        output<<setprecision(30)<<BestSource.trueFit<<endl;    //输出
        gen++;
    }
    output.close();
    cout<<"运行结束!"<<endl;
    return 0;
}

//函数的实现
double random(double start, double end)  //随机产生区间内的随机数
{
    return start+(end-start) * rand()/(RAND_MAX + 1.0);
}

void initilize()                         //初始化参数
{
    int i,j;
    for(i=0;i<FoodNumber;i++)
    {
        for(j=0;j<D;j++)
        {
            NectarSource[i].code[j]=random(lb,ub);
            EmployedBee[i].code[j]=NectarSource[i].code[j];
            OnLooker[i].code[j]=NectarSource[i].code[j];
            BestSource.code[j]=NectarSource[0].code[j];
        }

        //蜜源的初始
        NectarSource[i].trueFit=calculationTruefit(NectarSource[i]);
        NectarSource[i].fitness=calculationFitness(NectarSource[i].trueFit);
        NectarSource[i].rfitness=0;
        NectarSource[i].trail=0;

        //引领蜂的初始
        EmployedBee[i].trueFit=NectarSource[i].trueFit;
        EmployedBee[i].fitness=NectarSource[i].fitness;
        EmployedBee[i].rfitness=NectarSource[i].rfitness;
        EmployedBee[i].trail=NectarSource[i].trail;

        //跟随蜂的初始化
        OnLooker[i].trueFit=NectarSource[i].trueFit;
        OnLooker[i].fitness=NectarSource[i].fitness;
```

```
            OnLooker[i].rfitness=NectarSource[i].rfitness;
            OnLooker[i].trail=NectarSource[i].trail;
        }
    //最优蜜源的初始化
    BestSource.trueFit=NectarSource[0].trueFit;
    BestSource.fitness=NectarSource[0].fitness;
    BestSource.rfitness=NectarSource[0].rfitness;
    BestSource.trail=NectarSource[0].trail;
}

double calculationTruefit(BeeGroup bee)              //计算真实的函数值
{
    double truefit=0;

//测试函数1
    truefit=0.5+(sin(sqrt(bee.code[0]*bee.code[0]+bee.code[1]*bee.code[1]))
    *sin(sqrt(bee.code[0]*bee.code[0]+bee.code[1]*bee.code[1]))-0.5)
    /((1+0.001*(bee.code[0]*bee.code[0]+bee.code[1]*bee.code[1]))*(1+0.001*
    (bee.code[0]*bee.code[0]+bee.code[1]*bee.code[1])));
    return truefit;
}

double calculationFitness(double truefit)            //计算适应值
{
    double fitnessResult=0;
    if(truefit>=0)
    {
        fitnessResult=1/(truefit+1);
    }else
    {
        fitnessResult=1+abs(truefit);
    }
    return fitnessResult;
}

void sendEmployedBees()                              //修改引领蜂的函数
{
    int i,j,k;
    int param2change;                                //需要改变的维数
    double Rij;                                       //[-1,1]中的随机数
    for(i=0;i<FoodNumber;i++)
    {
        param2change=(int)random(0,D);               //随机选取需要改变的维数
        //选取不等于 i 的 k
        while(1)
        {
            k=(int)random(0,FoodNumber);
            if(k!=i)
            {
                break;
```

```
                }
            }
            for(j=0;j<D;j++)
            {
                EmployedBee[i].code[j]=NectarSource[i].code[j];    //对 EmployedBee 更新
            }

            //引领蜂去更新信息
            Rij=random(-1,1);
            EmployedBee[i].code[param2change]=NectarSource[i].code[param2change]
            +Rij * (NectarSource [i]. code [param2change] - NectarSource [k]. code
            [param2change]);

            //判断是否越界
            if(EmployedBee[i].code[param2change]>ub)
            {
                EmployedBee[i].code[param2change]=ub;
            }
            if(EmployedBee[i].code[param2change]<lb)
            {
                EmployedBee[i].code[param2change]=lb;
            }
            EmployedBee[i].trueFit=calculationTruefit(EmployedBee[i]);
            EmployedBee[i].fitness=calculationFitness(EmployedBee[i].trueFit);

            //贪婪选择策略
            if(EmployedBee[i].trueFit<NectarSource[i].trueFit)
            {
                for(j=0;j<D;j++)
                {
                    NectarSource[i].code[j]=EmployedBee[i].code[j];
                }
                NectarSource[i].trail=0;
                NectarSource[i].trueFit=EmployedBee[i].trueFit;
                NectarSource[i].fitness=EmployedBee[i].fitness;
            }else
            {
                NectarSource[i].trail++;
            }
        }
    }

void CalculateProbabilities()
//计算轮盘赌的选择概率与后面 sendOnlookerBees 中的选择 R_choosed 进行比较
{
    int i;
    double maxfit;
    maxfit=NectarSource[0].fitness;
    for(i=1;i<FoodNumber;i++)
    {
```

```
        if(NectarSource[i].fitness>maxfit)
            maxfit=NectarSource[i].fitness;
    }

    for(i=0;i<FoodNumber;i++)
    {
        NectarSource[i].rfitness=(0.9*(NectarSource[i].fitness/maxfit))+0.1;
    }
}

void sendOnlookerBees()                    //引领蜂与跟随蜂交流信息,跟随蜂更改信息
{
    int i,j,t,k;
    double R_choosed;                      //被选中的概率
    int param2change;                      //需要被改变的维数
    double Rij;                            //[-1,1]中的随机数
    i=0;
    t=0;                                   //是否超出食物源个数
    while(t<FoodNumber)
    {

        R_choosed=random(0,1);
        if(R_choosed<NectarSource[i].rfitness)    //根据被选择的概率选择
        {
            t++;
            param2change=(int)random(0,D);
            //选取不等于 i 的 k
            while(1)
            {
                k=(int)random(0,FoodNumber);
                if(k!=i)
                {
                    break;
                }
            }
            for(j=0;j<D;j++)
            {
                OnLooker[i].code[j]=NectarSource[i].code[j];
            }

            //更新
            Rij=random(-1,1);
            OnLooker[i].code[param2change]=NectarSource[i].code[param2change]
            +Rij*(NectarSource[i].code[param2change]-NectarSource[k].code
            [param2change]);

            //判断是否越界
            if(OnLooker[i].code[param2change]<lb)
            {
                OnLooker[i].code[param2change]=lb;
```

```
        }
        if(OnLooker[i].code[param2change]>ub)
        {
            OnLooker[i].code[param2change]=ub;
        }
        OnLooker[i].trueFit=calculationTruefit(OnLooker[i]);
        OnLooker[i].fitness=calculationFitness(OnLooker[i].trueFit);

        //贪婪选择策略
        if(OnLooker[i].trueFit<NectarSource[i].trueFit)
        {
            for(j=0;j<D;j++)
            {
                NectarSource[i].code[j]=OnLooker[i].code[j];
            }
            NectarSource[i].trail=0;
            NectarSource[i].trueFit=OnLooker[i].trueFit;
            NectarSource[i].fitness=OnLooker[i].fitness;
        }else
        {
            NectarSource[i].trail++;
        }
    }
    i++;
    if(i==FoodNumber)
    {
        i=0;
    }
    }
}

void sendScoutBees()              //判断是否有侦察蜂出现,有则重新生成蜜源
{
    int maxtrialindex,i,j;
    double R;                     //[0,1]中的随机数
    maxtrialindex=0;
    for(i=1;i<FoodNumber;i++)
    {
        if(NectarSource[i].trail>=limit)
        {
            //重新初始化
            for(j=0;j<D;j++)
            {
                R=random(0,1);
                NectarSource[maxtrialindex].code[j]=lb+R*(ub-lb);
                //此处蜜源进行更新
            }
            NectarSource[maxtrialindex].trail=0;
            NectarSource[maxtrialindex].trueFit=calculationTruefit
            (NectarSource[maxtrialindex]);
            NectarSource[maxtrialindex].fitness=calculationFitness
            (NectarSource[maxtrialindex].trueFit);
        }
```

```
        }
    }
    void MemorizeBestSource()                    //保存最优的蜜源
    {
        int i,j;
        for(i=1;i<FoodNumber;i++)
        {
            if(NectarSource[i].trueFit<BestSource.trueFit)
            {
                for(j=0;j<D;j++)
                {
                    BestSource.code[j]=NectarSource[i].code[j];
                }
                BestSource.trueFit=NectarSource[i].trueFit;
            }
        }
    }
```

程序运行结果输出在 resultABC.txt 中(与.cpp 文件同级目录),内容如下。

```
01: 0.400112129657246129443848303708
02: 0.182702017445057263156371618606
03: 0.179456471644448722901899891828
04: 0.179456471644448722901899891828
05: 0.179456471644448722901899891828
06: 0.169604465218102240520181567263
07: 0.169604465218102240520181567263
08: 0.078203378252561628336536143698
09: 0.078203378252561628336536143698
10: 0.046811553353392709730940168810
11: 0.046811553353392709730940168810
12: 0.014808237565314574801789149205 4
13: 0.014808237565314574801789149205 4
14: 0.014808237565314574801789149205 4
15: 0.014808237565314574801789149205 4
16: 0.014808237565314574801789149205 4
17: 0.014808237565314574801789149205 4
18: 0.014808237565314574801789149205 4
19: 0.014808237565314574801789149205 4
20: 0.014808237565314574801789149205 4
```

通过 20 次循环后,函数的最优解是 0.014 808 237 565 314 574 801 789 149 205 4。

习   题

1. 将 9.6.5 节中的程序调试通过,并观察运行结果。

2. 根据 9.6.5 节的程序,用粒子群算法编写求解以下函数的最小值。

$$f(x_1,x_2)=20+x_1^2+x_2^2-10\times(\cos(2\pi x_1)+\cos(2\pi x_2))$$

其中,x_1,x_2 的取值为 $(-10,10)$。

参 考 文 献

[1]　王培崇. 群体智能算法及其应用[M]. 北京：电子工业出版社,2015.

[2]　余建平,周建民,陈明. 群体智能典型算法研究综述[J]. 计算机工程与应用,2010,46(25)：1～4,74.

[3]　宋雪梅,李兵. 蚁群算法及其应用[J]. 华北理工大学学报(自然科学版),2006,28(1)：42-45.

[4]　段海滨,王道波,朱家强,等. 蚁群算法理论及应用研究的进展[J]. 控制与决策,2004,019(012)：
1321-1326,1340.

[5]　王辉,钱锋. 群体智能优化算法[J]. 化工自动化及仪表,2007,34(5)：7-13.

[6]　梅红,李俊卿.蚁群优化算法研究综述[J]. 机电一体化,2010,16(11)：13-15.

[7]　秦全德,程适,李丽,等. 人工蜂群算法研究综述[J]. 智能系统学报,2014(02)：5-13.

[8]　陈阿慧,李艳娟,郭继峰. 人工蜂群算法综述[J]. 智能计算机与应用,2014,4(6)：20-24.

[9]　张超群,郑建国,王翔. 蜂群算法研究综述[J]. 计算机应用研究,2011,28(09)：3201-3205,3214.

[10]　孟妍,吴小瑛. 人工蜂群算法综述[J]. 信息技术与信息化,000(4)：46-48,73.

[11]　https://www.cnblogs.com/ybl20000418/p/11366576.html.

[12]　陈龙. 面向服务质量的负载均衡问题研究[D]. 北京：华北电力大学,2017.

[13]　https://en.wikipedia.org/wiki/Genetic_algorithm.

[14]　Holland,John(1992). Adaptation in Natural and Artificial Systems[M]. Cambridge,MA：MIT
Press,1992.

[15]　李波. 大学计算机——信息、计算与智能[M]. 北京：高等教育出版社,2013.

[16]　Michalewicz Z. Genetic Algorithms ＋ Data Structures ＝ Evolution Programs[M]. Third Edition.
Berlin：Springer,1996.

图 书 资 源 支 持

感谢您一直以来对清华版图书的支持和爱护。为了配合本书的使用,本书提供配套的资源,有需求的读者请扫描下方的"书圈"微信公众号二维码,在图书专区下载,也可以拨打电话或发送电子邮件咨询。

如果您在使用本书的过程中遇到了什么问题,或者有相关图书出版计划,也请您发邮件告诉我们,以便我们更好地为您服务。

我们的联系方式:

清华大学出版社计算机与信息分社网站: https://www.SHUIMUSHUHUI.com/

地　　　址:北京市海淀区双清路学研大厦 A 座 714

邮　　　编:100084

电　　　话:010-83470236　　010-83470237

客服邮箱:2301891038@qq.com

QQ:2301891038(请写明您的单位和姓名)

资源下载:关注公众号"书圈"下载配套资源。

资源下载、样书申请

书 圈

图书案例

清华计算机学堂

观看课程直播